编 委 会

主　编　杨　猛　李　瑜

副主编　宁继荣　王　浩　唐亦兵

编　委　（按汉语拼音排序）

崔文瑞　高　娟　郭　梅　郭　鑫　哈丽旦·艾比布拉
胡小明　李光磊　牛惠玲　塞丽滩乃提·米吉提
文光哲　许山根　展新鲁　张静嫣　张　莉
赵　泽　朱　翔

前　言

根据《新疆维吾尔自治区标准化发展战略纲要(2011—2020年)》,新疆果蔬标准化研究中心以实施第八批全国农业综合标准化示范区项目为契机,以自治区果蔬标准化示范区为依托,以提高农业效益和综合生产能力、提升农产品质量安全水平为目标,紧紧围绕实现有机果蔬和保障食品安全,建立健全科学、统一、规范的现代农业标准体系,在现代农业示范区全面实施标准化管理,探索创新发展现代农业的工作机制,促使农业增效、农民增收。在新疆设施农业生产中,果蔬种植面积较大,产量持续增长,部分产品面临着走出新疆销往内地、出口国外的必然趋势。但由于生产标准不统一,组织化和产业化程度低,产品的质量安全存在着一定风险,价格优势和市场竞争力不强,因此,建立完整有机果蔬标体系,制定相关有机果蔬生产系列标准,已势在必行。

本书辑录的系列标准是新疆维吾尔自治区质量技术监督局科技计划项目,是新疆标准化研究院果蔬标准化研究中心与乌鲁木齐市绿保康农业发展有限公司共同研究的综合成果。这些标准是在参考国家相关果蔬类标准的基础上,根据新疆维吾尔自治区质量技术监督局《关于申报自治区地方标准制(修)订项目的通知》要求和地方标准编制计划,结合我区地域特色,邀请新疆农业院所优秀的农业专家,与农业技术人员、管理人员一道,通过大量生产实践调研、产品抽样检验,对研究成果进行总结整理,广泛征求各地州市温室果蔬生产的反馈意见,同时参照了有关的国家标准、行业标准,会同各编制单位反复商讨,充分对有机果蔬标准开展论证和验证的基础上完成的,为自治区有机果蔬标准化示范园区建设提供了一定的参考依据。

感谢中国标准化研究院、中国标准出版社、新疆维吾尔自治区标准化研究院、新疆维吾尔自治区质量技术监督局标准化处和科技信息处、新疆农业厅农业监督管理处、新疆农科院园艺所、葡萄研究所、新疆乌鲁木齐蔬菜研究所、新疆吐鲁番农技推广总站、鄯善县农业技术推广中心、乌鲁木齐市绿保康农业发展有限公司等单位的大力支持和协助。向相关专家、农技人员和工作人员表示真诚谢意。

编者

2017年5月

目　录

一、地方标准

DB65/T 3753—2015　日光温室有机果蔬标准体系　总则 …… 3
DB65/T 3754—2015　有机产品　日光温室草莓生产技术规程 …… 8
DB65/T 3755—2015　有机产品　日光温室葡萄生产技术规程 …… 22
DB65/T 3756—2015　有机产品　日光温室哈密瓜生产技术规程 …… 35
DB65/T 3757—2015　有机产品　日光温室芹菜生产技术规程 …… 49
DB65/T 3758—2015　有机产品　日光温室毛芹菜生产技术规程 …… 62
DB65/T 3759—2015　有机产品　日光温室小白菜(上海青)生产技术规程 …… 75
DB65/T 3760—2015　有机产品　日光温室茼蒿生产技术规程 …… 88
DB65/T 3761—2015　有机产品　日光温室菠菜生产技术规程 …… 100
DB65/T 3762—2015　有机产品　日光温室春萝卜生产技术规程、 …… 112
DB65/T 3763—2015　有机产品　日光温室菜豆生产技术规程 …… 125
DB65/T 3764—2015　有机产品　日光温室豇豆生产技术规程 …… 138
DB65/T 3765—2015　有机产品　日光温室水果黄瓜生产技术规程 …… 151
DB65/T 3766—2015　有机产品　日光温室西葫芦生产技术规程 …… 165
DB65/T 3582—2014　温室有机番茄生产技术规程 …… 178
DB65/T 3583—2014　温室有机辣椒生产技术规程 …… 188
DB65/T 3584—2014　温室有机茄子生产技术规程 …… 198
DB65/T 3585—2014　温室有机黄瓜生产技术规程 …… 208
DB65/T 3586—2014　温室有机蔬菜生产技术规程 …… 218
DB65/T 3587—2014　有机果品生产技术规程 …… 225

二、自制标准

Q/XJGS 301.1—2015　果蔬营销管理奖惩机制 …… 233
Q/XJGS 301.2—2015　温室大棚散养鸡工作规范 …… 236
Q/XJGS 301.3—2015　产品采购管理办法 …… 239
Q/XJGS 301.4—2015　温室大棚草莓日常工作规范 …… 242
Q/XJGS 301.5—2015　仓库管理规范 …… 245
Q/XJGS 301.6—2015　种子(苗)管理办法 …… 249
Q/XJGS 301.7—2015　果蔬基地安全管理办法 …… 253
Q/XJGS 301.8—2015　果蔬基地环境卫生管理办法 …… 257

Q/XJGS 301.9—2015 科研项目管理办法 …… 260
Q/XJGS 301.10—2015 温室大棚操作技术规范 …… 267
Q/XJGS 301.11—2015 设备管理办法 …… 271
Q/XJGS 301.12—2015 固定资产管理办法 …… 275
Q/XJGS 302.1—2015 考勤管理办法 …… 280
Q/XJGS 302.2—2015 档案管理办法 …… 285
Q/XJGS 302.3—2015 专业人员管理办法 …… 289
Q/XJGS 302.4—2015 人力资源管理办法 …… 293
Q/XJGS 302.5—2015 职工培训管理办法 …… 297
Q/XJGS 302.6—2015 聘用人员管理办法 …… 303
Q/XJGS 302.7—2015 财务工作制度 …… 309
Q/XJGS 302.8—2015 工作制度 …… 313
主要参考文献 …… 317

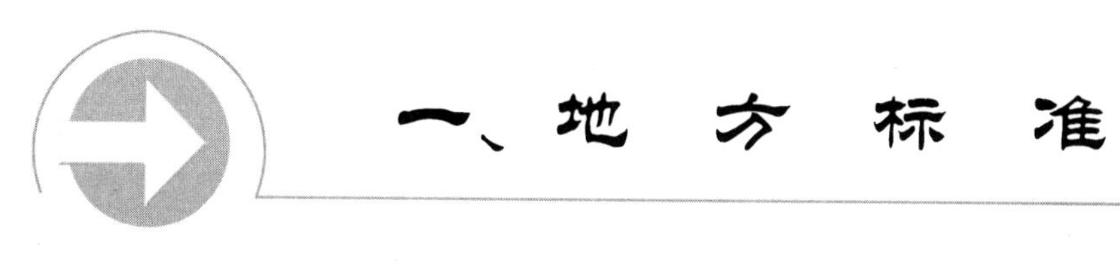

一、地方标准

ICS 65.020.01
B 00

DB65

新疆维吾尔自治区地方标准

DB65/T 3753—2015

日光温室有机果蔬标准体系　总则

The general principles of organic fruit & vegetable standard system

2015-09-30 发布　　2015-11-01 实施

新疆维吾尔自治区质量技术监督局　发布

前　　言

本标准按照 GB/T 1.1—2009 给出的规则起草。

本标准由新疆维吾尔自治区果蔬标准化研究中心提出。

本标准由新疆维吾尔自治区农业厅归口。

本标准主要起草单位:新疆维吾尔自治区果蔬标准化研究中心、新疆农业科学院园艺作物研究所、吐鲁番地区质量技术监督局、乌鲁木齐绿宝康服务有限公司。

本标准主要起草人:王浩、李瑜、唐亦兵、赵新亭、杨猛、文光哲、许山根、牛惠玲、庄红梅、李统中、文红梅、张丽。

日光温室有机果蔬标准体系　总则

1　范围

本标准规定了日光温室有机果蔬标准体系的编制原则、体系内容、标准体系明细表和框架结构图。

本标准适用于日光温室有机果蔬标准体系的建立。

2　体系编制原则

2.1　全面性。标准体系是果蔬生产技术标准的集合，要符合新疆地方农业经济发展的需要。

2.2　系统性。标准体系内的各个技术标准之间要相互协调、相互衔接、相互一致。

2.3　科学先进性。标准体系的提出应当科学先进，积极采用国际标准和国内外先进标准。

2.4　前瞻性。体系的提出，既要考虑新疆目前的生产实际和技术水平，也要对新疆农业未来的发展有所预见。

2.5　开放性。标准体系中的技术标准的名称、内容和数量均应当根据需要而适时调整，随着农业科学技术的发展而不断更新和充实。

2.6　实用性。体系的建立，按照种属、标准类别的汇总，便于在实际生产中的推广应用。

3　体系内容

3.1　本标准体系包括投入品、环境技术、农业基础设施与装备技术、产品标准、生产技术规程 5 个部分、共 27 个标准，包含国家标准、行业标准和地方标准。

3.2　第一部分　投入品标准

由食品中污染物限量、食品中农药最大残留限量 2 个标准组成，均为国家标准。

3.3　第二部分　环境技术标准

由环境空气质量标准、农田灌溉水环境质量标准、保护农作物的大气污染物最高允许浓度、土壤环境质量标准 4 个标准组成，均为国家标准。

3.4　第三部分　农业基础设施与装备技术标准

由温室工程术语 1 个标准组成，为农业基础设施与装备技术标准。

3.5　第四部分　产品标准

由有机产品　第 1 部分：生产、瓜菜作物种子　第 5 部分：叶菜类、草莓、瓜菜作物种子　第 1 部分：瓜类、葡萄苗木、鲜食葡萄、瓜菜作物种子　第 2 部分：白菜类 7 个标准组成，其中 4 个国家标准，3 个行业标准。

3.6　第五部分　生产技术规程标准

由有机产品温室草莓、葡萄、哈密瓜、芹菜、上海青(小白菜)、菠菜、菜豆、豇豆、春萝卜、茼蒿、毛芹菜、西葫芦、水果黄瓜生产技术规程 13 个标准组成，均为地方标准。

4 标准体系明细表

表 1 日光温室有机果蔬标准体系明细表

序号	标准号	标准名称	标准类别
1	GB 2762	食品中污染物限量	国家标准
2	GB 2763	食品中农药最大残留限量	国家标准
3	GB 3095	环境空气质量标准	国家标准
4	GB 5084	农田灌溉水环境质量标准	国家标准
5	GB 9137	保护农作物的大气污染物最高允许浓度	国家标准
6	GB 15618	土壤环境质量标准	国家标准
7	GB/T 19630.1—2011	有机产品　第1部分:生产	国家标准
8	JB/T 10292—2001	温室工程　术语	行业标准
9	GB 16715.5—2010	瓜菜作物种子　第5部分:叶菜类	国家标准
10	NY/T 444—2001	草莓	行业标准
11	GB 16715.1—2010	瓜菜作物种子　第1部分:瓜类	国家标准
12	NY 469—2001	葡萄苗木	行业标准
13	NY 470—2001	鲜食葡萄	行业标准
14	GB 16715.2—2010	瓜菜作物种子　第2部分:白菜类	国家标准
15	DB 65/T 3754—2015	有机产品　日光温室草莓生产技术规程	地方标准
16	DB 65/T 3755—2015	有机产品　日光温室葡萄生产技术规程	地方标准
17	DB 65/T 3756—2015	有机产品　日光温室哈密瓜生产技术规程	地方标准
18	DB 65/T 3757—2015	有机产品　日光温室芹菜生产技术规程	地方标准
19	DB 65/T 3758—2015	有机产品　日光温室毛芹菜生产技术规程	地方标准
20	DB 65/T 3759—2015	有机产品　日光温室小白菜(上海青)生产技术规程	地方标准
21	DB 65/T 3760—2015	有机产品　日光温室茼蒿生产技术规程	地方标准
22	DB 65/T 3761—2015	有机产品　日光温室菠菜生产技术规程	地方标准
23	DB 65/T 3762—2015	有机产品　日光温室春萝卜生产技术规程	地方标准
24	DB 65/T 3763—2015	有机产品　日光温室菜豆生产技术规程	地方标准
25	DB 65/T 3764—2015	有机产品　日光温室豇豆生产技术规程	地方标准
26	DB 65/T 3765—2015	有机产品　日光温室水果黄瓜生产技术规程	地方标准
27	DB 65/T 3766—2015	有机产品　日光温室西葫芦生产技术规程	地方标准

5 标准体系框架图

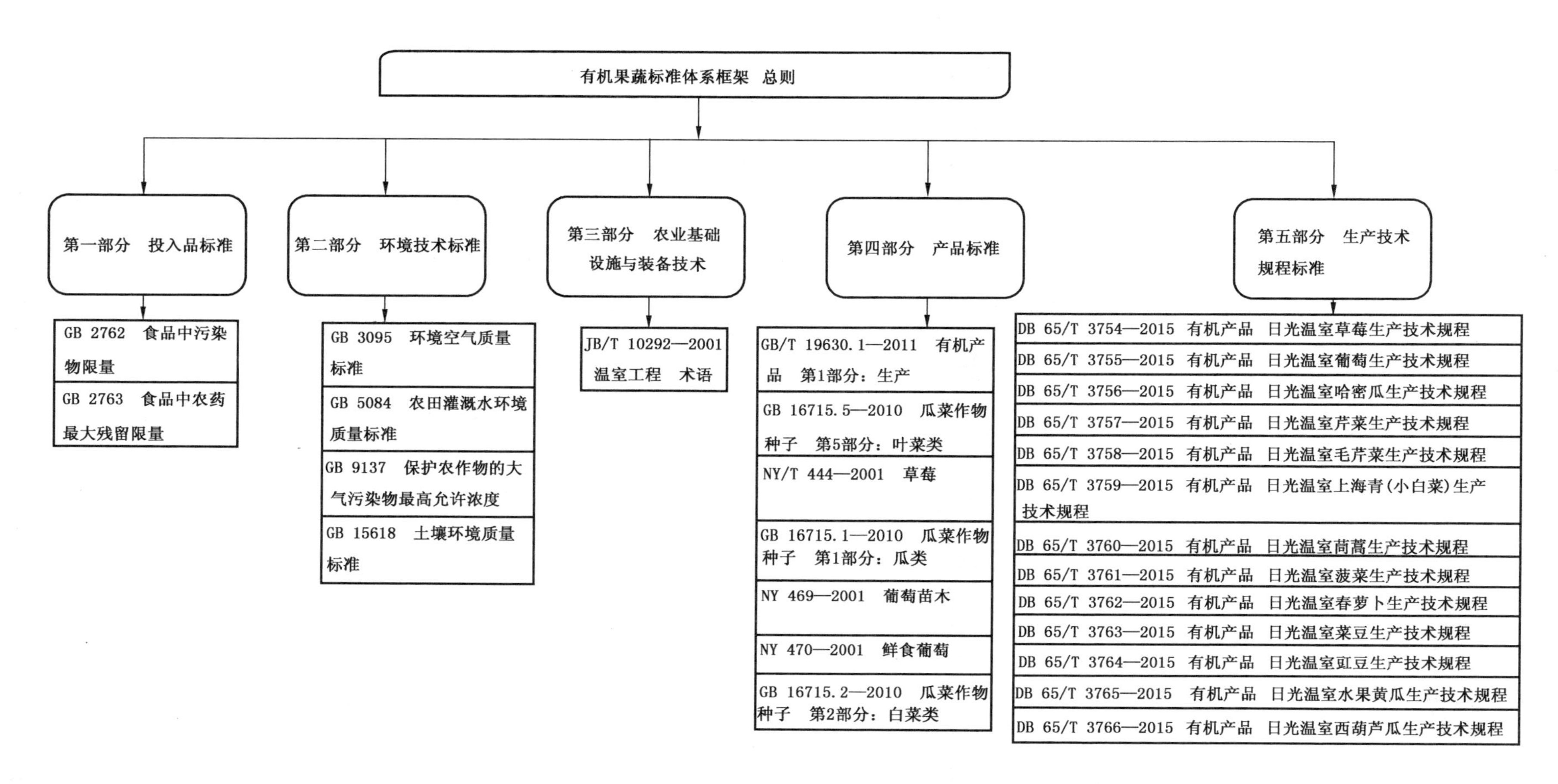
有机果蔬标准体系框架 总则
第一部分 投入品标准
GB 2762 食品中污染物限量
GB 2763 食品中农药最大残留限量
第二部分 环境技术标准
GB 3095 环境空气质量标准
GB 5084 农田灌溉水环境质量标准
GB 9137 保护农作物的大气污染物最高允许浓度
GB 15618 土壤环境质量标准
第三部分 农业基础设施与装备技术
JB/T 10292—2001 温室工程 术语
第四部分 产品标准
GB/T 19630.1—2011 有机产品 第1部分：生产
GB 16715.5—2010 瓜菜作物种子 第5部分：叶菜类
NY/T 444—2001 草莓
GB 16715.1—2010 瓜菜作物种子 第1部分：瓜类
NY 469—2001 葡萄苗木
NY 470—2001 鲜食葡萄
GB 16715.2—2010 瓜菜作物种子 第2部分：白菜类
第五部分 生产技术规程标准
DB 65/T 3754—2015 有机产品 日光温室草莓生产技术规程
DB 65/T 3755—2015 有机产品 日光温室葡萄生产技术规程
DB 65/T 3756—2015 有机产品 日光温室哈密瓜生产技术规程
DB 65/T 3757—2015 有机产品 日光温室芹菜生产技术规程
DB 65/T 3758—2015 有机产品 日光温室毛芹菜生产技术规程
DB 65/T 3759—2015 有机产品 日光温室上海青(小白菜)生产技术规程
DB 65/T 3760—2015 有机产品 日光温室茼蒿生产技术规程
DB 65/T 3761—2015 有机产品 日光温室菠菜生产技术规程
DB 65/T 3762—2015 有机产品 日光温室春萝卜生产技术规程
DB 65/T 3763—2015 有机产品 日光温室菜豆生产技术规程
DB 65/T 3764—2015 有机产品 日光温室豇豆生产技术规程
DB 65/T 3765—2015 有机产品 日光温室水果黄瓜生产技术规程
DB 65/T 3766—2015 有机产品 日光温室西葫芦瓜生产技术规程

ICS 65.020.20
B 05

DB65

新疆维吾尔自治区地方标准

DB65/T 3754—2015

有机产品　日光温室草莓生产技术规程

Organic products　technique regulations for greenhouse strawberry production

2015-09-30 发布　　2015-11-01 实施

新疆维吾尔自治区质量技术监督局　发布

前　言

本标准按照 GB/T 1.1—2009 给出的规则起草。

本标准由新疆维吾尔自治区果蔬标准化研究中心提出。

本标准由新疆维吾尔自治区农业厅归口。

本标准主要起草单位:新疆维吾尔自治区果蔬标准化研究中心、新疆农业科学院园艺作物研究所、吐鲁番地区质量技术监督局、乌鲁木齐绿宝康服务有限公司。

本标准主要起草人:李瑜、王浩、唐亦兵、朱翔、文光哲、杨猛、许山根、牛惠玲、李统中、文红梅、张丽。

有机产品　日光温室草莓生产技术规程

1　范围

本标准规定了日光温室(以下简称温室)草莓有机生产的术语和定义、产地环境、生产技术、采收和有机生产记录的要求。

本标准适用于日光温室草莓的有机生产。

2　规范性引用文件

下列文件中的条款通过本标准的引用而成为本标准的条款。凡是注日期的引用文件,其随后所有的修改(不包括勘误的内容)或修订版均不适用于本标准。凡是不注日期的引用文件,其最新版本(包括所有的修改单)适用于本文件。

GB 3095　环境空气质量标准

GB 5084　农田灌溉水质标准

GB 9137　保护农作物的大气污染物最高允许浓度

GB 15618　土壤环境质量标准

GB/T 19630.1—2011　有机产品　第1部分:生产

DB 33/594.1—2005　草莓脱毒种苗　第1部分:脱毒种苗

NY/T 444—2001　草莓

3　术语和定义

下列术语和定义适用于本文件。

3.1

有机产品　organic products

生产加工销售过程符合本标准的供人类消费、动物食用的产品。

3.2

日光温室　sunlight greenhouse

以日光为主要能源的温室,一般由透光前坡、外保温帘(被)、后坡、后墙、山墙和操作间组成。基本朝向坐北朝南,东西延伸。围护结构具有保温和蓄热的双重功能,适用于冬季寒冷,但光照充足地区反季节种植蔬菜、花卉和瓜果。

3.3

常规　conventional

生产体系及其产品未获得有机认证或未开始有机转换认证。

3.4

缓冲带　buffer zone

在有机和常规地块之间有目的设置的、可明确界定的用来限制或阻挡邻近田块的禁用物质漂移的过渡区域。

4 产地环境

温室草莓有机生产需要在适宜的环境条件下进行，生产基地应远离城区、工矿区、交通主干线、工业污染源、生活垃圾场等。

生产基地内的环境质量应符合以下要求：

——土壤环境质量符合 GB 1 5618 中的二级标准；

——农田灌溉用水水质符合 GB 5084 的规定；

——环境空气质量符合 GB 3095 中的二级标准；

——温室草莓生产的大气污染最高允许浓度符合 GB 9137 的规定。

5 生产技术

5.1 栽培季节与茬口

温室栽培草莓多采用 1 年 1 茬制，茬口主要有冬春茬、早春茬和秋冬茬，以冬春茬栽培最普遍且效益高。冬春茬栽培一般 9 月中下旬定植，10 月中下旬扣膜，12 月始收，3 月结束；早春茬一般 12 月上中旬定植，3 月～5 月采收；秋冬茬夏秋季定植，夜温低于 13 ℃ 时扣膜，栽后 60 d 开始采收。

5.2 品种选择及种苗要求

5.2.1 品种选择

温室栽培的草莓要选用花芽分化早、休眠性浅或易打破休眠、低温季节耐寒性好、结果期集中的品种，品种应具有适应性广、抗病虫能力强、丰产、早熟、商品性好、较耐储运等特性。

5.2.2 种苗要求

选择品种纯正、健壮、无病虫害，具有 4 片～5 片功能叶，根颈粗度 0.8 cm 以上，根系发达，苗重20 g 以上的种苗。应选择以有机生产方式培育或繁殖的种苗。当无法获得有机种苗时，可选用未经禁用物质处理过的常规种苗，但应制订获得有机种苗的计划。建议使用脱毒苗，种苗质量符合 DB 33/594.1—2005 的规定。

5.2.3 引进商品苗

5.2.3.1 应遵守植物检疫和品种权保护的相关法律法规。

5.2.3.2 应选择适应当地的土壤和气候特点、对病虫害具有抗性的品种。

5.2.3.3 应采用有机方式育苗，根据季节、气候条件的不同选用育苗设施。

5.2.3.4 不得使用经禁用物质和方法处理的种苗。

5.3 定植

5.3.1 定植前准备

5.3.1.1 土壤消毒

在 7 月～8 月高温休闲季节，将土壤翻耕后覆盖地膜，利用太阳能晒土高温杀菌。具体方法：将农家肥施入土壤，深翻，灌透水，土壤表面盖地膜或旧棚膜，扣棚膜，密封棚室，高温消毒。

5.3.1.2 增施基肥

基肥以堆肥、畜禽粪、饼肥和绿肥等有机肥为主，一般在定植前15 d左右，结合翻耕整地，应施入切碎的秸秆10 000 kg/667 m^2，腐熟的优质有机肥5 000 kg/666.7 m^2～6 000 kg/666.7 m^2，饼肥100 kg/666.7 m^2。进行翻耕后，灌水高出地面，用薄膜密封10 d～15 d，揭开后让土壤自然吸干水分。

5.3.1.3 整地做畦

温室内土壤达到宜耕期后，深翻30 cm左右，耙平整细。温室草莓一般选择起高垄栽培，要求垄高25 cm，垄面宽50 cm，垄底宽70 cm，垄沟宽30 cm，栽培垄以南北走向为宜，垄上覆盖地膜。

5.3.2 定植时间和方法

5.3.2.1 定植时间

5.3.2.2 温室栽培草莓定植时间根据茬口模式而定，冬春茬一般8月底9月初定植，休眠期较长的品种或促成移栽的品种应适当提前栽植。

5.4 定植方法

垄上双行定植，垄上行距25 cm～30 cm，株距15 cm～20 cm，定植8 000株/666.7 m^2～10 000株/666.7 m^2。要求起苗后摘除老叶、病叶，选叶柄短、白根多、心叶充实的大苗，带宿土移栽。夏秋高温季节选阴天或傍晚移栽，栽苗时每株花序朝同一方向，便于以后疏花疏果、垫果及采收。栽植深度以“上不埋心、下不露根”为宜，栽后应立即浇水，如遇高温要遮阴或喷水降温保湿。

5.5 定植后管理

5.5.1 水肥管理

5.5.1.1 灌水

定植后立即顺畦沟浇透水，保持土壤湿润直至返青成活。前期可以采用畦沟灌水，开花结果后容易遭泥水污染，最好采取膜下暗灌或滴灌。10月中旬，草莓开始进入花芽分化期，减少浇水，只保持土壤湿润即可。开花结果后，应加强肥水管理，及时浇水。但灌水不宜过多，以防温室内空气湿度和土壤湿度过大，影响开花坐果。温室膜下滴灌一般全生育期滴灌总水量110 m^3/666.7 m^2～130 m^3/666.7 m^2，移栽至开花5 d～7 d灌水1次，每次2 m^3/666.7 m^2～3 m^3/666.7 m^2，开花至结果4 d～5 d灌水1次，每次8 m^3/666.7 m^2～10 m^3/666.7 m^2，采收期4 d～5 d灌水1次，每次10 m^3/666.7 m^2～15 m^3/666.7 m^2。

5.5.1.2 追肥

温室草莓有机栽培的追肥应以有机肥为主，每年追肥3次。第1次在萌芽前施入，促进植株生长，第2次在开花前施入，满足开花结果的需要，追施腐熟的优质有机肥1 000 kg/(666.7 m^2·次)，混合优质饼肥100 kg/(666.7 m^2·次)，方法是在垄侧挖穴施入，施肥后覆土盖严。第3次追肥在采收后施入，追施腐熟的优质有机肥2 000 kg/(667 m^2·次)，方法是在植株两侧划沟撒入，施肥后覆土埋严。滴灌补充施肥可选择有机肥浸出液或有机沼液，应符合GB/T 19630.1—2011以及附录A和附录C的规定，浓度一般为0.1%～0.2%。

5.5.2 温湿度管理

5.5.2.1 温度管理

5.5.2.1.1 草莓植株不耐热、较耐寒，生长温度范围10 ℃～30 ℃，适宜温度15 ℃～25 ℃，根生长最适宜地温17 ℃～18 ℃，匍匐茎发生适宜温度20 ℃～30 ℃，35 ℃以上或－1 ℃以下植株发生生理失调，越冬时根茎可耐－10 ℃的低温。

5.5.2.1.2 扣棚初期至开花前：草莓在日平均温度10 ℃以上开始开花，花粉发芽最适温25 ℃～27 ℃，开药最适温度14 ℃～21 ℃，温度过高过低都会影响草莓的开花授粉。

5.5.2.1.3 开花结果期：草莓果实发育成熟最适宜日温17 ℃～30 ℃，夜间6 ℃～8 ℃。

5.5.2.1.4 旺盛生长期：草莓采收后，植株进入迅速生长期，白天22 ℃～25 ℃，夜间12 ℃左右。

5.5.2.1.5 花芽分化期：经过旺盛生长后，日均气温15 ℃～20 ℃开始花芽分化，需要低温、短日照，要求温度范围在5 ℃～27 ℃，适宜温度15 ℃左右。逐渐进入休眠期。

5.5.2.2 湿度管理

开花结果期间，当空气相对湿度过高(临界最高相对湿度94％)时，花粉不开药，或开药后花粉干枯破裂，不能授粉，适宜的授粉湿度为50％～60％。

5.5.3 植株管理

5.5.3.1 摘除匍匐茎

过多的匍匐茎会消耗母株的营养，应及时摘除多余的匍匐茎，一般1年3次～4次。匍匐茎大量发生时，20 d左右摘除1次。顶花序抽生后，在其两侧留2个～3个粗壮侧芽并摘除其余侧芽和匍匐茎。

5.5.3.2 疏蕾摘叶

一般每株保留2个～3个侧花枝，每花枝留果3个～5个，单株8个～14个果即可。生长期间应将下位枯黄叶和病残叶及时摘除，但摘叶不能过度，至少保留5片～8片健壮功能叶，以后定期剥除老叶。

5.5.3.3 垫果和授粉

开花前应铺好地膜，果实垫在地膜上，以免被泥水沾污、腐烂。部分品种自花授粉能力差，需要配置授粉品种。温室栽培草莓可在温室内放养蜜蜂或熊蜂，或人工触动花枝辅助传粉，提高授粉和坐果率，减少无性花和畸形果。花期温室可放养1箱/666.7 m^2 蜜蜂，开花前3 d～5 d将蜂箱放入棚内。

5.6 病虫害防治

5.6.1 主要病虫害

5.6.1.1 主要病害：草莓白粉病、草莓灰霉病、草莓芽枯病、草莓病毒病、炭疽病等。

5.6.1.2 主要虫害：蚜虫、红蜘蛛、蓟马、白粉虱、地老虎、金针虫等。

5.6.2 防治原则

优先选用农业防治，合理使用物理防治、生物防治和药剂防治。

5.6.3 农业防治

5.6.3.1 保持温室清洁。将摘除的匍匐茎以及疏掉的花蕾和残枝败叶清扫干净，集中烧毁或深埋，减轻病虫害的繁衍危害。在生长季节发现病害时，也要及时仔细地剪除病枝叶、病果，并立即销毁，防止再传播蔓延。

5.6.3.2 改善通风透光条件。要及时摘除匍匐茎和疏除过多的花蕾，结合温湿度管理，调节风口使通气流畅，降低空气湿度。

5.6.3.3 加强温度管理。草莓 10 ℃以上开始生长，开花期掌握温度 15 ℃～25 ℃，匍匐茎旺盛生长期适宜温度 20 ℃～30 ℃，花芽分化期保持 15 ℃左右为宜。

5.6.3.4 加强肥水管理。保证足够数量的充分腐熟的有机肥，维持和提高土壤肥力、营养平衡和生物活性，补充土壤有机质和养分从而补充因草莓收获而从土壤中带走的有机质和土壤养分，可增强草莓生长势，提高抗病虫的能力。实行轮作栽培。

5.6.3.5 加强设施防护。为减少外来病虫害的侵入，应在温室上通风口和下通风口设置防虫网，阻止病虫害的迁入侵染。

5.6.3.6 选用抗病虫害品种。建立草莓无毒苗培养和生产体系，栽培脱毒苗。

5.6.4 生物防治

利用天敌昆虫防治草莓害虫，如释放捕食螨和瓢虫等防治红蜘蛛和蚜虫；扣棚后当白粉虱成虫在 0.2 头/株以下时，每 5 d 释放丽蚜小蜂成虫 3 头/株，共释放 3 次丽蚜小蜂，可有效控制白粉虱为害。利用微生物防治病虫害，如利用木霉菌防治灰霉病，土壤施用酵素菌防治芽枯病，用 2% 武夷菌素（BO～10）水剂 5 mL/kg，7 d～10 d 喷 1 次，连喷 2 次～3 次可防治草莓炭疽病。

5.6.5 物理防治

5.6.5.1 利用草莓病原、害虫对温度、光谱、声响等的特异反应和耐受能力，杀死或驱避有害生物，如安装黑光灯、悬挂黄板等，利用灯光、色彩诱杀害虫等。

5.6.5.2 黄蓝板诱杀白粉虱、蚜虫、蓟马

悬挂黄板诱杀白粉虱和蚜虫，悬挂蓝板诱杀蓟马，挂 30 块/667 m^2～40 块/667 m^2，挂在行间。

5.6.5.3 阻隔防蚜和驱避防蚜

在棚室放风口处设防虫网防止蚜虫迁入，悬挂银灰色条膜驱避蚜虫。

5.6.5.4 毒饵诱杀

在地里挖长宽深 30 cm×30 cm×20 cm 的坑，内装马粪诱杀蝼蛄。

5.6.5.5 糖醋液诱杀

按糖 6 份、酒 1 份、醋 3 份、水 10 份的比例配制，放入盆中，可诱杀斜纹夜蛾夜蛾、地老虎成虫等害虫。

5.6.5.6 以上方法不能有效控制病虫害时，允许使用附录 B 所列出的物质。使用附录 B 未列入的物质时，应由认证机构按照附录 C 的准则对该物质进行评估。

5.7 污染控制

5.7.1 有机地块与常规地块的排灌系统应有有效的隔离措施，以保证常规农田的水不会渗透或漫入有机地块。

5.7.2 常规农业系统中的设备在用于有机生产前，应得到充分清洗，去除污染物残留。

5.7.3 在使用保护性的建筑覆盖物、塑料薄膜、防虫网时，只允许选择聚乙烯、聚丙烯或聚碳酸酯类产品，并且使用后应从土壤中清除。禁止焚烧，禁止使用聚氯类产品。

5.7.4 有机产品的农药残留不能超过国家食品卫生标准相应产品限值的 5%，重金属含量也不能超过国家食品卫生标准相应产品的限值。

6 采收

草莓果实表面着色面积达70%以上即可采收。果实采收前要做好采收、包装准备，采收用的容器要浅，底部要平，内壁光滑，内垫海绵或其他软的衬垫物。清晨露水干后或傍晚转凉后采摘。采收时用拇指和食指掐断果柄，将果实按大小分级摆放于容器内，不宜过多叠放果实，避免机械损伤。采摘的果实要求果柄短，不损伤花萼，无机械损伤，无病虫害。采摘时戴手套，轻摘缓放。果实分级应符合NY/T 444—2001中5.1的规定。

7 生产记录

7.1 认证记录的保存

产品生产、收获和经营的操作记录必须保存好。且这些记录必须能详细记录被认证操作的各项活动和交易情况，以备检查和核实，记录要足以证实完全遵守有机生产标准的各项条例，且被保存至少5年。

7.2 提供文件清单

7.2.1 一般资料

包括技术负责人姓名、地址、电话或传真、种植面、有机耕作面积及作物种类。

7.2.2 农田描述

包括田块图和地点详图、田块清单和历史记录、设备表。

7.2.3 生产描述

包括要认证的产品清单、估计的年产量、栽培技术、测试分析、田间农事记录。

7.3 投入和销售

包括种子、肥料、病虫害防治材料、农业投入、标签、服务。销售包括产品、数量、保证书、顾客。

7.4 控制与认证

包括遵守有机生产技术规程、检查报告、认证证书等。

附 录 A
（规范性附录）
有机作物种植允许使用的土壤培肥和改良物质

A.1 有机作物种植允许使用的土壤培肥和改良物质见表A.1。

表A.1 有机作物种植允许使用的土壤培肥和改良物质

物质类别		物质名称、组分和要求	使 用 条 件
植物和动物来源	有机农业体系内	作物秸秆和绿肥	
		畜禽粪便及其堆肥（包括圈肥）	
	有机农业体系以外	秸秆	与动物粪便堆制并充分腐熟后
		畜禽粪便及其堆肥	满足堆肥的要求
		干的农家肥和脱水的家畜粪便	满足堆肥的要求
		海草或物理方法生产的海草产品	未经过化学加工处理
		来自未经化学处理木材的木料、树皮、锯屑、刨花、木灰、木炭及腐殖酸物质	地面覆盖或堆制后作为有机肥源
		未搀杂防腐剂的肉、骨头和皮毛制品	经过堆制或发酵处理后
		蘑菇培养废料和蚯蚓培养基质的堆肥	满足堆肥的要求
		不含合成添加剂的食品工业副产品	应经过堆制或发酵处理后
		草木灰	
		不含合成添加剂的泥炭	禁止用于土壤改良；只允许作为盆栽基质使用
		饼粕	不能使用经化学方法加工的
		鱼粉	未添加化学合成的物质
矿物来源	磷矿石		应当是天然的，应当是物理方法获得的，五氧化二磷中镉含量小于等于90 mg/kg
	钾矿粉		应当是物理方法获得的，不能通过化学方法浓缩。氯的含量少于60%
	硼酸岩		
	微量元素		天然物质或来自未经化学处理、未添加化学合成物质
	镁矿粉		天然物质或来自未经化学处理、未添加化学合成物质
	天然硫磺		
	石灰石、石膏和白垩		天然物质或来自未经化学处理、未添加化学合成物质
	黏土（如珍珠岩、蛭石等）		天然物质或来自未经化学处理、未添加化学合成物质
	氯化钙、氯化钠		
	窑灰		未经化学处理、未添加化学合成物质
	钙镁改良剂		
	泻盐类（含水硫酸岩）		
微生物来源	可生物降解的微生物加工副产品，如酿酒和蒸馏酒行业的加工副产品		
	天然存在的微生物配制的制剂		

附　录　B
（规范性附录）
有机作物种植允许使用的植物保护产品和措施

B.1　有机作物允许使用的植物保护产品物质和措施见表 B.1。

表 B.1　有机作物种植允许使用的植物保护产品物质和措施

物质类别	物质名称、组分要求	使　用　条　件
植物和动物来源	印楝树提取物(Neem)及其制剂	
	天然除虫菊(除虫菊科植物提取液)	
	苦楝碱(苦木科植物提取液)	
	鱼藤酮类(毛鱼藤)	
	苦参及其制剂	
	植物油及其乳剂	
	植物制剂	
	植物来源的驱避剂(如薄荷、熏衣草)	
	天然诱集和杀线虫剂（如万寿菊、孔雀草）	
	天然酸(如食醋、木醋和竹醋等)	
	蘑菇的提取物	
	牛奶及其奶制品	
	蜂蜡	
	蜂胶	
	明胶	
	卵磷脂	
矿物来源	铜盐(如硫酸铜、氢氧化铜、氯氧化铜、辛酸铜等)	不得对土壤造成污染
	石灰硫磺(多硫化钙)	
	波尔多液	
	石灰	
	硫磺	
	高锰酸钾	
	碳酸氢钾	
	碳酸氢钠	
	轻矿物油(石蜡油)	
	氯化钙	
	硅藻土	
	黏土(如斑脱土、珍珠岩、蛭石、沸石等)	
	硅酸盐(硅酸钠，石英)	

表 B.1（续）

物质类别	物质名称、组分要求	使 用 条 件
微生物来源	真菌及真菌制剂（如白僵菌、轮枝菌）	
	细菌及细菌制剂（如苏云金杆菌，即 BT）	
	释放寄生、捕食、绝育型的害虫天敌	
	病毒及病毒制剂（如颗粒体病毒等）	
其他	氢氧化钙	
	二氧化碳	
	乙醇	
	海盐和盐水	
	苏打	
	软皂（钾肥皂）	
	二氧化硫	
诱捕器、屏障、驱避剂	物理措施（如色彩诱器、机械诱捕器等）	
	覆盖物（网）	
	昆虫性外激素	仅用于诱捕器和散发皿内
	四聚乙醛制剂	驱避高等动物

附 录 C
（规范性附录）
评估有机生产中使用其他物质的准则

在附录A和附录B涉及有机农业中用于培肥和植物病虫害防治的产品不能满足要求的情况下，可以根据本附录描述的评估准则对有机农业中使用除附录A和附录B以外的其他物质进行评估。

C.1 原则

C.1.1 土壤培肥和土壤改良允许使用的物质

C.1.1.1 为达到或保持土壤肥力或为满足特殊的营养要求，而为特定的土壤改良和轮作措施所必需的，本标准附录A和本标准概述的方法所不可能满足和替代的物质。

C.1.1.2 该物质来自植物、动物、微生物或矿物，并允许经过如下处理：

a） 物理（机械，热）处理；

b） 酶处理；

c） 微生物（堆肥，消化）处理。

C.1.1.3 经可靠的试验数据证明该物质的使用应不会导致或产生对环境的不能接受的影响或污染，包括对土壤生物的影响和污染。

C.1.1.4 该物质的使用不应对最终产品的质量和安全性产生不可接受的影响。

C.1.2 控制植物病虫草害所允许使用的物质表时使用

C.1.2.1 该物质是防治有害生物或特殊病害所必需的，而且除此物质外没有其他生物的、物理的方法或植物育种替代方法和（或）有效管理技术可用于防治这类有害生物或特殊病害。

C.1.2.2 该物质（活性化合物）源自植物、动物、微生物或矿物，并可经过以下处理：

a） 物理处理；

b） 酶处理；

c） 微生物处理。

C.1.2.3 有可靠的试验结果证明该物质的使用应不会导致或产生对环境的不能接受的影响或污染。

C.1.2.4 如果某物质的天然形态数量不足，可以考虑使用与该自然物质的性质相同的化学合成物质，如化学合成的外激素（性诱剂），但前提是其使用不会直接或间接造成环境或产品污染。

C.2 评估程序

C.2.1 必要性

只有在必要的情况下才能使用某种投入物质。投入某物质的必要性可从产量、产品质量、环境安全性、生态保护、景观、人类和动物的生存条件等方面进行评估。

某投入物质的使用可限制于：

a） 特种农作物（尤其是多年生农作物）；

b） 特殊区域；

c） 可使用该投入物质的特殊条件。

C.2.2 投入物质的性质和生产方法

C.2.2.1 投入物质的性质

C.2.2.1.1 投入物质的来源一般应来源于(按先后选用顺序)：

a) 有机物(植物、动物、微生物)；

b) 矿物。

C.2.2.1.2 可以使用等同于天然产品的化学合成物质。

C.2.2.1.3 在可能的情况下,应优先选择使用可再生的投入物质。其次应选择矿物源的投入物质,而第三选择是化学性质等同天然产品的投入物质。在允许使用化学性质等同的投入物质时需要考虑其在生态上、技术上或经济上的理由。

C.2.2.2 生产方法

投入物质的配料可以经过以下处理：

a) 机械处理；

b) 物理处理；

c) 酶处理；

d) 微生物作用处理；

e) 化学处理(作为例外并受限制)。

C.2.2.3 采集

构成投入物质的原材料采集不得影响自然生境的稳定性,也不得影响采集区内任何物种的生存。

C.2.3 环境安全性

C.2.3.1 投入物质不得危害环境或对环境产生持续的负面影响。投入物质也不应造成对地面水、地下水、空气或土壤的不可接受的污染。应对这些物质的加工、使用和分解过程的所有阶段进行评价。

C.2.3.2 必须考虑投入物质的以下特性：

C.2.3.2.1 可降解性

a) 所有投入物质必须可降解为二氧化碳、水和(或)其矿物形态。

b) 对非靶生物有高急性毒性的投入物质的半衰期最多不能超过 5 d。

c) 对作为投入的无毒天然物质没有规定的降解时限要求。

C.2.3.2.2 对非靶生物的急性毒性

当投入物质对非靶生物有较高急性毒性时,需要限制其使用。应采取措施保证这些非靶生物的生存。可规定最大允许使用量。如果无法采取可以保证非靶生物生存的措施,则不得使用该投入物质。

C.2.3.2.3 长期慢性毒性

不得使用会在生物或生物系统中蓄积的投入物质,也不得使用已经知道有或怀疑有诱变性或致癌性的投入物质。如果投入这些物质会产生危险,应采取足以使这些危险降至可接受水平和防止长时间持续负面环境影响的措施。

C.2.3.2.4 化学合成产品和重金属

C.2.3.2.4.1 投入物质中不应含有致害量的化学合成物质(异生化合制品)。仅在其性质完全与自然

界的产品相同时，才可允许使用化学合成的产品。

C.2.3.2.4.2 投入的矿物质中的重金属含量应尽可能地少。由于缺乏代用品以及在有机农业中已经被长期、传统地使用，铜和铜盐目前尚是一个例外。但任何形态的铜在有机农业中的使用应视为临时性允许使用，并且就其环境影响而言，应限制使用。

C.2.4 对人体健康和产品质量的影响

C.2.4.1 人体健康

投入物质必须对人体健康无害。应考虑投入物质在加工、使用和降解过程中的所有阶段的情况，应采取降低投入物质使用危险的措施，并制定投入物质在有机农业中使用的标准。

C.2.4.2 产品质量

投入物质对产品质量（如味道，保质期和外观质量等）不得有负面影响。

C.2.5 伦理方面——动物生存条件

投入物质对农场饲养的动物的自然行为或机体功能不得有负面影响。

C.2.6 社会经济方面

消费者的感官：投入的物质不应造成有机产品的消费者对有机产品的抵触或反感。消费者可能会认为某投入物质对环境或人体健康是不安全的，尽管这在科学上可能尚未得到证实。投入物质的问题（例如基因工程问题）不应干扰人们对天然或有机产品的总体感觉或看法。

ICS 65.020.20
B 05

DB65

新疆维吾尔自治区地方标准

DB65/T 3755—2015

有机产品　日光温室葡萄生产技术规程

Organic products　technique regulations for greenhouse grape production

2015-09-30 发布　　2015-11-01 实施

新疆维吾尔自治区质量技术监督局　发布

前　　言

本标准按照GB/T 1.1—2009给出的规则起草。

本标准由新疆维吾尔自治区果蔬标准化研究中心提出。

本标准由新疆维吾尔自治区农业厅归口。

本标准主要起草单位:新疆维吾尔自治区果蔬标准化研究中心、新疆农业科学院园艺作物研究所、吐鲁番地区质量技术监督局、乌鲁木齐绿宝康服务有限公司。

本标准主要起草人:王浩、李瑜、杨猛、赵新亭、郭鑫、文光哲、许山根、牛惠玲、潘明启、李统中、文红梅、张丽。

有机产品　日光温室葡萄生产技术规程

1　范围

本标准规定了日光温室(以下简称温室)葡萄有机生产的术语和定义、产地环境、生产技术、采收和有机生产记录的要求。

本标准适用于温室葡萄(以下简称葡萄)的有机生产。

2　规范性引用文件

下列文件中的条款通过本标准的引用而成为本标准的条款。凡是注日期的引用文件,其随后所有的修改(不包括勘误的内容)或修订版均不适用于本标准。凡是不注日期的引用文件,其最新版本(包括所有的修改单)适用于本文件。

GB 3095　环境空气质量标准

GB 5084　农田灌溉水质标准

GB 9137　保护农作物的大气污染物最高允许浓度

GB 15618　土壤环境质量标准

GB/T 19630.1—2011　有机产品　第1部分:生产

NY 469—2001　葡萄苗木

3　术语和定义

下列术语和定义适用于本文件。

3.1

有机产品　organic products

生产、加工、销售过程符合本标准的供人类消费、动物食用的产品。

3.2

日光温室　sunlight greenhouse

以日光为主要能源的温室,一般由透光前坡、外保温帘(被)、后坡、后墙、山墙和操作间组成。基本朝向坐北朝南,东西延伸。围护结构具有保温和蓄热的双重功能,适用于冬季寒冷,但光照充足地区反季节种植蔬菜、花卉和瓜果。

3.3

常规　conventional

生产体系及其产品未获得有机认证或未开始有机转换认证。

3.4

缓冲带　buffer zone

在有机和常规地块之间有目的设置的、可明确界定的用来限制或阻挡邻近田块的禁用物质漂移的过渡区域。

4 产地环境

温室葡萄有机生产需要在适宜的环境条件下进行，生产基地应远离城区、工矿区、交通主干线、工业污染源、生活垃圾场等。

生产基地内的环境质量应符合以下要求：

——土壤环境质量符合 GB 15618 中的二级标准；

——农田灌溉用水水质符合 GB 5084 的规定；

——环境空气质量符合 GB 3095 中的二级标准；

——温室葡萄生产的大气污染最高允许浓度符合 GB 9137 的规定。

5 生产技术

5.1 品种和苗木选择

应选择适应当地土壤和气候特点的种苗，品种应具有早果性、丰产性好，耐储运、果实发育期短、成熟早等特性。苗木应选用无病虫害、品种纯正，苗木直径 5 mm～7 mm，有 3 个以上饱满芽，根系发达的 1 年生扦插苗，也可选用生长健壮的当年培育的营养袋苗。苗木质量应符合 NY 469—2001 的规定。禁止使用经禁用物质和方法处理的种苗。

5.2 栽培密度与架式

温室栽培葡萄有促早栽培和延晚栽培，定植时密度较大，栽后 2 年～3 年逐步间伐，达到正常株行距。一般采用南北向篱架式栽培，行距 1 m～2 m 或 1.5 m×0.5 m 的宽窄行，株距 0.5 m～1 m，密度 800 株/666.7 m^2 左右。也可采用棚架式栽培，前期同样可采用上述密度，成龄后只保留温室南沿 1 行葡萄植株，间伐到株距 3 m～4 m。

5.3 苗木定植与当年管理

一般春季 2 月～3 月定植较好，定植前，挖深和宽均为 70 cm～80 cm 的定植沟，施优质腐熟的有机肥 5 000 kg/666.7 m^2，与表土拌匀后施入沟内，浇足浇透定植水。苗木发芽后选 1 个～2 个生长良好的芽培养成主蔓，苗高 30 cm～40 cm 要及时引缚，使其能直立生长，50 cm 以下副梢全部抹去，以上副梢留 1 片～2 片叶摘心，并去除副梢芽眼。主蔓 1.5 m 左右时打顶，顶部留 1 个～2 个副梢延长生长，留 4 叶～5 叶反复摘心。冬剪时视枝蔓健壮程度及栽培密度，在 1.2 m～1.5 m 处剪截，留 1 个～2 个蔓作为第二年的结果母枝。

5.4 树体管理

5.4.1 生长期修剪

定植后第二年，每株留结果枝 3 个～5 个，每个结果枝留 1 花序，弱枝不留果。葡萄发芽后，要及时抹芽、定梢、除卷须、引缚。结果枝花穗以下副梢全部除去，花序以上留 5 片～7 片叶摘心，摘心后先端 1 个～2 个副梢留 3 片～5 片叶摘心。营养枝留 6 片～9 片叶摘心，摘心后前端 1 个～2 个副梢留 4 片～6 片叶摘心，其余副梢留 1 片～2 片叶摘心。

5.4.2 冬季修剪

5.4.2.1 定植一年的温室葡萄冬剪时间最好在休眠期进行，修剪原则是 50 cm 的臂上应保持 2 个～

3个结果母蔓，以后逐年替换。具体修剪方法：一次副梢粗度在0.7 cm以上，第一次5片～6片叶摘心，剪去第5芽以上部分；粗度在0.3 cm～0.6 cm的一次副梢，保留2芽修剪，作为预备枝；一次副梢不能结果的，只留母蔓，一次副梢全部贴根剪除；对于特别小的苗，保留3芽～5芽修剪。

5.4.2.2　两年生以上葡萄修剪，根据枝条着生部位的不同，以及枝条强弱不同，结果母枝剪留长度分为短梢修剪，3芽以下短截；中梢修剪，保留5芽～6芽。结果母枝的更新，主要采用双枝更新或单枝更新。双枝更新在冬剪时，间隔20 cm～30 cm留1个固定枝组，每枝组留2个枝，强枝采用中梢修剪作为第二年的结果母枝，弱枝采用短梢修剪作为预备枝；单枝更新冬剪时只留1个结果母枝短梢修剪，萌芽后高位新梢果穗结果，基部新梢不留果穗，作为营养枝，培养成下一年的结果母枝。冬剪时结果枝疏剪，营养枝短梢修剪作新的结果母枝，每年重复进行更新。

5.5　果实管理

5.5.1　花序管理

首先是疏剪花序，疏除多余的花序，在开花前10 d左右进行为宜，长势旺的和中庸的结果枝留一个花序，长势较弱的枝不留花序。修整花序一般与疏剪花序同时进行，方法是将果穗上部过大的副穗去掉，再将穗尖掐去1/4～1/3。叶面喷施硼肥保花，喷施的时间在花前10 d和开花期，浓度为0.2%～0.3%的硼砂溶液。

5.5.2　果穗管理

修果穗就是对穗形不好的果穗进行修整，剪去过长的副穗和穗尖的一部分以及疏除过多的支穗，使果穗紧凑，穗形整齐美观，提高果品外观及品质，修果穗可结合第一次稀果粒进行。稀果粒主要是按照品种特性对果穗的要求，疏掉果穗中的畸形果、小果、伤病果以及比较密挤的果粒。稀果粒一般在花后20 d左右在葡萄自然生理落果后进行1次～2次，第一次在果粒绿豆大小时进行，第二次在果粒黄豆粒大小时进行，每穗留50粒～80粒为宜。

5.5.3　果实套袋与除袋

5.5.3.1　葡萄果穗套袋是提高葡萄果实外观及品质、保持果粉完整、减少病虫危害、减少污染的重要措施。可选用白色的木浆纸袋，套袋时要剪除小果、病果，进行定果。果实套袋时间在不同立地条件下差异很大，一般在葡萄开花后20 d左右即生理落果后，在果粒直径达到1 cm到初着色时进行。

5.5.3.2　除袋一般在采收前10 d～15 d进行，先将袋下部打开成灯罩状，对果实进行锻炼，3 d～5 d后全部取除。如果光照充足，果穗能在袋内良好着色的，可以不取袋，保持果面良好的果粉，带袋采收。

5.6　温湿度管理

5.6.1　早期加温温室一般可在12月底～1月中旬开始加温，日光温室可在1月中下旬升温，加温前室内最低温度不低于−5 ℃，开始加温后室内温度管理可分为5个阶段：

a)　萌芽前：白天15 ℃～18 ℃，夜间5 ℃～6 ℃；
b)　萌芽至开花前：白天18 ℃～20 ℃，夜间6 ℃～7 ℃；
c)　开花期：白天25 ℃～28 ℃，夜间8 ℃～10 ℃；
d)　落花后至果实膨大期：白天25 ℃～30 ℃，夜间15 ℃～18 ℃；
e)　果实着色至采收期：白天≤30 ℃，夜间≤15 ℃。

5.6.2　室内空气湿度自覆盖到发芽，相对湿度控制在90%以上；发芽至开花前控制在60%～70%；花期到果实膨大期控制在60%～80%，其中萌芽和果实膨大期需水量较大，宜控制在70%～80%的范围。

5.7 水肥管理

5.7.1 生长期浇水以小水为主，减小流量，水不漫垄，提倡应用膜下滴灌或根区导灌技术，灌水后打开风口，排气除湿，待地表发白时浅耕耙平。扣棚后减少灌水，促使根系向下生长，延缓树体老化，增加结果年份。一般高温季节 15 d～20 d 灌水 1 次，每株每次灌水 25 L 左右，其他时间根据土壤情况灌水 5 次～7 次，每株每次灌水 30 L 左右。灌溉水符合 GB 5084 的要求。
5.7.2 温室葡萄有机栽培的施肥以有机肥为主，采取沟施的方式，每年 1 次。在植株的一侧距离树干 40 cm 处开施肥沟，沟宽 30 cm，沟深 60 cm。先在沟底垫铺 10 cm 左右的农作物秸秆，然后填入优质腐熟的有机肥，最后盖熟土灌水沉实。每次施有机肥 5 000 kg/666.7 m^2～6 000 kg/666.7 m^2，翌年在篱架的另一侧施肥。肥料和施肥符合 GB 1561.8、GB/T 19630.1—2011 以及附录 A 和附录 C 的规定。

5.8 病虫害防治

5.8.1 主要病虫害

温室栽培葡萄的主要病害有白粉病、霜霉病、白腐病、褐纹病、灰霉病等，主要虫害有红蜘蛛、葡萄叶蝉、蚧壳虫、白星花金龟、棉铃虫等。

5.8.2 防治原则

病虫害防治的基本原则应是从葡萄病虫害整个生态系统出发，综合运用各种防治措施，创造不利于病虫害孳生和有利于各类天敌繁衍的环境条件，保持农业生态系统的平衡和生物多样化，减少各类病虫害所造成的损失。优先选用农业防治，合理使用物理防治、生物防治和药剂防治。

5.8.3 农业防治

5.8.3.1 保持温室葡萄园清洁。要求在每年春秋季节集中进行，将冬剪剪下的枯枝叶，剥掉的蔓上老皮清扫干净，集中烧毁或深埋，减轻翌年的危害。在生长季节发现病害时，也要及时仔细地剪除病枝、果穗、果粒和叶片，并立即销毁，防止再传播蔓延。
5.8.3.2 改善架面通风透光条件。要及时绑蔓摘心和疏除副梢，创造良好的通风透光条件，要求每平方米架面保留结果枝 15 个左右，接近地面的果穗，可用绳子适当高吊，以防止病害。
5.8.3.3 加强温度管理。10 ℃以上时开始进行生长，营养生长期 20 ℃～25 ℃，花期 13 ℃～15 ℃以上，白天气温 20 ℃～25 ℃为宜。
5.8.3.4 加强肥水管理。保证足够数量的有机肥，维持和提高土壤肥力、营养平衡和生物活性，补充土壤有机质和养分从而补充因葡萄收获而从土壤中带走的有机质和土壤养分，可增强树势，提高葡萄抗病虫的能力。
5.8.3.5 深翻和除草。果园中的残枝落叶和杂草是病、害虫越冬和繁衍的场所，结合施用基肥，将土壤表层的虫害和病菌埋入施肥坑中，以减少病虫害来源，并可将葡萄根部土壤中的虫蛹、幼虫挖出杀死。
5.8.3.6 选用抗病虫害品种。不同葡萄品种间的抗病性差异很大，生产上应用抗性品种是防治病虫害最经济有效的方法。

5.8.4 生物防治

利用天敌昆虫防治葡萄害虫，如释放捕食螨和瓢虫等防治叶螨、介壳虫，利用赤眼蜂等防治叶蝉；利用微生物防治病虫害，如利用木霉菌防治灰霉病，利用糖醋液诱杀白星花金龟等；采用 NPV（核多角体病毒）防治棉铃虫。

5.8.5 物理防治

5.8.5.1 利用果树病原、害虫对温度、光谱、声响等的特异反应和耐受能力，杀死或驱避有害生物。如温室外安装黑光灯、温室内悬挂黄板等，利用灯光、色彩诱杀害虫；利用某些害虫的假死习性，人工将害虫振落于地面捕捉、杀死，或机械捕捉害虫、人工除草等措施，防治病虫草害。
5.8.5.2 以上方法不能有效控制病虫害时，允许使用附录B所列出的物质。使用附录B未列入的物质时，应由认证机构按照附录C的准则对该物质进行评估。

5.9 污染控制

5.9.1 有机地块与常规地块的排灌系统应有有效的隔离措施，以保证常规农田的水不会渗透或漫入有机地块。
5.9.2 常规农业系统中的设备在用于有机生产前，应得到充分清洗，去除污染物残留。
5.9.3 在使用保护性的建筑覆盖物、塑料薄膜、防虫网时，只允许选择聚乙烯、聚丙烯或聚碳酸酯类产品，并且使用后应从土壤中清除。禁止焚烧，禁止使用聚氯类产品。
5.9.4 有机产品的农药残留不能超过国家食品卫生标准相应产品限值的5%，重金属含量也不能超过国家食品卫生标准相应产品的限值。

6 采收

采收时一只手托住果穗，另一只手用圆头剪刀将果穗从贴近母枝处剪下，要轻拿轻放。整修果穗，剪除腐烂粒、病粒、不成熟粒、畸形粒，再根据大小、着色程度等指标，分等级包装。

7 有机生产记录

7.1 认证记录的保存

产品生产、收获和经营的操作记录必须保存好。且这些记录必须能详细记录被认证操作的各项活动和交易情况，以备检查和核实，记录要足以证实完全遵守有机生产标准的各项条例，且被保存至少5年。

7.2 提供文件清单

7.2.1 一般资料

包括技术负责人姓名、地址、电话或传真、种植面、有机耕作面积及作物种类。

7.2.2 农田描述

包括田块图和地点详图、田块清单和历史记录、设备表。

7.2.3 生产描述

包括要认证的产品清单、估计的年产量、栽培技术、测试分析、田间农事记录。

7.3 投入和销售

包括种子、肥料、病虫害防治材料、农业投入、标签、服务。销售包括产品、数量、保证书、顾客。

7.4 控制与认证

包括遵守有机生产技术规程、检查报告、认证证书等。

附 录 A
（规范性附录）
有机作物种植允许使用的土壤培肥和改良物质

A.1 有机作物允许使用的土壤培肥和改良物质见表A.1。

表A.1 有机作物种植允许使用土壤培肥和改良物质

物质类别		物质名称、组分和要求	使用条件
植物和动物来源	有机农业体系内	作物秸秆和绿肥	
		畜禽粪便及其堆肥(包括圈肥)	
	有机农业体系以外	秸秆	与动物粪便堆制并充分腐熟后
		畜禽粪便及其堆肥	满足堆肥的要求
		干的农家肥和脱水的家畜粪便	满足堆肥的要求
		海草或物理方法生产的海草产品	未经过化学加工处理
		来自未经化学处理木材的木料、树皮、锯屑、刨花、木灰、木炭及腐殖酸物质	地面覆盖或堆制后作为有机肥源
		未掺杂防腐剂的肉、骨头和皮毛制品	经过堆制或发酵处理后
		蘑菇培养废料和蚯蚓培养基质的堆肥	满足堆肥的要求
		不含合成添加剂的食品工业副产品	应经过堆制或发酵处理后
		草木灰	
		不含合成添加剂的泥炭	禁止用于土壤改良；只允许作为盆栽基质使用
		饼粕	不能使用经化学方法加工的
		鱼粉	未添加化学合成的物质
矿物来源	磷矿石		应当是天然的，应当是物理方法获得的，五氧化二磷中镉含量小于等于90 mg/kg
	钾矿粉		应当是物理方法获得的，不能通过化学方法浓缩。氯的含量少于60%
	硼酸岩		
	微量元素		天然物质或来自未经化学处理、未添加化学合成物质
	镁矿粉		天然物质或来自未经化学处理、未添加化学合成物质
	天然硫磺		
	石灰石、石膏和白垩		天然物质或来自未经化学处理、未添加化学合成物质
	黏土(如珍珠岩、蛭石等)		天然物质或来自未经化学处理、未添加化学合成物质
	氯化钙、氯化钠		
	窑灰		未经化学处理、未添加化学合成物质
	钙镁改良剂		
	泻盐类(含水硫酸岩)		
微生物来源	可生物降解的微生物加工副产品，如酿酒和蒸馏酒行业的加工副产品		
	天然存在的微生物配制的制剂		

附 录 B
（规范性附录）
有机作物种植允许使用的植物保护产品和措施

B.1 有机作物允许使用的植物保护产品物质和措施见表 B.1。

表 B.1 有机作物种植允许使用的植物保护产品物质和措施

物质类别	物质名称、组分要求	使 用 条 件
植物和动物来源	印楝树提取物(Neem)及其制剂	
	天然除虫菊(除虫菊科植物提取液)	
	苦楝碱(苦木科植物提取液)	
	鱼藤酮类(毛鱼藤)	
	苦参及其制剂	
	植物油及其乳剂	
	植物制剂	
	植物来源的驱避剂(如薄荷、熏衣草)	
	天然诱集和杀线虫剂(如万寿菊、孔雀草)	
	天然酸(如食醋、木醋和竹醋等)	
	蘑菇的提取物	
	牛奶及其奶制品	
	蜂蜡	
	蜂胶	
	明胶	
	卵磷脂	
矿物来源	铜盐(如硫酸铜、氢氧化铜、氯氧化铜、辛酸铜等)	不得对土壤造成污染
	石灰硫磺(多硫化钙)	
	波尔多液	
	石灰	
	硫磺	
	高锰酸钾	
	碳酸氢钾	
	碳酸氢钠	
	轻矿物油(石蜡油)	
	氯化钙	
	硅藻土	
	黏土(如斑脱土、珍珠岩、蛭石、沸石等)	
	硅酸盐(硅酸钠,石英)	

表 B.1（续）

物质类别	物质名称、组分要求	使 用 条 件
微生物来源	真菌及真菌制剂（如白僵菌、轮枝菌）	
	细菌及细菌制剂（如苏云金杆菌，即 BT）	
	释放寄生、捕食、绝育型的害虫天敌	
	病毒及病毒制剂（如颗粒体病毒等）	
其他	氢氧化钙	
	二氧化碳	
	乙醇	
	海盐和盐水	
	苏打	
	软皂（钾肥皂）	
	二氧化硫	
诱捕器、屏障、驱避剂	物理措施（如色彩诱器、机械诱捕器等）	
	覆盖物（网）	
	昆虫性外激素	仅用于诱捕器和散发皿内
	四聚乙醛制剂	驱避高等动物

附 录 C
（规范性附录）
评估有机生产中使用其他物质的准则

在附录A和附录B涉及有机农业中用于培肥和植物病虫害防治的产品不能满足要求的情况下，可以根据本附录描述的评估准则对有机农业中使用除附录A和附录B以外的其他物质进行评估。

C.1 原则

C.1.1 土壤培肥和土壤改良允许使用的物质

C.1.1.1 为达到或保持土壤肥力或为满足特殊的营养要求，而为特定的土壤改良和轮作措施所必需的，本标准附录A和本标准概述的方法所不可能满足和替代的物质。

C.1.1.2 该物质来自植物、动物、微生物或矿物，并允许经过如下处理：

a） 物理（机械，热）处理；

b） 酶处理；

c） 微生物（堆肥，消化）处理。

C.1.1.3 经可靠的试验数据证明该物质的使用应不会导致或产生对环境的不能接受的影响或污染，包括对土壤生物的影响和污染。

C.1.1.4 该物质的使用不应对最终产品的质量和安全性产生不可接受的影响。

C.1.2 控制植物病虫草害所允许使用的物质表时使用

C.1.2.1.1 该物质是防治有害生物或特殊病害所必需的，而且除此物质外没有其他生物的、物理的方法或植物育种替代方法和（或）有效管理技术可用于防治这类有害生物或特殊病害。

C.1.2.1.2 该物质（活性化合物）源自植物、动物、微生物或矿物，并可经过以下处理：

a） 物理处理；

b） 酶处理；

c） 微生物处理。

C.1.2.1.3 有可靠的试验结果证明该物质的使用应不会导致或产生对环境的不能接受的影响或污染。

C.1.2.1.4 如果某物质的天然形态数量不足，可以考虑使用与该自然物质的性质相同的化学合成物质，如化学合成的外激素（性诱剂），但前提是其使用不会直接或间接造成环境或产品污染。

C.2 评估程序

C.2.1 必要性

只有在必要的情况下才能使用某种投入物质。投入某物质的必要性可从产量、产品质量、环境安全性、生态保护、景观、人类和动物的生存条件等方面进行评估。

某投入物质的使用可限制于：

a） 特种农作物（尤其是多年生农作物）；

b） 特殊区域；

c） 可使用该投入物质的特殊条件。

C.2.2 投入物质的性质和生产方法

C.2.2.1 投入物质的性质

投入物质的来源一般应来源于(按先后选用顺序):

a) 有机物(植物、动物、微生物);

b) 矿物。

C.2.2.1.1 可以使用等同于天然产品的化学合成物质。

C.2.2.1.2 在可能的情况下,应优先选择使用可再生的投入物质。其次应选择矿物源的投入物质,而第三选择是化学性质等同天然产品的投入物质。在允许使用化学性质等同的投入物质时需要考虑其在生态上、技术上或经济上的理由。

C.2.2.2 生产方法

投入物质的配料可以经过以下处理:

a) 机械处理;

b) 物理处理;

c) 酶处理;

d) 微生物作用处理;

e) 化学处理(作为例外并受限制)。

C.2.2.3 采集

构成投入物质的原材料采集不得影响自然生境的稳定性,也不得影响采集区内任何物种的生存。

C.2.3 环境安全性

C.2.3.1 投入物质不得危害环境或对环境产生持续的负面影响。投入物质也不应造成对地面水、地下水、空气或土壤的不可接受的污染。应对这些物质的加工、使用和分解过程的所有阶段进行评价。

C.2.3.2 必须考虑投入物质的以下特性:

C.2.3.2.1 可降解性

a) 所有投入物质必须可降解为二氧化碳、水和(或)其矿物形态。

b) 对非靶生物有高急性毒性的投入物质的半衰期最多不能超过 5 d。

c) 对作为投入的无毒天然物质没有规定的降解时限要求。

C.2.3.2.2 对非靶生物的急性毒性

当投入物质对非靶生物有较高急性毒性时,需要限制其使用。应采取措施保证这些非靶生物的生存。可规定最大允许使用量。如果无法采取可以保证非靶生物生存的措施,则不得使用该投入物质。

C.2.3.2.3 长期慢性毒性

不得使用会在生物或生物系统中蓄积的投入物质,也不得使用已经知道有或怀疑有诱变性或致癌性的投入物质。如果投入这些物质会产生危险,应采取足以使这些危险降至可接受水平和防止长时间持续负面环境影响的措施。

C.2.3.2.4 化学合成产品和重金属

C.2.3.2.4.1 投入物质中不应含有致害量的化学合成物质(异生化合制品)。仅在其性质完全与自然

界的产品相同时，才可允许使用化学合成的产品。

C.2.3.2.4.2　投入的矿物质中的重金属含量应尽可能地少。由于缺乏代用品以及在有机农业中已经被长期、传统地使用，铜和铜盐目前尚是一个例外。但任何形态的铜在有机农业中的使用应视为临时性允许使用，并且就其环境影响而言，应限制使用。

C.2.4　对人体健康和产品质量的影响

C.2.4.1　人体健康

投入物质必须对人体健康无害。应考虑投入物质在加工、使用和降解过程中的所有阶段的情况，应采取降低投入物质使用危险的措施，并制定投入物质在有机农业中使用的标准。

C.2.4.2　产品质量

投入物质对产品质量(如味道，保质期和外观质量等)不得有负面影响。

C.2.5　伦理方面——动物生存条件

投入物质对农场饲养的动物的自然行为或机体功能不得有负面影响。

C.2.6　社会经济方面

消费者的感官：投入的物质不应造成有机产品的消费者对有机产品的抵触或反感。消费者可能会认为某投入物质对环境或人体健康是不安全的，尽管这在科学上可能尚未得到证实。投入物质的问题(例如基因工程问题)不应干扰人们对天然或有机产品的总体感觉或看法。

ICS 65.020.20
B 05

DB65

新疆维吾尔自治区地方标准

DB65/T 3756—2015

有机产品　日光温室哈密瓜生产技术规程

Organic products　technique regulations for greenhouse Hami melon production

2015-09-30 发布　　　　2015-11-01 实施

新疆维吾尔自治区质量技术监督局　发 布

前　言

本标准按照GB/T 1.1—2009给出的规则起草。

本标准由新疆维吾尔自治区果蔬标准化研究中心提出。

本标准由新疆维吾尔自治区农业厅归口。

本标准主要起草单位:新疆维吾尔自治区果蔬标准化研究中心、新疆农业科学院园艺作物研究所、吐鲁番地区质量技术监督局、乌鲁木齐绿宝康服务有限公司。

本标准主要起草人:王浩、李瑜、唐亦兵、赵新亭、杨猛、文光哲、许山根、牛惠玲、李统中、文红梅、庄红梅、张丽。

有机产品　日光温室哈密瓜生产技术规程

1　范围

本标准规定了日光温室(以下简称温室)哈密瓜有机生产的术语和定义、产地环境、生产技术、采收和有机生产记录的要求。

本标准适用于温室哈密瓜的有机生产。

2　规范性引用文件

下列文件中的条款通过本标准的引用而成为本标准的条款。凡是注日期的引用文件,其随后所有的修改(不包括勘误的内容)或修订版均不适用于本标准。凡是不注日期的引用文件,其最新版本(包括所有的修改单)适用于本文件。

GB 3095　环境空气质量标准

GB 5084　农田灌溉水质标准

GB 9137　保护农作物的大气污染物最高允许浓度

GB 15618　土壤环境质量标准

GB 16715.1—2010　瓜菜作物种子　第1部分:瓜类

GB/T 19630.1—2011　有机产品　第1部分:生产

3　术语和定义

下列术语和定义适用于本文件。

3.1

有机产品　organic products

生产、加工、销售过程符合本标准的供人类消费、动物食用的产品。

3.2

日光温室　sunlight greenhouse

以日光为主要能源的温室,一般由透光前坡、外保温帘(被)、后坡、后墙、山墙和操作间组成。基本朝向坐北朝南,东西延伸。围护结构具有保温和蓄热的双重功能,适用于冬季寒冷,但光照充足地区反季节种植蔬菜、花卉和瓜果。

3.3

常规　conventional

生产体系及其产品未获得有机认证或未开始有机转换认证。

3.4

缓冲带　buffer zone

在有机和常规地块之间有目的设置的、可明确界定的用来限制或阻挡邻近田块的禁用物质漂移的过渡区域。

4 产地环境

温室哈密瓜有机生产需要在适宜的环境条件下进行，生产基地应远离城区、工矿区、交通主干线、工业污染源、生活垃圾场等。

生产基地内的环境质量应符合以下要求：

——土壤环境质量符合 GB 15618 中的二级标准；

——农田灌溉用水水质符合 GB 5084 的规定；

——环境空气质量符合 GB 3095 中的二级标准；

——温室哈密瓜生产的大气污染最高允许浓度符合 GB 9137 的规定。

5 生产技术

5.1 栽培季节与茬口安排

日光温室栽培哈密瓜，一般可以安排秋冬茬和冬春茬栽培，以冬春茬栽培为主。秋冬茬栽培一般在8月上旬到9月上旬播种，苗龄 30 d 左右，9月下旬到10月初定植，翌年1月底2月初收获。冬春茬一般12月中下旬到1月中旬播种，苗龄 30 d～35 d，1月下旬至2月上旬定植，4月上旬收获。

5.2 品种选择

应选择适应当地土壤和气候特点，优质高产、抗病性好、商品性好的品种，秋冬茬应选用中熟或中晚熟抗病耐贮的品种，冬春茬宜选择耐低温、耐弱光的早熟品种。种子质量应符合 GB 16715.1—2010 的规定。禁止使用经禁用物质和方法处理的哈密瓜种子和嫁接砧木种子。

5.3 育苗

可选择应用穴盘有机基质育苗，在设施齐全、环境良好的育苗温室内进行，并对育苗设施进行消毒处理，创造适合秧苗生长发育的环境条件。

5.3.1 穴盘与基质的准备

哈密瓜育苗一般选择 50 孔穴盘，选择优质成品的商品基质即可，基质的制作与质量满足育苗所需的营养，应符合 GB 19630.1 的规定。先将基质预湿至含水量 60%～70%，然后装满穴盘刮平，覆膜保湿待播种。

5.3.2 种子的处理

5.3.2.1 种子消毒

将种子放入 55 ℃～60 ℃的温水中温汤浸种，或将干燥的种子放在 70 ℃的干热条件下干热灭菌处理 72 h，或用 0.1%硫酸铜溶液浸种 5 min，或用 0.5%～1%高锰酸钾溶液浸泡 10 min～15 min，消毒后用清水充分洗净后催芽。

5.3.2.2 浸种催芽

将消毒、清洗后的种子用清水在常温下浸泡 6 h～8 h，种子充分吸水后，再淘洗干净置于 28 ℃～30 ℃下催芽，一般 24 h～36 h 后即可发芽，80%种子露白即可播种。

5.3.3 播种

播种期根据茬口安排进行，每穴1粒种子，露胚根种子平放在播种穴内，需用种子50 g/666.7 m^2～70 g/666.7 m^2，播种深度1 cm～1.5 cm，播后覆膜保湿，约70%顶土出苗即撤出覆盖物。

5.3.4 苗期管理

从播种到出苗，要求白天温度保持在25 ℃～35 ℃，夜间18 ℃～20 ℃；70%出苗后，白天温度控制在20 ℃～25 ℃，夜间保持在15 ℃～20 ℃；定植前5 d～7 d低温炼苗，控制白天温度15 ℃～20 ℃，夜间8 ℃～10 ℃。穴盘基质湿度出苗前保持相对含水量80%～90%，生长期间控制在60%～70%，定植前控水炼苗，基质含水量控制在45%～50%。苗期一般不需要施肥，需多见光、预防徒长。夏秋季育苗需要注意遮阳、降温。苗龄30 d～35 d，幼苗长到3片～4片真叶即可定植。

5.4 定植

5.4.1 定植前准备

5.4.1.1 土壤和温室消毒

在7月～8月份高温休闲季节，将土壤翻耕后覆盖地膜，利用太阳能晒土高温杀菌。具体方法：将农家肥施入土壤，深翻，灌透水，土壤表面盖地膜或旧棚膜，扣棚膜，密封棚室，高温消毒。

5.4.1.2 整地施肥

温室哈密瓜有机栽培以堆肥、畜禽粪、饼肥、绿肥等为主，结合深翻土地，施腐熟的优质有机肥5 000 kg/666.7 m^2～6 000 kg/666.7 m^2，饼肥100 kg/667 m^2，结合整地与土壤混匀。

5.4.1.3 起垄做畦

温室内土壤达到宜耕期后，深翻30 cm左右，耙平整细。温室哈密瓜一般选择小高垄（畦）栽培，要求垄高15 cm～20 cm，垄宽70 cm，垄间距50 cm，栽培垄以南北走向为宜，垄上覆盖地膜。

5.4.2 定植

温室栽培哈密瓜定植时间根据茬口模式而定。一般垄上双行定植，垄上行距50 cm，株距35 cm～40 cm，定植1 500株/667 m^2～2 200株/667 m^2。夏秋高温季节选阴天或傍晚移栽，定植多采用暗水定植法，即先挖穴，穴里浇足水，再栽苗。栽苗深度以刚埋住土坨上层表面土为宜，待水渗下后再覆土盖穴，定植口封严保湿保温。

5.5 定植后的管理

5.5.1 温湿度管理

定植后到缓苗前，温度应保持白天27 ℃～30 ℃，夜间不低于20 ℃，地温20 ℃～22 ℃，高温缓苗。缓苗后逐渐降温，营养生长期保持白天25 ℃～30 ℃，夜间不低于15 ℃，地温20 ℃。果实膨大期白天27 ℃～30 ℃，夜间15 ℃～20 ℃，地温20 ℃～23 ℃。室内空气湿度以50%～70%较为适宜。

5.5.2 光照的管理

哈密瓜喜强光长日照，正常生长要求每天10 h～12 h的光照，其光饱和点为5.5万lx～6万lx。尽量早揭盖棉被，每天揭开棉被后都要清洁棚膜，擦洗除尘，温室内后墙张挂反光幕等，尽量延长光照时间和增加光照强度。

5.5.3 肥水管理

5.5.3.1 定植后 4 d～7 d 浇缓苗水 1 次，此后直到植株抽蔓均不需要浇水。在茎蔓迅速生长时浇一次水，促进茎蔓伸长，然后控水直至 11 个瓜开始膨大时，再浇 1 次水促进果实快速膨大，以后一般不再浇水。

5.5.3.2 伸蔓期结合浇水施肥 1 次，施入腐熟有机肥 800 kg/666.7 m^2 和饼肥 200 kg/666.7 m^2，在距离根部 10 cm～15 cm 处挖穴深 10 cm 施入，覆土盖严，立即浇水。开花前 7 d 控制水分，防止徒长，以利于坐瓜。

5.5.3.3 当幼瓜长到鸡蛋大小时即进入膨瓜期，结合浇水再追肥 1 次，施入腐熟有机肥 2 000 kg/666.7 m^2，在距离瓜根部 20 cm～30 cm 处挖穴施入。哈密瓜开花后 14 d～20 d 开始有网纹形成，为使网纹美观，一般在网纹形成前 7 d 左右减少浇水，网纹形成后增加浇水促进果实膨大。果实膨大停止接近成熟时控制水分，提高品质、以防裂瓜。

5.5.4 整枝吊蔓

温室哈密瓜早熟栽培一般采取单蔓整枝，即主蔓 8 节～10 节以下侧蔓尽早打掉，选留主蔓上第9 节～15 节位的侧枝作结果预备枝，侧蔓第 1 节有雌花出现，即花前留 1 片叶摘心，其余节位的侧蔓一概抹去，主蔓长至 23 片～25 片叶时摘心。采用吊绳绑蔓立蔓栽培的方式，吊绳绑在主蔓子叶以下，顺时针绕瓜秧，及时摘除卷须和已开放的雄花。

5.5.5 选瓜吊瓜

为争取早熟优质，每株哈密瓜一般只留 1 个瓜，在幼瓜长到鸡蛋大小时即可疏果定瓜，选留幼瓜的标准是颜色鲜绿、形状匀称、两端稍长、果柄较长、侧枝健壮。用塑料绳拴于果柄近果实部，将瓜吊起，吊绳另一端拴在顶端的铁丝上，吊瓜高度应尽量一致，以便于管理。

5.5.6 人工授粉

日光温室栽培哈密瓜要进行人工授粉，授粉时间在晴天上午 12 点之前进行，选择当天新开的雄花，去其花冠，露出雄蕊，轻轻涂抹到雌花的柱头上，要涂抹均匀，促进其受精坐果，从授粉至子房内胚珠完成受精要 24 h～48 h。1 朵雄花可为 2 朵～4 朵雌花授粉，也可将花粉采集于小玻璃器皿内，用干燥毛笔蘸花粉往柱头上涂抹。

5.6 病虫害防治

5.6.1 主要病虫害

5.6.1.1 主要病害：霜霉病、炭疽病、枯萎病、白粉病、病毒病、蔓枯病等。

5.6.1.2 主要虫害：蚜虫、蓟马、白粉虱等。

5.6.2 防治原则

病虫害防治的基本原则应是从哈密瓜病虫害整个生态系统出发，综合运用各种防治措施，创造不利于病虫害孳生和有利于各类天敌繁衍的环境条件，保持农业生态系统的平衡和生物多样化，减少各类病虫害所造成的损失。优先选用农业防治，合理使用物理防治、生物防治和药剂防治。

5.6.3 农业防治

5.6.3.1 保持温室清洁。搞好温室清洁是消灭哈密瓜病虫害的根本措施，将摘除的哈密瓜侧枝侧蔓、卷须、老叶,以及疏掉的幼瓜、雄花等清扫干净,集中烧毁或深埋,减轻病虫害的繁衍危害。在生长季节发现病害时,也要及时仔细地剪除病枝叶、病果,并立即销毁,防止再传播蔓延。

5.6.3.2 改善通风透光条件。哈密瓜吊蔓栽培枝叶过密时,通风透光较差,容易发生病害。要及时摘除侧蔓和多余的幼瓜、病残的叶片,结合温湿度管理,调节风口使通气流畅,降低空气湿度。

5.6.3.3 加强温度管理。营养生长期保持白天 25 ℃～30 ℃,夜间不低于 15 ℃。果实膨大期白天 27 ℃～30 ℃,夜间 15 ℃～20 ℃。

5.6.3.4 加强肥水管理。保证足够数量的充分腐熟的有机肥,维持和提高土壤肥力、营养平衡和生物活性,补充土壤有机质和养分从而补充因哈密瓜收获而从土壤中带走的有机质和土壤养分,可增强哈密瓜生长势,提高抗病虫的能力。与瓜类作物实行 5 年以上轮作栽培。

5.6.3.5 加强设施防护。为减少外来病虫害的侵入,应在温室上通风口和下通风口设置防虫网,阻止病虫害的迁入侵染。

5.6.3.6 选用抗病虫害品种。选用耐病抗病品种,嫁接育苗栽培。

5.6.4 生物防治

利用天敌昆虫防治哈密瓜害虫,释放瓢虫防治蚜虫,扣棚后当白粉虱成虫在 0.2 头/株以下时,每 5 天释放丽蚜小蜂成虫 3 头/株,共释放 3 次丽蚜小蜂,可有效控制白粉虱为害。利用有益微生物防治病虫害,如利用木霉菌防治灰霉病,土壤施用酵素菌防治枯萎病、蔓枯病,用 2%武夷菌素(B0～10)水剂 5 ml/kg,7 d～10 d 喷 1 次,连喷 2 次～3 次可防治哈密瓜炭疽病。有效控制传毒昆虫是防治病毒病的主要措施。

5.6.5 物理防治

利用病原、害虫对温度、光谱、声响等的特异反应和耐受能力,杀死或驱避有害生物,如安装黑光灯、悬挂黄板等,利用灯光、色彩诱杀害虫等。

5.6.5.1 黄蓝板诱杀白粉虱、蚜虫、蓟马

悬挂黄板诱杀白粉虱和蚜虫,悬挂蓝板诱杀蓟马,挂 30 块/667 m^2～40 块/667 m^2,挂在行间。

5.6.5.2 阻隔防蚜和驱避防蚜

5.6.5.2.1 在棚室放风口处设防虫网防止蚜虫迁入,悬挂银灰色条膜驱避蚜虫。

5.6.5.2.2 以上方法不能有效控制病虫害时,允许使用附录 B 所列出的物质。使用附录 B 未列入的物质时,应由认证机构按照附录 C 的准则对该物质进行评估。

5.7 污染控制

5.7.1 有机地块与常规地块的排灌系统应有有效的隔离措施,以保证常规农田的水不会渗透或漫入有机地块。

5.7.2 常规农业系统中的设备在用于有机生产前,应得到充分清洗,去除污染物残留。

5.7.3 在使用保护性的建筑覆盖物、塑料薄膜、防虫网时,只允许选择聚乙烯、聚丙烯或聚碳酸酯类产品,并且使用后应从土壤中清除。禁止焚烧,禁止使用聚氯类产品。

5.7.4 有机产品的农药残留不能超过国家食品卫生标准相应产品限值的 5%,重金属含量也不能超过国家食品卫生标准相应产品的限值。

6 采收

哈密瓜授粉后挂上纸牌,表明授粉日期,以便确定采收期。哈密瓜果实成熟后,表面有光泽,网纹清

晰，脐部有该品种特有香气。采收前 15 d 停止浇水，鲜食哈密瓜宜于清晨采摘，此时摘瓜既清凉又甜；作为远运和外销的哈密瓜，采摘可安排在太阳出来 2 h 后进行，稍加晾晒，分级装箱。采摘时用剪子在果柄三岔处剪断形成"T"字形瓜柄，长度为 4 cm～6 cm，做到轻放、轻运、轻装。

7 有机生产记录

7.1 认证记录的保存

产品生产、收获和经营的操作记录必须保存好。且这些记录必须能详细记录被认证操作的各项活动和交易情况，以备检查和核实，记录要足以证实完全遵守有机生产标准的各项条例，且被保存至少 5 年。

7.2 提供文件清单

7.2.1 一般资料

包括技术负责人姓名、地址、电话或传真、种植面、有机耕作面积及作物种类。

7.2.2 农田描述

包括田块图和地点详图、田块清单和历史记录、设备表。

7.2.3 生产描述

包括要认证的产品清单、估计的年产量、栽培技术、测试分析、田间农事记录。

7.3 投入和销售

包括种子、肥料、病虫害防治材料、农业投入、标签、服务。销售包括产品、数量、保证书、顾客。

7.4 控制与认证

包括遵守有机生产技术规程、检查报告、认证证书等。

附　录　A
（规范性附录）
有机作物种植允许使用的土壤培肥和改良物质

A.1　有机作物种植允许使用的土壤培肥和改良物质见表A.1。

表A.1　有机作物种植允许使用的土壤培肥和改良物质

物质类别		物质名称、组分和要求	使　用　条　件
植物和动物来源	有机农业体系内	作物秸秆和绿肥	
		畜禽粪便及其堆肥（包括圈肥）	
	有机农业体系以外	秸秆	与动物粪便堆制并充分腐熟后
		畜禽粪便及其堆肥	满足堆肥的要求
		干的农家肥和脱水的家畜粪便	满足堆肥的要求
		海草或物理方法生产的海草产品	未经过化学加工处理
		来自未经化学处理木材的木料、树皮、锯屑、刨花、木灰、木炭及腐殖酸物质	地面覆盖或堆制后作为有机肥源
		未搀杂防腐剂的肉、骨头和皮毛制品	经过堆制或发酵处理后
		蘑菇培养废料和蚯蚓培养基质的堆肥	满足堆肥的要求
		不含合成添加剂的食品工业副产品	应经过堆制或发酵处理后
		草木灰	
		不含合成添加剂的泥炭	禁止用于土壤改良；只允许作为盆栽基质使用
		饼粕	不能使用经化学方法加工的
		鱼粉	未添加化学合成的物质
矿物来源		磷矿石	应当是天然的，应当是物理方法获得的，五氧化二磷中镉含量小于等于90 mg/kg
		钾矿粉	应当是物理方法获得的，不能通过化学方法浓缩。氯的含量少于60%
		硼酸岩	
		微量元素	天然物质或来自未经化学处理、未添加化学合成物质
		镁矿粉	天然物质或来自未经化学处理、未添加化学合成物质
		天然硫磺	
		石灰石、石膏和白垩	天然物质或来自未经化学处理、未添加化学合成物质
		黏土（如珍珠岩、蛭石等）	天然物质或来自未经化学处理、未添加化学合成物质
		氯化钙、氯化钠	
		窑灰	未经化学处理、未添加化学合成物质
		钙镁改良剂	
		泻盐类（含水硫酸岩）	
微生物来源		可生物降解的微生物加工副产品，如酿酒和蒸馏酒行业的加工副产品	
		天然存在的微生物配制的制剂	

附 录 B
（规范性附录）
有机作物种植允许使用的植物保护产品和措施

B.1 有机作物允许使用的植物保护产品物质和措施见表B.1。

表B.1 有机作物种植允许使用的植物保护产品物质和措施

物质类别	物质名称、组分要求	使用条件
植物和动物来源	印楝树提取物（Neem）及其制剂	
	天然除虫菊（除虫菊科植物提取液）	
	苦楝碱（苦木科植物提取液）	
	鱼藤酮类（毛鱼藤）	
	苦参及其制剂	
	植物油及其乳剂	
	植物制剂	
	植物来源的驱避剂（如薄荷、熏衣草）	
	天然诱集和杀线虫剂（如万寿菊、孔雀草）	
	天然酸（如食醋、木醋和竹醋等）	
	蘑菇的提取物	
	牛奶及其奶制品	
	蜂蜡	
	蜂胶	
	明胶	
	卵磷脂	
矿物来源	铜盐（如硫酸铜、氢氧化铜、氯氧化铜、辛酸铜等）	不得对土壤造成污染
	石灰硫磺（多硫化钙）	
	波尔多液	
	石灰	
	硫磺	
	高锰酸钾	
	碳酸氢钾	
	碳酸氢钠	
	轻矿物油（石蜡油）	
	氯化钙	
	硅藻土	
	黏土（如斑脱土、珍珠岩、蛭石、沸石等）	
	硅酸盐（硅酸钠，石英）	

表 B.1（续）

物质类别	物质名称、组分要求	使 用 条 件
微生物来源	真菌及真菌制剂(如白僵菌、轮枝菌)	
	细菌及细菌制剂(如苏云金杆菌，即 BT)	
	释放寄生、捕食、绝育型的害虫天敌	
	病毒及病毒制剂(如颗粒体病毒等)	
其他	氢氧化钙	
	二氧化碳	
	乙醇	
	海盐和盐水	
	苏打	
	软皂(钾肥皂)	
	二氧化硫	
诱捕器、屏障、驱避剂	物理措施(如色彩诱器、机械诱捕器等)	
	覆盖物(网)	
	昆虫性外激素	仅用于诱捕器和散发皿内
	四聚乙醛制剂	驱避高等动物

附 录 C
（规范性附录）
评估有机生产中使用其他物质的准则

在附录A和附录B涉及有机农业中用于培肥和植物病虫害防治的产品不能满足要求的情况下，可以根据本附录描述的评估准则对有机农业中使用除附录A和附录B以外的其他物质进行评估。

C.1 原则

C.1.1 土壤培肥和土壤改良允许使用的物质

C.1.1.1 为达到或保持土壤肥力或为满足特殊的营养要求，而为特定的土壤改良和轮作措施所必需的，本标准附录A和本标准概述的方法所不可能满足和替代的物质。

C.1.1.2 该物质来自植物、动物、微生物或矿物，并允许经过如下处理：

a） 物理（机械，热）处理；

b） 酶处理；

c） 微生物（堆肥，消化）处理。

C.1.1.3 经可靠的试验数据证明该物质的使用应不会导致或产生对环境的不能接受的影响或污染，包括对土壤生物的影响和污染。

C.1.1.4 该物质的使用不应对最终产品的质量和安全性产生不可接受的影响。

C.1.2 控制植物病虫草害所允许使用的物质表时使用

C.1.2.1 该物质是防治有害生物或特殊病害所必需的，而且除此物质外没有其他生物的、物理的方法或植物育种替代方法和（或）有效管理技术可用于防治这类有害生物或特殊病害。

C.1.2.2 该物质（活性化合物）源自植物、动物、微生物或矿物，并可经过以下处理：

a） 物理处理；

b） 酶处理；

c） 微生物处理。

C.1.2.3 有可靠的试验结果证明该物质的使用应不会导致或产生对环境的不能接受的影响或污染。

C.1.2.4 如果某物质的天然形态数量不足，可以考虑使用与该自然物质的性质相同的化学合成物质，如化学合成的外激素（性诱剂），但前提是其使用不会直接或间接造成环境或产品污染。

C.2 评估程序

C.2.1 必要性

只有在必要的情况下才能使用某种投入物质。投入某物质的必要性可从产量、产品质量、环境安全性、生态保护、景观、人类和动物的生存条件等方面进行评估。

某投入物质的使用可限制于：

a） 特种农作物（尤其是多年生农作物）；

b） 特殊区域；

c） 可使用该投入物质的特殊条件。

C.2.2 投入物质的性质和生产方法

C.2.2.1 投入物质的性质

投入物质的来源一般应来源于(按先后选用顺序):

a) 有机物(植物、动物、微生物);

b) 矿物。

C.2.2.1.2 可以使用等同于天然产品的化学合成物质。

C.2.2.1.3 在可能的情况下,应优先选择使用可再生的投入物质。其次应选择矿物源的投入物质,而第三选择是化学性质等同天然产品的投入物质。在允许使用化学性质等同的投入物质时需要考虑其在生态上、技术上或经济上的理由。

C.2.2.2 生产方法

投入物质的配料可以经过以下处理:

a) 机械处理;

b) 物理处理;

c) 酶处理;

d) 微生物作用处理;

e) 化学处理(作为例外并受限制)。

C.2.2.3 采集

构成投入物质的原材料采集不得影响自然生境的稳定性,也不得影响采集区内任何物种的生存。

C.2.3 环境安全性

C.2.3.1 投入物质不得危害环境或对环境产生持续的负面影响。投入物质也不应造成对地面水、地下水、空气或土壤的不可接受的污染。应对这些物质的加工、使用和分解过程的所有阶段进行评价。

C.2.3.2 必须考虑投入物质的以下特性:

C.2.3.2.1 可降解性

a) 所有投入物质必须可降解为二氧化碳、水和(或)其矿物形态。

b) 对非靶生物有高急性毒性的投入物质的半衰期最多不能超过5 d。

c) 对作为投入的无毒天然物质没有规定的降解时限要求。

C.2.3.2.2 对非靶生物的急性毒性

当投入物质对非靶生物有较高急性毒性时,需要限制其使用。应采取措施保证这些非靶生物的生存。可规定最大允许使用量。如果无法采取可以保证非靶生物生存的措施,则不得使用该投入物质。

C.2.3.2.3 长期慢性毒性

不得使用会在生物或生物系统中蓄积的投入物质,也不得使用已经知道有或怀疑有诱变性或致癌性的投入物质。如果投入这些物质会产生危险,应采取足以使这些危险降至可接受水平和防止长时间持续负面环境影响的措施。

C.2.3.2.4 化学合成产品和重金属

C.2.3.2.4.1 投入物质中不应含有致害量的化学合成物质(异生化合制品)。仅在其性质完全与自然

界的产品相同时，才可允许使用化学合成的产品。

C.2.3.2.4.2　投入的矿物质中的重金属含量应尽可能地少。由于缺乏代用品以及在有机农业中已经被长期、传统地使用，铜和铜盐目前尚是一个例外。但任何形态的铜在有机农业中的使用应视为临时性允许使用，并且就其环境影响而言，应限制使用。

C.2.4　对人体健康和产品质量的影响

C.2.4.1　人体健康

投入物质必须对人体健康无害。应考虑投入物质在加工、使用和降解过程中的所有阶段的情况，应采取降低投入物质使用危险的措施，并制定投入物质在有机农业中使用的标准。

C.2.4.2　产品质量

投入物质对产品质量(如味道，保质期和外观质量等)不得有负面影响。

C.2.5　伦理方面——动物生存条件

投入物质对农场饲养的动物的自然行为或机体功能不得有负面影响。

C.2.6　社会经济方面

消费者的感官：投入的物质不应造成有机产品的消费者对有机产品的抵触或反感。消费者可能会认为某投入物质对环境或人体健康是不安全的，尽管这在科学上可能尚未得到证实。投入物质的问题(例如基因工程问题)不应干扰人们对天然或有机产品的总体感觉或看法。

ICS 65.020.20
B 05

DB65

新疆维吾尔自治区地方标准

DB65/T 3757—2015

有机产品　日光温室芹菜生产技术规程

Organic products　technique regulations for greenhouse celery production

2015-09-30 发布　　2015-11-01 实施

新疆维吾尔自治区质量技术监督局　发布

前　言

本标准按照 GB/T 1.1—2009 给出的规则起草。

本标准由新疆维吾尔自治区果蔬标准化研究中心提出。

本标准由新疆维吾尔自治区农业厅归口。

本标准主要起草单位：新疆维吾尔自治区果蔬标准化研究中心、新疆农业科学院园艺作物研究所、吐鲁番地区质量技术监督局、乌鲁木齐绿宝康服务有限公司。

本标准主要起草人：李瑜、王浩、杨猛、曹燕、文光哲、朱翔、庄红梅、许山根、牛惠玲、李统中、文红梅、张丽。

有机产品　日光温室芹菜生产技术规程

1　范围

本标准规定了日光温室(以下简称温室)芹菜有机生产的术语和定义、产地环境、生产技术、采收和有机生产记录的要求。

本标准适用于温室芹菜的有机生产。

2　规范性引用文件

下列文件中的条款通过本标准的引用而成为本标准的条款。凡是注日期的引用文件,其随后所有的修改(不包括勘误的内容)或修订版均不适用于本标准。凡是不注日期的引用文件,其最新版本(包括所有的修改单)适用于本文件。

GB 3095　环境空气质量标准

GB 5084　农田灌溉水质标准

GB9137　保护农作物的大气污染物最高允许浓度

GB 15618　土壤环境质量标准

GB 16715.5—2010　瓜菜作物种子　第5部分:绿叶菜类

GB/T 19630.1—2011　有机产品　第1部分:生产

3　术语和定义

下列术语和定义适用于本文件。

3.1

有机产品　organic products

生产、加工、销售过程符合本标准的供人类消费、动物食用的产品。

3.2

日光温室　sunlight greenhouse

以日光为主要能源的温室,一般由透光前坡、外保温帘(被)、后坡、后墙、山墙和操作间组成。基本朝向坐北朝南,东西延伸。围护结构具有保温和蓄热的双重功能,适用于冬季寒冷,但光照充足地区反季节种植蔬菜、花卉和瓜果。

3.3

常规　conventional

生产体系及其产品未获得有机认证或未开始有机转换认证。

3.4

缓冲带　buffer zone

在有机和常规地块之间有目的设置的、可明确界定的用来限制或阻挡邻近田块的禁用物质漂移的过渡区域。

4 产地环境

温室芹菜有机生产需要在适宜的环境条件下进行，生产基地应远离城区、工矿区、交通主干线、工业污染源、生活垃圾场等。

生产基地内的环境质量应符合以下要求：

——土壤环境质量符合 GB 15618 中的二级标准；

——农田灌溉用水水质符合 GB 5084 的规定；

——环境空气质量符合 GB 3095 中的二级标准；

——温室芹菜生产的大气污染最高允许浓度符合 GB 9137 的规定。

5 生产技术

5.1 栽培季节与茬口安排

日光温室栽培芹菜，一般可分为秋冬茬和冬春茬栽培。秋冬茬栽培一般在 8 月播种，苗龄 60 d 左右，10 月定植，12 月下旬至 1 月上旬收获。冬春茬一般 11 月～12 月播种，苗龄 60d 左右，1 月下旬至 2 月上旬定植，4 月上旬收获。

5.2 品种选择

应选择适应当地土壤和气候特点，优质高产、抗病性好、商品性好的品种。生产上栽培的品种主要有本芹和西芹，本芹叶柄细长，植株较高大，绿或深绿色，一般香味较浓，但叶柄纤维多，质地粗老；西芹是近年来从国外引入品种，叶柄宽厚，较短，纤维少，质脆，纵楞突出，香味较淡。两种类型均适合温室栽培，包括秋冬茬和冬春茬。种子质量应符合 GB 16715.5—2010 的规定。禁止使用经禁用物质和方法处理的芹菜种子。

5.3 育苗

可选择应用穴盘或平底塑盘有机基质育苗，在设施齐全、环境良好的育苗温室内进行，并对育苗设施进行消毒处理，创造适合秧苗生长发育的环境条件。

5.3.1 穴盘与基质的准备

一般选择 128 孔或 288 孔穴盘，或平底苗盘，选择优质成品的商品基质即可，基质的制作与质量满足育苗所需的营养，应符合 GB 19630.1 的规定。先将基质预湿至含水量 60%～70%，然后装盘刮平，覆膜保湿待播种。

5.3.2 种子的处理

5.3.2.1 种子消毒

将种子放入 50 ℃～55 ℃的温水中温汤浸种，或用 0.1%硫酸铜溶液浸种 5 min，或用 0.5%～1%高锰酸钾溶液浸泡 10 min～15 min，消毒后用清水充分洗净后催芽。

5.3.2.2 浸种催芽

将芹菜种子在 55 ℃温水浸种 30 min，浸后立即投入冷水中降温 10 min，再用室温的清水浸种 12 h～14 h 后，用清水清洗并轻轻揉搓，搓开种皮，摊开晾种。待种子表面水分适度时，置于 20 ℃～22 ℃下催芽。约有一半种子萌芽后，即应播种。

5.3.3 播种

温室栽培芹菜播种期根据茬口安排进行，育苗移栽的，栽植约需种子量 100 g/666.7 m^2～150 g/666.7 m^2，育苗床约需 66 m^2；直播的需用种子 500 g/666.7 m^2～800 g/666.7 m^2，拌土均匀撒播。

5.3.4 苗期管理

种子发芽出苗最适温度一般在 15 ℃～20 ℃，低于 4 ℃高于 30 ℃不发芽。生长期间保持白天 23 ℃，夜间 15 ℃～18 ℃，定植前 5 d～7 d 低温炼苗，控制白天温度 15 ℃～20 ℃，夜间 8 ℃～10 ℃。土壤或基质湿度出苗前保持相对含水量 80%～90%，生长期间控制在 60%～70%，定植前控水炼苗，相对含水量控制在 45%～50%。苗期一般不需要施肥。苗龄 50 d～60 d，幼苗长到 5 片～6 片真叶，苗高 10 cm 左右即可定植。

5.4 定植

5.4.1 定植前准备

5.4.1.1 土壤和温室消毒

在 7 月～8 月份高温休闲季节，将土壤翻耕后覆盖地膜，利用太阳能晒土高温杀菌。具体方法：将农家肥施入土壤，深翻，灌透水，土壤表面盖地膜或旧棚膜，扣棚膜，密封棚室，高温消毒。

5.4.1.2 整地施肥

温室芹菜有机栽培以堆肥、畜禽粪、饼肥、绿肥等为主，结合深翻土地，施腐熟的优质有机肥 2 000 kg/666.7 m^2～3 000 kg/666.7 m^2，饼肥 100 kg/667 m^2，结合整地与土壤混匀。

5.4.1.3 做畦

温室内土壤达到宜耕期后，深翻 25 cm 左右，耙平整细。温室芹菜栽培一般选择平畦栽培，南北向作畦，畦宽 1.5 m～2.0 m。

5.4.2 定植

温室栽培芹菜定植时间根据茬口模式而定。西芹单株定植，株距 20 cm～30 cm，行距为 30 cm～40 cm，栽 6 000 株/666.7 m^2～8 000 株/666.7 m^2；本芹多株定植，行距 20 cm，穴距 10 cm，每穴栽 2 株～3 株，栽植深度掌握“浅不露根，深不埋心”。一般苗床可定植 10×667 m^2/667 m^2 大田。

5.5 定植后的管理

5.5.1 温度和光照管理

秋冬茬定植时正值高温强光，定植后遮荫防晒，当外界最低气温降至 5 ℃～6 ℃时，扣上无滴膜，当外界最低气温降至－2 ℃～3 ℃时应加盖草帘或棉被保温。芹菜生长期间保持白天棚内 20 ℃～25 ℃，夜晚 10 ℃～15 ℃。每天揭盖棉被，擦洗棚膜，保持光照条件良好。

5.5.2 水肥管理

随着栽植浇稳苗水，栽完后即全畦浇定植水。缓苗前每天浇小水 1 次，直至缓苗。缓苗后应短期控水，蹲苗锻炼，待表土呈现出干白时，及时浇水。此后在生长期间小水勤浇，约 7 d～10 d 1 次，保持土壤湿润。苗高15 cm左右接近封垄时，结合浇水开始追肥，有机栽培可选择沼液或有机肥浸出液随着浇水施入，两次水带1次肥即可。生长中后期可叶面喷施0.2%硼砂水溶液2次～3次，以防缺硼裂秆。

5.6 病虫害防治

5.6.1 主要病虫害

5.6.1.1 主要病害：斑枯病、细菌性软腐病、叶斑病、假黑斑病等。

5.6.1.2 主要虫害：蚜虫、美洲斑潜蝇等。

5.6.2 防治原则

病虫害防治的基本原则应是从芹菜病虫害整个生态系统出发，综合运用各种防治措施，创造不利于病虫害孳生和有利于各类天敌繁衍的环境条件，保持农业生态系统的平衡和生物多样化，减少各类病虫害所造成的损失。优先选用农业防治，合理使用物理防治、生物防治和药剂防治。

5.6.3 农业防治

5.6.3.1 保持温室清洁。搞好温室清洁是消灭芹菜病虫害的根本措施，将摘除的残株、病株、烂叶、杂草等清扫干净，集中烧毁或深埋，减轻病虫害的繁衍危害。在生长季节发现病害时，也要及时仔细地摘除病叶、病株，并立即销毁，防止再传播蔓延。

5.6.3.2 改善通风透光条件。芹菜种植密度较大，生长期间可视情况间苗或分期采收，减少田间郁闭。结合温湿度管理，调节风口使通气流畅，降低空气湿度。

5.6.3.3 加强温度管理。生长期保持白天棚内温度20 ℃～25 ℃，夜晚10 ℃～15 ℃。

5.6.3.4 加强肥水管理。保证足够数量的充分腐熟的有机肥，维持和提高土壤肥力、营养平衡和生物活性，补充土壤有机质和养分从而补充因前茬收获而从土壤中带走的有机质和土壤养分，可使芹菜生长健壮，提高抗病虫的能力。实行轮作栽培。

5.6.3.5 加强设施防护。为减少外来病虫害的侵入，应在温室上通风口和下通风口设置防虫网，阻止病虫害的迁入危害。

5.6.3.6 选用抗病虫害品种。选用耐病抗病品种，培育适龄壮苗。

5.6.4 生物防治

利用天敌昆虫防治芹菜害虫，如释放瓢虫防治蚜虫，选用生物源制剂防治病虫害。可选用苏云金杆菌、苦参碱、印楝素等防治蚜虫和斑潜蝇，选用铜盐制剂或枯草芽孢杆菌等防治细菌性软腐病、叶斑病、斑枯病等。

5.6.5 物理防治

利用病原、害虫对温度、光谱、声响等的特异反应和耐受能力，杀死或驱避有害生物，如悬挂黄板等，利用灯光、色彩诱杀害虫等。

5.6.5.1 黄板诱杀蚜虫、斑潜蝇

温室内运用黄板诱杀蚜虫和斑潜蝇，悬挂黄色粘虫板30块/666.7 m^2～40块/666.7 m^2。

5.6.5.2 阻隔防蚜和驱避防蚜

5.6.5.2.1 在棚室放风口处设防虫网防止蚜虫迁入，悬挂银灰色条膜驱避蚜虫。

5.6.5.2.2 以上方法不能有效控制病虫害时，允许使用附录B所列出的物质。使用附录B未列入的

物质时,应由认证机构按照附录C的准则对该物质进行评估。

5.6.6 污染控制

5.6.6.1 有机地块与常规地块的排灌系统应有有效的隔离措施,以保证常规农田的水不会渗透或漫入有机地块。

5.6.6.2 常规农业系统中的设备在用于有机生产前,应得到充分清洗,去除污染物残留。

5.6.6.3 在使用保护性的建筑覆盖物、塑料薄膜、防虫网时,只允许选择聚乙烯、聚丙烯或聚碳酸酯类产品,并且使用后应从土壤中清除。禁止焚烧,禁止使用聚氯类产品。

5.6.6.4 有机产品的农药残留不能超过国家食品卫生标准相应产品限值的5%,重金属含量也不能超过国家食品卫生标准相应产品的限值。

6 采收

芹菜达到商品成熟时即可采收,西芹一般一次性收获,本芹可依据市场行情与茬口安排分次采收,也可一次性采收。

7 有机生产记录

7.1 认证记录的保存

产品生产、收获和经营的操作记录必须保存好。且这些记录必须能详细记录被认证操作的各项活动和交易情况,以备检查和核实,记录要足以证实完全遵守有机生产标准的各项条例,且被保存至少5年。

7.2 提供文件清单

7.2.1 一般资料

包括技术负责人姓名、地址、电话或传真、种植面、有机耕作面积及作物种类。

7.2.2 农田描述

包括田块图和地点详图、田块清单和历史记录、设备表。

7.2.3 生产描述

包括要认证的产品清单、估计的年产量、栽培技术、测试分析、田间农事记录。

7.3 投入和销售

包括种子、肥料、病虫害防治材料、农业投入、标签、服务。销售包括产品、数量、保证书、顾客。

7.4 控制与认证

包括遵守有机生产技术规程、检查报告、认证证书等。

附 录 A
（规范性附录）
有机作物种植允许使用的土壤培肥和改良物质

A.1 有机作物种植允许使用的土壤培肥和改良物质见表 A.1。

表 A.1 有机作物种植允许使用的土壤培肥和改良物质

物质类别		物质名称、组分和要求	使 用 条 件
植物和动物来源	有机农业体系内	作物秸秆和绿肥	
		畜禽粪便及其堆肥(包括圈肥)	
	有机农业体系以外	秸秆	与动物粪便堆制并充分腐熟后
		畜禽粪便及其堆肥	满足堆肥的要求
		干的农家肥和脱水的家畜粪便	满足堆肥的要求
		海草或物理方法生产的海草产品	未经过化学加工处理
		来自未经化学处理木材的木料、树皮、锯屑、刨花、木灰、木炭及腐殖酸物质	地面覆盖或堆制后作为有机肥源
		未掺杂防腐剂的肉、骨头和皮毛制品	经过堆制或发酵处理后
		蘑菇培养废料和蚯蚓培养基质的堆肥	满足堆肥的要求
		不含合成添加剂的食品工业副产品	应经过堆制或发酵处理后
		草木灰	
		不含合成添加剂的泥炭	禁止用于土壤改良;只允许作为盆栽基质使用
		饼粕	不能使用经化学方法加工的
		鱼粉	未添加化学合成的物质
矿物来源		磷矿石	应当是天然的,应当是物理方法获得的,五氧化二磷中镉含量小于等于 90 mg/kg
		钾矿粉	应当是物理方法获得的,不能通过化学方法浓缩。氯的含量少于 60%
		硼酸岩	
		微量元素	天然物质或来自未经化学处理、未添加化学合成物质
		镁矿粉	天然物质或来自未经化学处理、未添加化学合成物质
		天然硫磺	
		石灰石、石膏和白垩	天然物质或来自未经化学处理、未添加化学合成物质
		黏土(如珍珠岩、蛭石等)	天然物质或来自未经化学处理、未添加化学合成物质
		氯化钙、氯化钠	
		窑灰	未经化学处理、未添加化学合成物质
		钙镁改良剂	
		泻盐类(含水硫酸岩)	
微生物来源		可生物降解的微生物加工副产品,如酿酒和蒸馏酒行业的加工副产品	
		天然存在的微生物配制的制剂	

附 录 B
（规范性附录）
有机作物种植允许使用的植物保护产品和措施

B.1 有机作物允许使用的植物保护产品物质和措施见表B.1。

表B.1 有机作物种植允许使用的植物保护产品物质和措施

物质类别	物质名称、组分要求	使 用 条 件
植物和动物来源	印楝树提取物(Neem)及其制剂	
	天然除虫菊(除虫菊科植物提取液)	
	苦楝碱(苦木科植物提取液)	
	鱼藤酮类(毛鱼藤)	
	苦参及其制剂	
	植物油及其乳剂	
	植物制剂	
	植物来源的驱避剂(如薄荷、熏衣草)	
	天然诱集和杀线虫剂（如万寿菊、孔雀草）	
	天然酸(如食醋、木醋和竹醋等)	
	蘑菇的提取物	
	牛奶及其奶制品	
	蜂蜡	
	蜂胶	
	明胶	
	卵磷脂	
矿物来源	铜盐(如硫酸铜、氢氧化铜、氯氧化铜、辛酸铜等)	不得对土壤造成污染
	石灰硫磺(多硫化钙)	
	波尔多液	
	石灰	
	硫磺	
	高锰酸钾	
	碳酸氢钾	
	碳酸氢钠	
	轻矿物油(石蜡油)	
	氯化钙	
	硅藻土	
	黏土(如斑脱土、珍珠岩、蛭石、沸石等)	
	硅酸盐(硅酸钠，石英)	

表 B.1（续）

物质类别	物质名称、组分要求	使 用 条 件
微生物来源	真菌及真菌制剂（如白僵菌、轮枝菌）	
	细菌及细菌制剂（如苏云金杆菌，即 BT）	
	释放寄生、捕食、绝育型的害虫天敌	
	病毒及病毒制剂（如颗粒体病毒等）	
其他	氢氧化钙	
	二氧化碳	
	乙醇	
	海盐和盐水	
	苏打	
	软皂（钾肥皂）	
	二氧化硫	
诱捕器、屏障、驱避剂	物理措施（如色彩诱器、机械诱捕器等）	
	覆盖物（网）	
	昆虫性外激素	仅用于诱捕器和散发皿内
	四聚乙醛制剂	驱避高等动物

附 录 C
（规范性附录）
评估有机生产中使用其他物质的准则

在附录 A 和附录 B 涉及有机农业中用于培肥和植物病虫害防治的产品不能满足要求的情况下，可以根据本附录描述的评估准则对有机农业中使用除附录 A 和附录 B 以外的其他物质进行评估。

C.1 原则

C.1.1 土壤培肥和土壤改良允许使用的物质

C.1.1.1 为达到或保持土壤肥力或为满足特殊的营养要求，而为特定的土壤改良和轮作措施所必需的，本标准附录 A 和本标准概述的方法所不可能满足和替代的物质。

C.1.1.2 该物质来自植物、动物、微生物或矿物，并允许经过如下处理：

a) 物理（机械，热）处理；

b) 酶处理；

c) 微生物（堆肥，消化）处理。

C.1.1.3 经可靠的试验数据证明该物质的使用应不会导致或产生对环境的不能接受的影响或污染，包括对土壤生物的影响和污染。

C.1.1.4 该物质的使用不应对最终产品的质量和安全性产生不可接受的影响。

C.1.2 控制植物病虫草害所允许使用的物质表时使用

C.1.2.1 该物质是防治有害生物或特殊病害所必需的，而且除此物质外没有其他生物的、物理的方法或植物育种替代方法和（或）有效管理技术可用于防治这类有害生物或特殊病害。

C.1.2.2 该物质（活性化合物）源自植物、动物、微生物或矿物，并可经过以下处理：

a) 物理处理；

b) 酶处理；

c) 微生物处理。

C.1.2.3 有可靠的试验结果证明该物质的使用应不会导致或产生对环境的不能接受的影响或污染。

C.1.2.4 如果某物质的天然形态数量不足，可以考虑使用与该自然物质的性质相同的化学合成物质，如化学合成的外激素（性诱剂），但前提是其使用不会直接或间接造成环境或产品污染。

C.2 评估程序

C.2.1 必要性

只有在必要的情况下才能使用某种投入物质。投入某物质的必要性可从产量、产品质量、环境安全性、生态保护、景观、人类和动物的生存条件等方面进行评估。

某投入物质的使用可限制于：

a) 特种农作物（尤其是多年生农作物）；

b) 特殊区域；

c) 可使用该投入物质的特殊条件。

C.2.2　投入物质的性质和生产方法

C.2.2.1　投入物质的性质

C.2.2.1.1　投入物质的来源一般应来源于(按先后选用顺序)：

a)　有机物(植物、动物、微生物)；

b)　矿物。

C.2.2.1.2　可以使用等同于天然产品的化学合成物质。

C.2.2.1.3　在可能的情况下，应优先选择使用可再生的投入物质。其次应选择矿物源的投入物质，而第三选择是化学性质等同天然产品的投入物质。在允许使用化学性质等同的投入物质时需要考虑其在生态上、技术上或经济上的理由。

C.2.2.2　生产方法

投入物质的配料可以经过以下处理：

a)　机械处理；

b)　物理处理；

c)　酶处理；

d)　微生物作用处理；

e)　化学处理(作为例外并受限制)。

C.2.2.3　采集

构成投入物质的原材料采集不得影响自然生境的稳定性，也不得影响采集区内任何物种的生存。

C.2.3　环境安全性

C.2.3.1　投入物质不得危害环境或对环境产生持续的负面影响。投入物质也不应造成对地面水、地下水、空气或土壤的不可接受的污染。应对这些物质的加工、使用和分解过程的所有阶段进行评价。

C.2.3.2　必须考虑投入物质的以下特性：

C.2.3.2.1　可降解性

a)　所有投入物质必须可降解为二氧化碳、水和(或)其矿物形态。

b)　对非靶生物有高急性毒性的投入物质的半衰期最多不能超过 5 d。

c)　对作为投入的无毒天然物质没有规定的降解时限要求。

C.2.3.2.2　对非靶生物的急性毒性

当投入物质对非靶生物有较高急性毒性时，需要限制其使用。应采取措施保证这些非靶生物的生存。可规定最大允许使用量。如果无法采取可以保证非靶生物生存的措施，则不得使用该投入物质。

C.2.3.2.3　长期慢性毒性

不得使用会在生物或生物系统中蓄积的投入物质，也不得使用已经知道有或怀疑有诱变性或致癌性的投入物质。如果投入这些物质会产生危险，应采取足以使这些危险降至可接受水平和防止长时间持续负面环境影响的措施。

C.2.3.2.4　化学合成产品和重金属

C.2.3.2.4.1　投入物质中不应含有致害量的化学合成物质(异生化合制品)。仅在其性质完全与自然

界的产品相同时，才可允许使用化学合成的产品。

C.2.3.2.4.2 投入的矿物质中的重金属含量应尽可能地少。由于缺乏代用品以及在有机农业中已经被长期、传统地使用，铜和铜盐目前尚是一个例外。但任何形态的铜在有机农业中的使用应视为临时性允许使用，并且就其环境影响而言，应限制使用。

C.2.4 对人体健康和产品质量的影响

C.2.4.1 人体健康

投入物质必须对人体健康无害。应考虑投入物质在加工、使用和降解过程中的所有阶段的情况，应采取降低投入物质使用危险的措施，并制定投入物质在有机农业中使用的标准。

C.2.4.2 产品质量

投入物质对产品质量(如味道，保质期和外观质量等)不得有负面影响。

C.2.5 伦理方面——动物生存条件

投入物质对农场饲养的动物的自然行为或机体功能不得有负面影响。

C.2.6 社会经济方面

消费者的感官：投入的物质不应造成有机产品的消费者对有机产品的抵触或反感。消费者可能会认为某投入物质对环境或人体健康是不安全的，尽管这在科学上可能尚未得到证实。投入物质的问题(例如基因工程问题)不应干扰人们对天然或有机产品的总体感觉或看法。

ICS 65.020.20
B 05

DB65

新疆维吾尔自治区地方标准

DB65/T 3758—2015

有机产品　日光温室毛芹菜生产技术规程

Organic products　technique regulations for greenhouse small celery production

2015-09-30 发布　　2015-11-01 实施

新疆维吾尔自治区质量技术监督局　发 布

前　言

本标准按照 GB/T 1.1—2009 给出的规则起草。

本标准由新疆维吾尔自治区果蔬标准化研究中心提出。

本标准由新疆维吾尔自治区农业厅归口。

本标准主要起草单位:新疆维吾尔自治区果蔬标准化研究中心、新疆农业科学院园艺作物研究所、吐鲁番地区质量技术监督局、乌鲁木齐绿宝康服务有限公司。

本标准主要起草人:李瑜、王浩、杨猛、朱翔、文光哲、赛丽滩乃提·米吉提、许山根、牛慧玲、李统中、文红梅、张丽。

有机产品　日光温室毛芹菜生产技术规程

1　范围

本标准规定了日光温室(以下简称温室)毛芹菜有机生产的术语和定义、产地环境、生产技术、采收和有机生产记录的要求。

本标准适用于温室毛芹菜的有机生产。

2　规范性引用文件

下列文件中的条款通过本标准的引用而成为本标准的条款。凡是注日期的引用文件,其随后所有的修改(不包括勘误的内容)或修订版均不适用于本标准。凡是不注日期的引用文件,其最新版本(包括所有的修改单)适用于本标准。

GB 3095　环境空气质量标准

GB 5084　农田灌溉水环境质量标准

GB 9137　保护农作物的大气污染物最高允许浓度

GB 15618　土壤环境质量标准

GB 16715.5—2010　瓜菜作物种子　第5部分:叶菜类

GB/T 19630.1—2011　有机产品　第1部分:生产

3　术语和定义

下列术语和定义适用于本文件。

3.1

有机产品　organic products

生产、加工、销售过程符合本标准的供人类消费、动物食用的产品。

3.2

毛芹菜　small celery

又名香毛芹菜,属小型芹菜,叶柄较细,适宜采收株高30 cm左右,4片~5片叶。适应性强,抗旱耐热,风味浓郁。速生,一般定植后50 d~60 d即可采收。

3.3

日光温室　sunlight greenhouse

以日光为主要能源的温室,一般由透光前坡、外保温帘(被)、后坡、后墙、山墙和操作间组成。基本朝向坐北朝南,东西延伸。围护结构具有保温和蓄热的双重功能,适用于冬季寒冷,但光照充足地区反季节种植蔬菜、花卉和瓜果。

3.4

常规　conventional

生产体系及其产品未获得有机认证或未开始有机转换认证。

3.5

缓冲带 buffer zone

在有机和常规地块之间有目的设置的、可明确界定的用来限制或阻挡邻近田块的禁用物质漂移的过渡区域。

4 产地环境

温室毛芹菜有机生产需要在适宜的环境条件下进行，生产基地应远离城区、工矿区、交通主干线、工业污染源、生活垃圾场等。

生产基地内的环境质量应符合以下要求：

——土壤环境质量符合 GB 15618 中的二级标准；

——农田灌溉用水水质符合 GB 5084 的规定；

——环境空气质量符合 GB 3095 中的二级标准；

——温室毛芹菜生产的大气污染最高允许浓度符合 GB 9137 的规定。

5 生产技术

5.1 栽培季节与茬口安排

日光温室可全年栽培毛芹菜，但以秋冬茬和冬春茬栽培为主。秋冬茬栽培一般在 8 月播种，苗龄 60 d 左右，10 月定植，12 月下旬至 1 月上旬收获。冬春茬一般 11 月～12 月播种，苗龄 60 d 左右，1 月下旬至 2 月上旬定植，4 月上旬收获。

5.2 品种选择

应选择适应当地土壤和气候特点，优质高产、抗病性好、商品性好的品种。种子质量应符合 GB 16715.5—2010 的规定。禁止使用经禁用物质和方法处理的毛芹菜种子。

5.3 育苗

温室栽培毛芹菜可直播，也可选择应用穴盘或平底塑盘有机基质育苗，在设施齐全、环境良好的育苗温室内进行，并对育苗设施进行消毒处理，创造适合秧苗生长发育的环境条件。

5.3.1 穴盘与基质的准备

毛芹菜育苗一般选择 128 孔或 288 孔穴盘，或平底育苗盘，选择优质成品的商品基质即可，基质的制作与质量满足育苗所需的营养，需符合 GB 19630.1 土肥管理的要求。先将基质预湿至含水量 60%～70%，然后装盘刮平，覆膜保湿待播种。

5.3.2 种子的处理

5.3.2.1 种子消毒

将种子放入 50 ℃～55 ℃的温水中温汤浸种，或用 0.1%硫酸铜溶液浸种 5 min，或用 0.5%～1%高锰酸钾溶液浸泡 10 min～15 min，消毒后用清水充分洗净后催芽。

5.3.2.2 浸种催芽

将毛芹菜种子在 55 ℃温水浸种 30 min，浸后立即投入冷水中降温 10 min，再用室温的清水浸种

12 h～14 h后，用清水清洗并轻轻揉搓，搓开种皮，摊开晾种。待种子表面水分适度时，置于20 ℃～22 ℃下催芽。约有一半种子萌芽后，即应播种。

5.3.3 播种

温室栽培毛芹菜播种期根据茬口安排进行，育苗移栽的，栽植约需种子量100 g/666.7 m^2～150 g/666.7 m^2，育苗床约需66 m^2；直播的需用种子500 g/666.7 m^2～800 g/666.7 m^2，拌土均匀撒播。

5.3.4 苗期管理

播种后用地膜覆盖保湿，高温季节播种的，需要遮阴降温，创造冷凉条件。种子发芽出苗最适温度一般在15 ℃～20 ℃，低于4 ℃高于30 ℃不发芽。生长期间保持白天23 ℃，夜间15 ℃～18 ℃，定植前5 d～7 d低温炼苗，控制白天温度15 ℃～20 ℃，夜间8 ℃～10 ℃。土壤或基质湿度出苗前保持相对含水量80%～90%，生长期间控制在60%～70%，定植前控水炼苗，相对含水量控制在45%～50%。苗期一般不需要施肥。苗龄50 d～60 d，幼苗长到5片～6片真叶，苗高10 cm左右即可定植。

5.4 定植

5.4.1 定植前准备

5.4.1.1 土壤和温室消毒

在7月份～8月份高温休闲季节，将土壤翻耕后覆盖地膜，利用太阳能晒土高温杀菌。具体方法：将农家肥施入土壤，深翻，灌透水，土壤表面盖地膜或旧棚膜，扣棚膜，密封棚室，高温消毒。

5.4.1.2 整地施肥

温室毛芹菜有机栽培以堆肥、畜禽粪、饼肥、绿肥等为主，结合深翻土地，施腐熟的优质有机肥4 000 kg/666.7 m^2～5 000 kg/666.7 m^2，饼肥100 kg/667 m^2，结合整地与土壤混匀。

5.4.1.3 做畦

温室内土壤达到宜耕期后，深翻25 cm左右，耙平整细。温室毛芹菜栽培一般选择平畦栽培，南北向作畦，畦宽1.5 m～2.0 m。

5.4.2 定植

温室栽培毛芹菜定植时间根据茬口模式而定。毛芹菜一般多株定植，行距15 cm～20 cm，穴距6 cm～7 cm，栽2株/穴～3株/穴，保苗12 000株/667 m^2～16 000株/667 m^2，栽植深度掌握"浅不露根，深不埋心"。每666.7 m^2苗床可定植大田667 m^2。

5.5 定植后的管理

5.5.1 温度和光照管理

秋冬茬定植时正值高温强光，定植后遮荫防晒，当外界最低气温降至5 ℃～6 ℃时，扣上无滴膜，当外界最低气温降至－2 ℃～3 ℃时应加盖草帘或棉被保温。毛芹菜生长期间保持白天棚内20 ℃～25 ℃，夜晚10 ℃～15 ℃。每天揭盖棉被，擦洗棚膜，保持光照条件良好。

5.5.2 水肥管理

随着栽植浇稳苗水，栽完后即全畦浇定植水。缓苗前每天浇小水1次，直至缓苗。缓苗后应短期控水，蹲苗锻炼，待表土呈现出干白时，及时浇水。此后在生长期间小水勤浇，约 7 d～10 d 一次，保持土壤湿润。苗高 15 cm 左右接近封垄时，结合浇水适当追肥，有机栽培可选择沼液或有机肥浸出液随着浇水施入，两次水带 1 次肥即可。生长中后期可叶面喷施 0.2%硼砂水溶液 2 次～3 次，以防缺硼裂秆。

5.6 病虫害防治

5.6.1 主要病虫害

5.6.1.1 主要病害：斑枯病、细菌性软腐病、叶斑病、假黑斑病等。

5.6.1.2 主要虫害：蚜虫、美洲斑潜蝇等。

5.6.2 防治原则

从毛芹菜病虫害整个生态系统出发，综合运用各种防治措施，创造不利于病虫害孳生和有利于各类天敌繁衍的环境条件，保持农业生态系统的平衡和生物多样化，减少各类病虫害所造成的损失。优先选用农业防治，合理使用物理防治、生物防治和药剂防治。

5.6.3 农业防治

5.6.3.1 保持温室清洁。搞好温室清洁是消灭毛芹菜病虫害的根本措施，将摘除的残株、病株、烂叶、杂草等清扫干净，集中烧毁或深埋，减轻病虫害的繁衍危害。在生长季节发现病害时，也要及时仔细地摘除病叶、病株，并立即销毁，防止再传播蔓延。

5.6.3.2 改善通风透光条件。毛芹菜种植密度较大，生长期间可视情况间苗或分期采收，减少田间郁闭。结合温湿度管理，调节风口使通气流畅，降低空气湿度。

5.6.3.3 加强温度管理。生长期保持白天棚内温度 20 ℃～25 ℃，夜晚 10 ℃～15 ℃。

5.6.3.4 加强肥水管理。保证足够数量的充分腐熟的有机肥，维持和提高土壤肥力、营养平衡和生物活性，补充土壤有机质和养分从而补充因前茬收获而从土壤中带走的有机质和土壤养分，可使毛芹菜生长健壮，提高抗病虫的能力。实行轮作栽培。

5.6.3.5 加强设施防护。为减少外来病虫害的侵入，应在温室上通风口和下通风口设置防虫网，阻止病虫害的迁入危害。

5.6.3.6 选用抗病虫害品种。选用耐病抗病品种，培育适龄壮苗。

5.6.4 生物防治

利用天敌昆虫防治毛芹菜害虫，如释放瓢虫防治蚜虫，选用生物源制剂防治病虫害，可选用苏云金杆菌、苦参碱、印楝素等防治蚜虫和斑潜蝇，选用铜盐制剂或枯草芽孢杆菌防治细菌性软腐病、叶斑病、斑枯病等。

5.6.5 物理防治

利用病原、害虫对温度、光谱、声响等的特异反应和耐受能力，杀死或驱避有害生物，如悬挂黄板等，利用灯光、色彩诱杀害虫等。

5.6.5.1 黄板诱杀蚜虫、斑潜蝇

温室内运用黄板诱杀蚜虫和斑潜蝇，悬挂黄色粘虫板 30 块/667 m^2～40 块/667 m^2。

5.6.5.2 阻隔防蚜和驱避防蚜

在棚室放风口处设防虫网防止蚜虫迁入，悬挂银灰色条膜驱避蚜虫。

以上方法不能有效控制病虫害时，允许使用附录 B 所列出的物质。使用附录 B 未列入的物质时，应由认证机构按照附录 C 的准则对该物质进行评估。

5.7 污染控制

5.7.1 有机地块与常规地块的排灌系统应有有效的隔离措施，以保证常规农田的水不会渗透或漫入有机地块。

5.7.2 常规农业系统中的设备在用于有机生产前，应得到充分清洗，去除污染物残留。

5.7.3 在使用保护性的建筑覆盖物、塑料薄膜、防虫网时，只允许选择聚乙烯、聚丙烯或聚碳酸酯类产品，并且使用后应从土壤中清除。禁止焚烧，禁止使用聚氯类产品。

5.7.4 有机产品的农药残留不能超过国家食品卫生标准相应产品限值的 5%，重金属含量也不能超过国家食品卫生标准相应产品的限值。

6 采收

毛芹菜达到商品成熟时即可采收，可依据市场行情与茬口安排分次采收，也可一次性采收。

7 有机生产记录

7.1 认证记录的保存

产品生产、收获和经营的操作记录必须保存好。且这些记录必须能详细记录被认证操作的各项活动和交易情况，以备检查和核实，记录要足以证实完全遵守有机生产标准的各项条例，且被保存至少 5 年。

7.2 提供文件清单

7.2.1 一般资料

包括技术负责人姓名、地址、电话或传真、种植面、有机耕作面积及作物种类。

7.2.2 农田描述

包括田块图和地点详图、田块清单和历史记录、设备表。

7.2.3 生产描述

包括要认证的产品清单、估计的年产量、栽培技术、测试分析、田间农事记录。

7.3 投入和销售

包括种子、肥料、病虫害防治材料、农业投入、标签、服务。销售包括产品、数量、保证书、顾客。

7.4 控制与认证

包括遵守有机生产技术规程、检查报告、认证证书等。

附　录　A
（规范性附录）
有机作物种植允许使用的土壤培肥和改良物质

A.1　有机作物种植允许使用的土壤培肥和改良物质见表A.1。

表A.1　有机作物种植允许使用的土壤培肥和改良物质

<table>
<tr><th colspan="2">物质类别</th><th>物质名称、组分和要求</th><th>使　用　条　件</th></tr>
<tr><td rowspan="15">植物和动物来源</td><td rowspan="2">有机农业体系内</td><td>作物秸秆和绿肥</td><td></td></tr>
<tr><td>畜禽粪便及其堆肥（包括圈肥）</td><td></td></tr>
<tr><td rowspan="13">有机农业体系以外</td><td>秸秆</td><td>与动物粪便堆制并充分腐熟后</td></tr>
<tr><td>畜禽粪便及其堆肥</td><td>满足堆肥的要求</td></tr>
<tr><td>干的农家肥和脱水的家畜粪便</td><td>满足堆肥的要求</td></tr>
<tr><td>海草或物理方法生产的海草产品</td><td>未经过化学加工处理</td></tr>
<tr><td>来自未经化学处理木材的木料、树皮、锯屑、刨花、木灰、木炭及腐殖酸物质</td><td>地面覆盖或堆制后作为有机肥源</td></tr>
<tr><td>未搀杂防腐剂的肉、骨头和皮毛制品</td><td>经过堆制或发酵处理后</td></tr>
<tr><td>蘑菇培养废料和蚯蚓培养基质的堆肥</td><td>满足堆肥的要求</td></tr>
<tr><td>不含合成添加剂的食品工业副产品</td><td>应经过堆制或发酵处理后</td></tr>
<tr><td>草木灰</td><td></td></tr>
<tr><td>不含合成添加剂的泥炭</td><td>禁止用于土壤改良；只允许作为盆栽基质使用</td></tr>
<tr><td>饼粕</td><td>不能使用经化学方法加工的</td></tr>
<tr><td>鱼粉</td><td>未添加化学合成的物质</td></tr>
<tr><td rowspan="13">矿物来源</td><td colspan="2">磷矿石</td><td>应当是天然的，应当是物理方法获得的，五氧化二磷中镉含量小于等于90 mg/kg</td></tr>
<tr><td colspan="2">钾矿粉</td><td>应当是物理方法获得的，不能通过化学方法浓缩。氯的含量少于60%</td></tr>
<tr><td colspan="2">硼酸岩</td><td></td></tr>
<tr><td colspan="2">微量元素</td><td>天然物质或来自未经化学处理、未添加化学合成</td></tr>
<tr><td colspan="2">镁矿粉</td><td>天然物质或来自未经化学处理、未添加化学合成物质</td></tr>
<tr><td colspan="2">天然硫磺</td><td></td></tr>
<tr><td colspan="2">石灰石、石膏和白垩</td><td>天然物质或来自未经化学处理、未添加化学合成物质</td></tr>
<tr><td colspan="2">黏土（如珍珠岩、蛭石等）</td><td>天然物质或来自未经化学处理、未添加化学合成物质</td></tr>
<tr><td colspan="2">氯化钙、氯化钠</td><td></td></tr>
<tr><td colspan="2">窑灰</td><td>未经化学处理、未添加化学合成物质</td></tr>
<tr><td colspan="2">钙镁改良剂</td><td></td></tr>
<tr><td colspan="2">泻盐类（含水硫酸岩）</td><td></td></tr>
<tr><td colspan="2" style="display:none"></td><td style="display:none"></td></tr>
<tr><td rowspan="2">微生物来源</td><td colspan="2">可生物降解的微生物加工副产品，如酿酒和蒸馏酒行业的加工副产品</td><td></td></tr>
<tr><td colspan="2">天然存在的微生物配制的制剂</td><td></td></tr>
</table>

附 录 B
（规范性附录）
有机作物种植允许使用的植物保护产品和措施

B.1 有机作物允许使用的植物保护产品物质和措施见表B.1。

表B.1 有机作物种植允许使用的植物保护产品物质和措施

物质类别	物质名称、组分要求	使用条件
植物和动物来源	印楝树提取物(Neem)及其制剂	
	天然除虫菊(除虫菊科植物提取液)	
	苦楝碱(苦木科植物提取液)	
	鱼藤酮类(毛鱼藤)	
	苦参及其制剂	
	植物油及其乳剂	
	植物制剂	
	植物来源的驱避剂(如薄荷、熏衣草)	
	天然诱集和杀线虫剂（如万寿菊、孔雀草）	
	天然酸(如食醋、木醋和竹醋等)	
	蘑菇的提取物	
	牛奶及其奶制品	
	蜂蜡	
	蜂胶	
	明胶	
	卵磷脂	
矿物来源	铜盐(如硫酸铜、氢氧化铜、氯氧化铜、辛酸铜等)	不得对土壤造成污染
	石灰硫磺(多硫化钙)	
	波尔多液	
	石灰	
	硫磺	
	高锰酸钾	
	碳酸氢钾	
	碳酸氢钠	
	轻矿物油(石蜡油)	
	氯化钙	
	硅藻土	
	黏土(如斑脱土、珍珠岩、蛭石、沸石等)	
	硅酸盐(硅酸钠，石英)	

表 B.1（续）

物质类别	物质名称、组分要求	使　用　条　件
微生物来源	真菌及真菌制剂（如白僵菌、轮枝菌）	
	细菌及细菌制剂（如苏云金杆菌，即 BT）	
	释放寄生、捕食、绝育型的害虫天敌	
	病毒及病毒制剂（如颗粒体病毒等）	
其他	氢氧化钙	
	二氧化碳	
	乙醇	
	海盐和盐水	
	苏打	
	软皂（钾肥皂）	
	二氧化硫	
诱捕器、屏障、驱避剂	物理措施（如色彩诱器、机械诱捕器等）	
	覆盖物（网）	
	昆虫性外激素	仅用于诱捕器和散发皿内
	四聚乙醛制剂	驱避高等动物

附　录　C
（规范性附录）
评估有机生产中使用其他物质的准则

在附录A和附录B涉及有机农业中用于培肥和植物病虫害防治的产品不能满足要求的情况下，可以根据本附录描述的评估准则对有机农业中使用除附录A和附录B以外的其他物质进行评估。

C.1　原则

C.1.1　土壤培肥和土壤改良允许使用的物质

C.1.1.1　为达到或保持土壤肥力或为满足特殊的营养要求，而为特定的土壤改良和轮作措施所必需的，本标准附录A和本标准概述的方法所不可能满足和替代的物质。

C.1.1.2　该物质来自植物、动物、微生物或矿物，并允许经过如下处理：

a）　物理（机械，热）处理；

b）　酶处理；

c）　微生物（堆肥，消化）处理。

C.1.1.3　经可靠的试验数据证明该物质的使用应不会导致或产生对环境的不能接受的影响或污染，包括对土壤生物的影响和污染。

C.1.1.4　该物质的使用不应对最终产品的质量和安全性产生不可接受的影响。

C.1.2　控制植物病虫草害所允许使用的物质表时使用

C.1.2.1　该物质是防治有害生物或特殊病害所必需的，而且除此物质外没有其他生物的、物理的方法或植物育种替代方法和（或）有效管理技术可用于防治这类有害生物或特殊病害。

C.1.2.2　该物质（活性化合物）源自植物、动物、微生物或矿物，并可经过以下处理：

a）　物理处理；

b）　酶处理；

c）　微生物处理。

C.1.2.3　有可靠的试验结果证明该物质的使用应不会导致或产生对环境的不能接受的影响或污染。

C.1.2.4　如果某物质的天然形态数量不足，可以考虑使用与该自然物质的性质相同的化学合成物质，如化学合成的外激素（性诱剂），但前提是其使用不会直接或间接造成环境或产品污染。

C.2　评估程序

C.2.1　必要性

只有在必要的情况下才能使用某种投入物质。投入某物质的必要性可从产量、产品质量、环境安全性、生态保护、景观、人类和动物的生存条件等方面进行评估。

某投入物质的使用可限制于：

a）　特种农作物（尤其是多年生农作物）；

b）　特殊区域；

c）　可使用该投入物质的特殊条件。

C.2.2　投入物质的性质和生产方法

C.2.2.1　投入物质的性质

投入物质的来源一般应来源于(按先后选用顺序)：

a)　有机物(植物、动物、微生物)；

b)　矿物。

C.2.2.1.1　可以使用等同于天然产品的化学合成物质。

C.2.2.1.2　在可能的情况下，应优先选择使用可再生的投入物质。其次应选择矿物源的投入物质，而第三选择是化学性质等同天然产品的投入物质。在允许使用化学性质等同的投入物质时需要考虑其在生态上、技术上或经济上的理由。

C.2.2.2　生产方法

投入物质的配料可以经过以下处理：

a)　机械处理；

b)　物理处理；

c)　酶处理；

d)　微生物作用处理；

e)　化学处理(作为例外并受限制)。

C.2.2.3　采集

构成投入物质的原材料采集不得影响自然生境的稳定性，也不得影响采集区内任何物种的生存。

C.2.3　环境安全性

C.2.3.1　投入物质不得危害环境或对环境产生持续的负面影响。投入物质也不应造成对地面水、地下水、空气或土壤的不可接受的污染。应对这些物质的加工、使用和分解过程的所有阶段进行评价。

C.2.3.2　必须考虑投入物质的以下特性：

C.2.3.2.1　可降解性

a)　所有投入物质必须可降解为二氧化碳、水和(或)其矿物形态。

b)　对非靶生物有高急性毒性的投入物质的半衰期最多不能超过 5 d。

c)　对作为投入的无毒天然物质没有规定的降解时限要求。

C.2.3.2.2　对非靶生物的急性毒性

当投入物质对非靶生物有较高急性毒性时，需要限制其使用。应采取措施保证这些非靶生物的生存。可规定最大允许使用量。如果无法采取可以保证非靶生物生存的措施，则不得使用该投入物质。

C.2.3.2.3　长期慢性毒性

不得使用会在生物或生物系统中蓄积的投入物质，也不得使用已经知道有或怀疑有诱变性或致癌性的投入物质。如果投入这些物质会产生危险，应采取足以使这些危险降至可接受水平和防止长时间持续负面环境影响的措施。

C.2.3.2.4　化学合成产品和重金属

C.2.3.2.4.1　投入物质中不应含有致害量的化学合成物质(异生化合制品)。仅在其性质完全与自然界的产品相同时,才可允许使用化学合成的产品。

C.2.3.2.4.2 投入的矿物质中的重金属含量应尽可能地少。由于缺乏代用品以及在有机农业中已经被长期、传统地使用,铜和铜盐目前尚是一个例外。但任何形态的铜在有机农业中的使用应视为临时性允许使用,并且就其环境影响而言,应限制使用。

C.2.4 对人体健康和产品质量的影响

C.2.4.1 人体健康

投入物质必须对人体健康无害。应考虑投入物质在加工、使用和降解过程中的所有阶段的情况,应采取降低投入物质使用危险的措施,并制定投入物质在有机农业中使用的标准。

C.2.4.2 产品质量

投入物质对产品质量(如味道,保质期和外观质量等)不得有负面影响。

C.2.5 伦理方面——动物生存条件

投入物质对农场饲养的动物的自然行为或机体功能不得有负面影响。

C.2.6 社会经济方面

消费者的感官:投入的物质不应造成有机产品的消费者对有机产品的抵触或反感。消费者可能会认为某投入物质对环境或人体健康是不安全的,尽管这在科学上可能尚未得到证实。投入物质的问题(例如基因工程问题)不应干扰人们对天然或有机产品的总体感觉或看法。

ICS 65.020.20
B 05

DB65

新疆维吾尔自治区地方标准

DB65/T 3759—2015

有机产品　日光温室小白菜(上海青)生产技术规程

Organic products　technique regulations for greenhouse Bok-choy production

2015-09-30 发布　　2015-11-01 实施

新疆维吾尔自治区质量技术监督局　发布

前言

本标准按照 GB/T 1.1—2009 给出的规则起草。

本标准由新疆维吾尔自治区果蔬标准化研究中心提出。

本标准由新疆维吾尔自治区农业厅归口。

本标准主要起草单位：新疆维吾尔自治区果蔬标准化研究中心、新疆农业科学院园艺作物研究所、吐鲁番地区质量技术监督局、乌鲁木齐绿宝康服务有限公司。

本标准主要起草人：李瑜、王浩、唐亦兵、哈里旦·艾比布拉、杨猛、文光哲、许山根、牛惠玲、李统中、文红梅、张丽。

有机产品　日光温室小白菜(上海青)生产技术规程

1　范围

本标准规定了日光温室(以下简称温室)小白菜有机生产的术语和定义、产地环境、生产技术、采收和有机生产记录的要求。

本标准适用于温室小白菜的有机生产。

2　规范性引用文件

下列文件中的条款通过本标准的引用而成为本标准的条款。凡是注日期的引用文件,其随后所有的修改(不包括勘误的内容)或修订版均不适用于本标准。凡是不注日期的引用文件,其最新版本(包括所有的修改单)适用于本文件。

GB 3095　环境空气质量标准

GB 5084　农田灌溉水质标准

GB 9137　保护农作物的大气污染物最高允许浓度

GB 15618　土壤环境质量标准

GB 16715.5—2010　瓜菜作物种子　第5部分:绿叶菜类

3　术语和定义

下列术语和定义适用于本文件。

3.1

有机产品　organic products

生产、加工、销售过程符合本标准的供人类消费、动物食用的产品。

3.2

日光温室　sunlight greenhouse

以日光为主要能源的温室,一般由透光前坡、外保温帘(被)、后坡、后墙、山墙和操作间组成。基本朝向坐北朝南,东西延伸。围护结构具有保温和蓄热的双重功能,适用于冬季寒冷,但光照充足地区反季节种植蔬菜、花卉和瓜果。

3.3

常规　conventional

生产体系及其产品未获得有机认证或未开始有机转换认证。

3.4

缓冲带　buffer zone

在有机和常规地块之间有目的设置的、可明确界定的用来限制或阻挡邻近田块的禁用物质漂移的过渡区域。

4 产地环境

温室上海青有机生产需要在适宜的环境条件下进行，生产基地应远离城区、工矿区、交通主干线、工业污染源、生活垃圾场等。

生产基地内的环境质量应符合以下要求：

——土壤环境质量符合 GB 15618 中的二级标准；

——农田灌溉用水水质符合 GB 5084 的规定；

——环境空气质量符合 GB 3095 中的二级标准；

——温室上海青生产的大气污染最高允许浓度符合 GB 9137 的规定。

5 生产技术

5.1 栽培季节与茬口安排

日光温室栽培上海青，一般在春、秋、冬季均可栽培，部分耐热性较强的品种也可以夏季栽培，但以春季栽培最普遍。上海青生长快速、生长期短，可以随时采收食用，茬口安排相对灵活。在温室中既可以作为独立茬口单作，也可以与番茄、辣椒、黄瓜等高杆、生育期长的蔬菜间套种。

5.2 品种选择

上海青是上海市郊的地方品种，根据抽薹早晚还分为二月慢、三月慢、四月慢以及五月慢等，应选择适应当地土壤和气候特点，优质、高产、商品性好的品种。对病虫的抗性，在品种间差异很大，应选择多抗性、适应性广的品种。冬春栽培宜选择冬性强的晚抽薹春白菜品种，以防先期抽薹；春暖后可选择冬性弱的秋冬品种；夏秋栽培宜选择耐热性强的夏白菜品种。种子质量应符合 GB 16715.5—2010 的规定。禁止使用经禁用物质和方法处理的上海青种子。

5.3 播种

上海青生育期短，栽培上可以直播，也可以育苗移栽。但温室栽培主要侧重于茬口调配和间套种，为了抢时间以直播较多。在设施齐全、环境良好的温室内进行，创造适合秧苗生长发育的环境条件。

5.3.1 播前的准备

5.3.1.1 土壤和温室消毒

在 7 月～8 月高温休闲季节，将土壤翻耕后覆盖地膜，利用太阳能晒土高温杀菌。具体方法：将农家肥施入土壤，深翻，灌透水，土壤表面盖地膜或旧棚膜，扣棚膜，密封棚室，高温消毒。

5.3.1.2 整地施肥

温室内土壤达到宜耕期后，深翻 20 cm～25 cm，结合深翻施腐熟的优质有机肥 1 500 kg/666.7 m^2～2 000 kg/666.7 m^2，与土壤混匀。温室上海青有机栽培以堆肥、畜禽粪、饼肥、绿肥等有机肥为主。

5.3.1.3 做畦

温室上海青一般选择平畦栽培，南北向作畦，畦宽 1.5 m～2.0 m，畦间做宽 30 cm，高 5 cm～10 cm 的间隔，作为操作走道。

5.3.2 播种

上海青小白菜植株小，比较适合于密植，温室栽培一般采取条播的方式，行距 20 cm～25 cm，开浅沟，种量在 250 g/666.7 m^2～500 g/666.7 m^2。播种时掌握匀播和适当稀播，过于密挤易引起徒长，提早拔节，冬季还影响抗寒力。播种后适度镇压，有利于出苗。

5.4 播种后的管理

5.4.1 间苗定苗

温室直播上海青，播种量较大，播种后 2 d～3 d 即可出苗。出苗后要及时间苗，防止拥挤徒长。全生育期一般间苗 3 次～4 次，第一次在齐苗后进行，保留苗距约 3 cm～4 cm，第二次在 2 片～3 片真叶时，保留苗距 5 cm～7 cm，第三次在 4 片～5 片真叶时，保留株距 10 cm～14 cm，最后定苗株距 20 cm～25 cm。

5.4.2 温度和光照管理

上海青属于喜冷凉的蔬菜，在平均气温 18 ℃～20 ℃下生长最适，除了少部分耐热品种外，25 ℃以上的高温及干旱条件下，生育衰弱，品质明显下降。当气温降到 15 ℃以下时，茎端就能开始花芽分化。上海青属于长日照蔬菜，通过春化后在 12 h～14 h 长日照条件和 18 ℃～30 ℃的较高温度下迅速抽薹。

5.4.3 水肥管理

5.4.3.1 上海青小白菜喜湿不耐干旱，不同生育期要求不同。播种时土壤墒情不好的，播后即全畦灌水 1 次，播种后出苗前保持土壤湿润，以利于出芽和幼苗生长。幼苗期土壤见干见湿，一般 5 d～7 d 浇水 1 次；莲座期叶片多、生长量大，需水量也大，一般 3 d～5 d 浇水一次，始终保持土壤处于湿润状态；高温干旱季节播种的，出苗前每天早晚浇 1 次水，促进出苗；齐苗后每天浇水 1 次～2 次，此后小水勤浇，保持土壤湿润不干。

5.4.3.2 上海青追肥以速效肥为主，可选择沼液或畜禽粪浸出液、饼肥浸出液等，结合浇水冲施。一般齐苗后即追肥 1 次，提苗促长，此后每隔 5 d～7 d 追肥 1 次，肥液浓度由淡逐渐变浓，莲座期重施肥，采收前 10 d～15 d 停止施肥。

5.5 病虫害防治

5.5.1 主要病虫害

5.5.1.1 主要病害：病毒病、软腐病、霜霉病、黑腐病、菌核病、干烧心等。

5.5.1.2 主要虫害：菜蚜、菜青虫、斜纹夜蛾、黄曲条跳甲、蛴螬、地老虎等。

5.5.2 防治原则

病虫害防治的基本原则应是从上海青病虫害整个生态系统出发，综合运用各种防治措施，创造不利于病虫害孳生和有利于各类天敌繁衍的环境条件，保持农业生态系统的平衡和生物多样化，减少各类病虫害所造成的损失。优先选用农业防治，合理使用物理防治、生物防治和药剂防治。

5.5.3 农业防治

5.5.3.1 保持温室清洁。搞好温室清洁是消灭上海青病虫害的根本措施，将间苗拔除的残株、病株、烂叶、杂草等清扫干净，集中烧毁或深埋，减轻病虫害的繁衍危害。在生长季节发现病害时，也要及时仔细地拔除病叶、病株，并立即销毁，防止再传播蔓延。

5.5.3.2 改善通风透光条件。上海青种植密度较大，生长期间可视情况间苗或分期采收，减少田间郁闭。结合温湿度管理，调节风口使通气流畅，降低空气湿度。

5.5.3.3 加强温度管理。生长期保持白天棚内温度 20 ℃～25 ℃,夜晚 15 ℃～18 ℃。

5.5.3.4 加强肥水管理。保证足够数量的充分腐熟的有机肥,维持和提高土壤肥力、营养平衡和生物活性,补充土壤有机质和养分从而补充因前茬收获而从土壤中带走的有机质和土壤养分,可使上海青生长健壮,提高抗病虫的能力。小水勤浇保持土壤湿润。实行轮作栽培。

5.5.3.5 加强设施防护。为减少外来病虫害的侵入,应在温室上通风口和下通风口设置防虫网,阻止病虫害的迁入危害。

5.5.3.6 选用抗病虫害品种。选用耐病抗病品种。

5.5.4 生物防治

利用天敌昆虫防治害虫,如释放瓢虫防治菜蚜,选用生物源制剂防治病虫害。可选用苏云金杆菌、苦参碱、印楝素、天然除虫菊等防治蚜虫、菜青虫,选用铜盐制剂或枯草芽孢杆菌防治软腐病、黑腐病、干烧心等。

5.5.5 物理防治

利用病原、害虫对温度、光谱、声响等的特异反应和耐受能力,杀死或驱避有害生物,如温室外安装黑光灯、温室内悬挂黄板等,利用灯光、色彩诱杀害虫等。

5.5.5.1 黄板诱杀蚜虫、斑潜蝇

温室内运用黄板诱杀蚜虫和斑潜蝇,悬挂黄色粘虫板 30 块/666.7 m^2～40 块/666.7 m^2。

5.5.5.2 阻隔防蚜和驱避防蚜

在棚室放风口处设防虫网防止蚜虫迁入,悬挂银灰色条膜驱避蚜虫。

5.5.5.3 毒饵诱杀

在地里挖长宽深 30 cm×30 cm×20 cm 的坑,内装马粪诱杀蝼蛄、蛴螬。

5.5.5.4 糖醋液诱杀

按糖 6 份、酒 1 份、醋 3 份、水 10 份的比例配制,放入盆中,可诱杀斜纹夜蛾夜蛾、地老虎成虫等害虫。

5.5.6 以上方法不能有效控制病虫害时,允许使用附录 B 所列出的物质。使用附录 B 未列入的物质时,应由认证机构按照附录 C 的准则对该物质进行评估。

5.6 污染控制

5.6.1 有机地块与常规地块的排灌系统应有有效的隔离措施,以保证常规农田的水不会渗透或漫入有机地块。

5.6.2 常规农业系统中的设备在用于有机生产前,应得到充分清洗,去除污染物残留。

5.6.3 在使用保护性的建筑覆盖物、塑料薄膜、防虫网时,只允许选择聚乙烯、聚丙烯或聚碳酸酯类产品,并且使用后应从土壤中清除。禁止焚烧,禁止使用聚氯类产品。

5.6.4 有机产品的农药残留不能超过国家食品卫生标准相应产品限值的 5%,重金属含量也不能超过国家食品卫生标准相应产品的限值。

6 采收

上海青小白菜的生长期可根据气候季节、品种和消费需要而定。一般 6 月～8 月播种的,播后 20 d～30 d 即可收获,冬春季 2 月～3 月播种的,播后 50 d～60 d 采收。可以一次采收完毕,也可分期采收;先拔小苗上市,按一定株距留苗继续生长,再次采收。采收时间以早晨和傍晚较为适宜。

7 有机生产记录

7.1 认证记录的保存

产品生产、收获和经营的操作记录必须保存好。且这些记录必须能详细记录被认证操作的各项活动和交易情况,以备检查和核实,记录要足以证实完全遵守有机生产标准的各项条例,且被保存至少5年。

7.2 提供文件清单

7.2.1 一般资料

包括技术负责人姓名、地址、电话或传真、种植面、有机耕作面积及作物种类。

7.2.2 农田描述

包括田块图和地点详图、田块清单和历史记录、设备表。

7.2.3 生产描述

包括要认证的产品清单、估计的年产量、栽培技术、测试分析、田间农事记录。

7.2.4 投入和销售

包括种子、肥料、病虫害防治材料、农业投入、标签、服务。销售包括产品、数量、保证书、顾客。

7.3 控制与认证

包括遵守有机生产技术规程、检查报告、认证证书等。

附 录 A

（规范性附录）

有机作物种植允许使用的土壤培肥和改良物质

A.1 有机作物种植允许使用的土壤培肥和改良物质见表 A.1。

表 A.1 有机作物种植允许使用的土壤培肥和改良物质

物质类别		物质名称、组分和要求	使用条件
植物和动物来源	有机农业体系内	作物秸秆和绿肥	
		畜禽粪便及其堆肥(包括圈肥)	
	有机农业体系以外	秸秆	与动物粪便堆制并充分腐熟后
		畜禽粪便及其堆肥	满足堆肥的要求
		干的农家肥和脱水的家畜粪便	满足堆肥的要求
		海草或物理方法生产的海草产品	未经过化学加工处理
		来自未经化学处理木材的木料、树皮、锯屑、刨花、木灰、木炭及腐殖酸物质	地面覆盖或堆制后作为有机肥源
		未搀杂防腐剂的肉、骨头和皮毛制品	经过堆制或发酵处理后
		蘑菇培养废料和蚯蚓培养基质的堆肥	满足堆肥的要求
		不含合成添加剂的食品工业副产品	应经过堆制或发酵处理后
		草木灰	
		不含合成添加剂的泥炭	禁止用于土壤改良；只允许作为盆栽基质使用
		饼粕	不能使用经化学方法加工的
		鱼粉	未添加化学合成的物质
矿物来源	磷矿石		应当是天然的，应当是物理方法获得的，五氧化二磷中镉含量小于等于 90 mg/kg
	钾矿粉		应当是物理方法获得的，不能通过化学方法浓缩。氯的含量少于 60%
	硼酸岩		
	微量元素		天然物质或来自未经化学处理、未添加化学合成物质
	镁矿粉		天然物质或来自未经化学处理、未添加化学合成物质
	天然硫磺		
	石灰石、石膏和白垩		天然物质或来自未经化学处理、未添加化学合成物质
	黏土(如珍珠岩、蛭石等)		天然物质或来自未经化学处理、未添加化学合成物质
	氯化钙、氯化钠		
	窑灰		未经化学处理、未添加化学合成物质
	钙镁改良剂		
	泻盐类(含水硫酸岩)		
微生物来源	可生物降解的微生物加工副产品，如酿酒和蒸馏酒行业的加工副产品		
	天然存在的微生物配制的制剂		

附　录　B
（规范性附录）
有机作物种植允许使用的植物保护产品和措施

B.1　有机作物允许使用的植物保护产品物质和措施见表B.1。

表 B.1　有机作物种植允许使用的植物保护产品物质和措施

物质类别	物质名称、组分要求	使　用　条　件
植物和动物来源	印楝树提取物(Neem)及其制剂	
	天然除虫菊(除虫菊科植物提取液)	
	苦楝碱(苦木科植物提取液)	
	鱼藤酮类(毛鱼藤)	
	苦参及其制剂	
	植物油及其乳剂	
	植物制剂	
	植物来源的驱避剂(如薄荷、熏衣草)	
	天然诱集和杀线虫剂(如万寿菊、孔雀草)	
	天然酸(如食醋、木醋和竹醋等)	
	蘑菇的提取物	
	牛奶及其奶制品	
	蜂蜡	
	蜂胶	
	明胶	
	卵磷脂	
矿物来源	铜盐(如硫酸铜、氢氧化铜、氯氧化铜、辛酸铜等)	不得对土壤造成污染
	石灰硫磺(多硫化钙)	
	波尔多液	
	石灰	
	硫磺	
	高锰酸钾	
	碳酸氢钾	
	碳酸氢钠	
	轻矿物油(石蜡油)	
	氯化钙	
	硅藻土	
	黏土(如斑脱土、珍珠岩、蛭石、沸石等)	
	硅酸盐(硅酸钠,石英)	

表 B.1（续）

物质类别	物质名称、组分要求	使 用 条 件
微生物来源	真菌及真菌制剂（如白僵菌、轮枝菌）	
	细菌及细菌制剂（如苏云金杆菌，即 BT）	
	释放寄生、捕食、绝育型的害虫天敌	
	病毒及病毒制剂（如颗粒体病毒等）	
其他	氢氧化钙	
	二氧化碳	
	乙醇	
	海盐和盐水	
	苏打	
	软皂（钾肥皂）	
	二氧化硫	
诱捕器、屏障、驱避剂	物理措施（如色彩诱器、机械诱捕器等）	
	覆盖物（网）	
	昆虫性外激素	仅用于诱捕器和散发皿内
	四聚乙醛制剂	驱避高等动物

附　录　C
（规范性附录）
评估有机生产中使用其他物质的准则

在附录A和附录B涉及有机农业中用于培肥和植物病虫害防治的产品不能满足要求的情况下，可以根据本附录描述的评估准则对有机农业中使用除附录A和附录B以外的其他物质进行评估。

C.1　原则

C.1.1　土壤培肥和土壤改良允许使用的物质

C.1.1.1　为达到或保持土壤肥力或为满足特殊的营养要求，而为特定的土壤改良和轮作措施所必需的，本标准附录A和本标准概述的方法所不可能满足和替代的物质。

C.1.1.2　该物质来自植物、动物、微生物或矿物，并允许经过如下处理：

a）　物理（机械，热）处理；

b）　酶处理；

c）　微生物（堆肥，消化）处理。

C.1.1.3　经可靠的试验数据证明该物质的使用应不会导致或产生对环境的不能接受的影响或污染，包括对土壤生物的影响和污染。

C.1.1.4　该物质的使用不应对最终产品的质量和安全性产生不可接受的影响。

C.1.2　控制植物病虫草害所允许使用的物质表时使用

C.1.2.1　该物质是防治有害生物或特殊病害所必需的，而且除此物质外没有其他生物的、物理的方法或植物育种替代方法和（或）有效管理技术可用于防治这类有害生物或特殊病害。

C.1.2.2　该物质（活性化合物）源自植物、动物、微生物或矿物，并可经过以下处理：

a）　物理处理；

b）　酶处理；

c）　微生物处理。

C.1.2.3　有可靠的试验结果证明该物质的使用应不会导致或产生对环境的不能接受的影响或污染。

C.1.2.4　如果某物质的天然形态数量不足，可以考虑使用与该自然物质的性质相同的化学合成物质，如化学合成的外激素（性诱剂），但前提是其使用不会直接或间接造成环境或产品污染。

C.2　评估程序

C.2.1　必要性

只有在必要的情况下才能使用某种投入物质。投入某物质的必要性可从产量、产品质量、环境安全性、生态保护、景观、人类和动物的生存条件等方面进行评估。

某投入物质的使用可限制于：

a）　特种农作物（尤其是多年生农作物）；

b）　特殊区域；

c）　可使用该投入物质的特殊条件。

C.2.2 投入物质的性质和生产方法

C.2.2.1 投入物质的性质

投入物质的来源一般应来源于(按先后选用顺序):

a) 有机物(植物、动物、微生物);

b) 矿物。

C.2.2.1.1 可以使用等同于天然产品的化学合成物质。

C.2.2.1.2 在可能的情况下,应优先选择使用可再生的投入物质。其次应选择矿物源的投入物质,而第三选择是化学性质等同天然产品的投入物质。在允许使用化学性质等同的投入物质时需要考虑其在生态上、技术上或经济上的理由。

C.2.2.2 生产方法

投入物质的配料可以经过以下处理:

a) 机械处理;

b) 物理处理;

c) 酶处理;

d) 微生物作用处理;

e) 化学处理(作为例外并受限制)。

C.2.2.3 采集

构成投入物质的原材料采集不得影响自然生境的稳定性,也不得影响采集区内任何物种的生存。

C.2.3 环境安全性

C.2.3.1 投入物质不得危害环境或对环境产生持续的负面影响。投入物质也不应造成对地面水、地下水、空气或土壤的不可接受的污染。应对这些物质的加工、使用和分解过程的所有阶段进行评价。

C.2.3.2 必须考虑投入物质的以下特性:

C.2.3.2.1 可降解性

a) 所有投入物质必须可降解为二氧化碳、水和(或)其矿物形态。

b) 对非靶生物有高急性毒性的投入物质的半衰期最多不能超过 5 d。

c) 对作为投入的无毒天然物质没有规定的降解时限要求。

C.2.3.2.2 对非靶生物的急性毒性

当投入物质对非靶生物有较高急性毒性时,需要限制其使用。应采取措施保证这些非靶生物的生存。可规定最大允许使用量。如果无法采取可以保证非靶生物生存的措施,则不得使用该投入物质。

C.2.3.2.3 长期慢性毒性

不得使用会在生物或生物系统中蓄积的投入物质,也不得使用已经知道有或怀疑有诱变性或致癌性的投入物质。如果投入这些物质会产生危险,应采取足以使这些危险降至可接受水平和防止长时间持续负面环境影响的措施。

C.2.3.2.4 化学合成产品和重金属

C.2.3.2.4.1 投入物质中不应含有致害量的化学合成物质(异生化合制品)。仅在其性质完全与自然

界的产品相同时，才可允许使用化学合成的产品。

C.2.3.2.4.2　投入的矿物质中的重金属含量应尽可能地少。由于缺乏代用品以及在有机农业中已经被长期、传统地使用，铜和铜盐目前尚是一个例外。但任何形态的铜在有机农业中的使用应视为临时性允许使用，并且就其环境影响而言，应限制使用。

C.2.4　对人体健康和产品质量的影响

C.2.4.1　人体健康

投入物质必须对人体健康无害。应考虑投入物质在加工、使用和降解过程中的所有阶段的情况，应采取降低投入物质使用危险的措施，并制定投入物质在有机农业中使用的标准。

C.2.4.2　产品质量

投入物质对产品质量(如味道，保质期和外观质量等)不得有负面影响。

C.2.5　伦理方面——动物生存条件

投入物质对农场饲养的动物的自然行为或机体功能不得有负面影响。

C.2.6　社会经济方面

消费者的感官：投入的物质不应造成有机产品的消费者对有机产品的抵触或反感。消费者可能会认为某投入物质对环境或人体健康是不安全的，尽管这在科学上可能尚未得到证实。投入物质的问题(例如基因工程问题)不应干扰人们对天然或有机产品的总体感觉或看法。

ICS 65.020.20
B 05

DB65

新疆维吾尔自治区地方标准

DB65/T 3760—2015

有机产品　日光温室茼蒿生产技术规程

Organic products　technique regulations for greenhouse crown daisy production

2015-09-30 发布　　2015-11-01 实施

新疆维吾尔自治区质量技术监督局　发布

前　言

本标准按照 GB/T 1.1—2009 给出的规则起草。

本标准由新疆维吾尔自治区果蔬标准化研究中心提出。

本标准由新疆维吾尔自治区农业厅归口。

本标准主要起草单位:新疆维吾尔自治区果蔬标准化研究中心、新疆农业科学院园艺作物研究所、吐鲁番地区质量技术监督局、乌鲁木齐绿宝康服务有限公司。

本标准主要起草人:李瑜、王浩、文光哲、赛丽滩乃提·米吉提、杨猛、哈里旦·艾比布拉、许山根、牛慧玲、文红梅、李统中、张丽。

有机产品　日光温室茼蒿生产技术规程

1　范围

本标准规定了日光温室(以下简称温室)茼蒿有机生产的术语和定义、产地环境、生产技术、采收和有机生产记录的要求。

本标准适用于温室茼蒿的有机生产。

2　规范性引用文件

下列文件中的条款通过本标准的引用而成为本标准的条款。凡是注日期的引用文件，其随后所有的修改(不包括勘误的内容)或修订版均不适用于本标准。凡是不注日期的引用文件，其最新版本(包括所有的修改单)适用于本标准。

GB 3095　环境空气质量标准

GB 5084　农田灌溉水环境质量标准

GB 9137　保护农作物的大气污染物最高允许浓度

GB 15618　土壤环境质量标准

3　术语和定义

下列术语和定义适用于本文件。

3.1

有机产品　organic products

生产、加工、销售过程符合本标准的供人类消费、动物食用的产品。

3.2

日光温室　sunlight greenhouse

以日光为主要能源的温室，一般由透光前坡、外保温帘(被)、后坡、后墙、山墙和操作间组成。基本朝向坐北朝南，东西延伸。围护结构具有保温和蓄热的双重功能，适用于冬季寒冷，但光照充足地区反季节种植蔬菜、花卉和瓜果。

3.3

常规　conventional

生产体系及其产品未获得有机认证或未开始有机转换认证。

3.4

缓冲带　buffer zone

在有机和常规地块之间有目的设置的、可明确界定的用来限制或阻挡邻近田块的禁用物质漂移的过渡区域。

4　产地环境

温室茼蒿有机生产需要在适宜的环境条件下进行，生产基地应远离城区、工矿区、交通主干线、工业污染源、生活垃圾场等。

生产基地内的环境质量应符合以下要求：

——土壤环境质量符合 GB 15618 中的二级标准；

——农田灌溉用水水质符合 GB 5084 的规定；

——环境空气质量符合 GB 3095 中的二级标准；

——温室茼蒿生产的大气污染最高允许浓度符合 GB 9137 的规定。

5 生产技术

5.1 栽培季节与茬口安排

茼蒿在日光温室可以周年生产，但以秋冬茬和越冬茬栽培为主。秋冬茬栽培一般在 9 月中旬到 10 月中旬播种，11 月～12 月采收。越冬茬栽培一般在 11 月中旬到 12 月中旬播种，春节前后采收。

5.2 品种选择

应选择适应当地土壤和气候特点的丰产、抗病性好的品种，温室栽培一般选择小叶茼蒿，比较耐寒，香味浓郁，嫩枝细，生长快，成熟早，生长期 40 d～50 d。种子质量应符合 GB 16715.5—2010 的规定。禁止使用经禁用物质和方法处理的茼蒿种子。

5.3 播种前的准备

5.3.1 土壤和温室消毒

在 7 月～8 月高温休闲季节，将土壤翻耕后覆盖地膜，利用太阳能晒土高温杀菌。具体方法：将农家肥施入土壤，深翻，灌透水，土壤表面盖地膜或旧棚膜，扣棚膜，密封棚室，高温消毒。

5.3.2 整地施肥

以堆肥、畜禽粪、饼肥、绿肥等为主，结合深翻土地，施充分腐熟的优质有机肥 3 000 $kg/666.7\ m^2$～4 000 $kg/666.7\ m^2$，饼肥 100 $kg/666.7\ m^2$，结合整地与土壤混匀。

5.3.3 做畦

深翻 25 cm 左右，整细耙平。温室茼蒿一般选择平畦栽培，南北向作畦，畦宽 1.5 m～2.0 m。

5.4 适期播种

一般采用干籽直播或催芽后直播的方式，平畦撒播或条播，条播行距 10 cm 左右，播种量 1.5 $kg/666.7\ m^2$～2.0 $kg/666.7\ m^2$，撒播用种量较大，一般播种量为 4 $kg/666.7\ m^2$～5 $kg/666.7\ m^2$。催芽：先用 55 ℃的温水浸泡 20 min，再用 30 ℃温水浸泡 24 h，淘洗，沥干，放在 15 ℃～20 ℃条件下催芽，约 70%种子露白即可播种。

5.5 栽培管理

5.5.1 温度和光照管理

温室栽培当外界最低气温降至 5 ℃～6 ℃时，扣上无滴膜，当外界最低气温降至－2 ℃～3 ℃时应加盖草帘或棉被保温。温室内保持白天 18 ℃～25 ℃，夜间 10 ℃～12 ℃。对光照要求不严格，较耐弱光。

5.5.2 水肥管理

茼蒿从播种到齐苗需保持土壤湿润不干，约 6 d～7 d 可齐苗，齐苗后适当控水，促进根系发育。幼苗长出1片～2片心叶时进行间苗，保留株行距4 cm×4 cm。生长期间不能缺水，保持土壤湿润，6叶～8叶期开始以水带肥，肥水结合，促进茼蒿旺盛生长，约7 d～10 d一次。有机茼蒿栽培可选择沼液或有机肥浸出液随着浇水施入，2次水带1次肥即可。

5.6 病虫害防治

5.6.1 主要病虫害

5.6.1.1 主要病害：褐斑病、霜霉病、病毒病、芽枯病等。

5.6.1.2 主要虫害：蚜虫、美洲斑潜蝇等。

5.6.2 防治原则

病虫害防治的基本原则应是从茼蒿病虫害整个生态系统出发，综合运用各种防治措施，创造不利于病虫害孳生和有利于各类天敌繁衍的环境条件，保持农业生态系统的平衡和生物多样化，减少各类病虫害所造成的损失。优先选用农业防治，合理使用物理防治、生物防治和药剂防治。

5.6.3 农业防治

5.6.3.1 保持温室清洁。搞好温室清洁是消灭茼蒿病虫害的根本措施，将摘除的残株、病株、烂叶、杂草等清扫干净，集中烧毁或深埋，减轻病虫害的繁衍危害。在生长季节发现病害时，也要及时仔细地摘除病叶、病株，并立即销毁，防止再传播蔓延。

5.6.3.2 改善通风透光条件。茼蒿种植密度较大，生长期间可视情况间苗或分期采收，减少田间郁闭。结合温湿度管理，调节风口使通气流畅，降低空气湿度。

5.6.3.3 加强温度管理。生长期保持白天棚内温度20 ℃～23 ℃，夜晚10 ℃～12 ℃。

5.6.3.4 加强肥水管理。保证足够数量的充分腐熟的有机肥，维持和提高土壤肥力、营养平衡和生物活性，补充土壤有机质和养分从而补充因前茬收获而从土壤中带走的有机质和土壤养分，可使茼蒿生长健壮，提高抗病虫的能力。实行轮作栽培。

5.6.3.5 加强设施防护。为减少外来病虫害的侵入，应在温室上通风口和下通风口设置防虫网，阻止病虫害的迁入危害。

5.6.3.6 选用抗病虫害品种。

5.6.4 生物防治

利用天敌昆虫防治茼蒿害虫，如释放瓢虫防治蚜虫，选用生物源制剂防治病虫害。可选用苏云金杆菌、苦参碱、印楝素等防治蚜虫和斑潜蝇，选用铜盐制剂或枯草芽孢杆菌防治霜霉病等。

5.6.5 物理防治

利用病原、害虫对温度、光谱、声响等的特异反应和耐受能力，杀死或驱避有害生物，如悬挂黄板等，利用灯光、色彩诱杀害虫等。

5.6.5.1 黄板诱杀蚜虫、潜叶蝇

温室内运用黄板诱杀蚜虫和斑潜蝇，悬挂黄色粘虫板30块/666.7 m^2～40块/666.7 m^2。

5.6.5.2 阻隔防蚜和驱避防蚜

5.6.5.2.1 在棚室放风口处设防虫网防止蚜虫迁入，悬挂银灰色条膜驱避蚜虫。

5.6.5.2.2 以上方法不能有效控制病虫害时，允许使用附录B所列出的物质。使用附录B未列入的

物质时，应由认证机构按照附录C的准则对该物质进行评估。

5.7 污染控制

5.7.1 有机地块与常规地块的排灌系统应有有效的隔离措施，以保证常规农田的水不会渗透或漫入有机地块。

5.7.2 常规农业系统中的设备在用于有机生产前，应得到充分清洗，去除污染物残留。

5.7.3 在使用保护性的建筑覆盖物、塑料薄膜、防虫网时，只允许选择聚乙烯、聚丙烯或聚碳酸酯类产品，并且使用后应从土壤中清除。禁止焚烧，禁止使用聚氯类产品。

5.7.4 有机产品的农药残留不能超过国家食品卫生标准相应产品限值的5%，重金属含量也不能超过国家食品卫生标准相应产品的限值。

6 采收

茼蒿生长期较短，一般从播种后40 d～50 d即可采收，可以采收嫩梢也可以整株采收，若采收嫩梢，每次采收后需浇水追肥，促进侧枝生长再次采收。当苗高20 cm左右时可整株采收，贴地面割收。采收宜在清晨，保持鲜嫩，采收过晚，茎叶老化甚至抽薹开花，品质下降。采收时要去掉黄叶、枯叶、病叶，用清水洗净捆扎好后上市。

7 有机生产记录

7.1 认证记录的保存

产品生产、收获和经营的操作记录必须保存好。且这些记录必须能详细记录被认证操作的各项活动和交易情况，以备检查和核实，记录要足以证实完全遵守有机生产标准的各项条例，且被保存至少5年。

7.2 提供文件清单

7.2.1 一般资料

包括技术负责人姓名、地址、电话或传真、种植面、有机耕作面积及作物种类。

7.2.2 农田描述

包括田块图和地点详图、田块清单和历史记录、设备表。

7.2.3 生产描述

包括要认证的产品清单、估计的年产量、栽培技术、测试分析、田间农事记录。

7.3 投入和销售

包括种子、肥料、病虫害防治材料、农业投入、标签、服务。销售包括产品、数量、保证书、顾客。

7.4 控制与认证

包括遵守有机生产技术规程、检查报告、认证证书等。

附　录　A
（规范性附录）
有机作物种植允许使用的土壤培肥和改良物质

A.1　有机作物种植允许使用的土壤培肥和改良物质见表A.1。

表A.1　有机作物种植允许使用的土壤培肥和改良物质

<table>
<tr><th colspan="2">物质类别</th><th>物质名称、组分和要求</th><th>使　用　条　件</th></tr>
<tr><td rowspan="15">植物和动物来源</td><td rowspan="2">有机农业体系内</td><td>作物秸秆和绿肥</td><td></td></tr>
<tr><td>畜禽粪便及其堆肥(包括圈肥)</td><td></td></tr>
<tr><td rowspan="13">有机农业体系以外</td><td>秸秆</td><td>与动物粪便堆制并充分腐熟后</td></tr>
<tr><td>畜禽粪便及其堆肥</td><td>满足堆肥的要求</td></tr>
<tr><td>干的农家肥和脱水的家畜粪便</td><td>满足堆肥的要求</td></tr>
<tr><td>海草或物理方法生产的海草产品</td><td>未经过化学加工处理</td></tr>
<tr><td>来自未经化学处理木材的木料、树皮、锯屑、刨花、木灰、木炭及腐殖酸物质</td><td>地面覆盖或堆制后作为有机肥源</td></tr>
<tr><td>未搀杂防腐剂的肉、骨头和皮毛制品</td><td>经过堆制或发酵处理后</td></tr>
<tr><td>蘑菇培养废料和蚯蚓培养基质的堆肥</td><td>满足堆肥的要求</td></tr>
<tr><td>不含合成添加剂的食品工业副产品</td><td>应经过堆制或发酵处理后</td></tr>
<tr><td>草木灰</td><td></td></tr>
<tr><td>不含合成添加剂的泥炭</td><td>禁止用于土壤改良；只允许作为盆栽基质使用</td></tr>
<tr><td>饼粕</td><td>不能使用经化学方法加工的</td></tr>
<tr><td>鱼粉</td><td>未添加化学合成的物质</td></tr>
<tr><td rowspan="12">矿物来源</td><td colspan="2">磷矿石</td><td>应当是天然的，应当是物理方法获得的，五氧化二磷中镉含量小于等于90 mg/kg</td></tr>
<tr><td colspan="2">钾矿粉</td><td>应当是物理方法获得的，不能通过化学方法浓缩。氯的含量少于60%</td></tr>
<tr><td colspan="2">硼酸岩</td><td></td></tr>
<tr><td colspan="2">微量元素</td><td>天然物质或来自未经化学处理、未添加化学合成物质</td></tr>
<tr><td colspan="2">镁矿粉</td><td>天然物质或来自未经化学处理、未添加化学合成物质</td></tr>
<tr><td colspan="2">天然硫磺</td><td></td></tr>
<tr><td colspan="2">石灰石、石膏和白垩</td><td>天然物质或来自未经化学处理、未添加化学合成物质</td></tr>
<tr><td colspan="2">黏土(如珍珠岩、蛭石等)</td><td>天然物质或来自未经化学处理、未添加化学合成物质</td></tr>
<tr><td colspan="2">氯化钙、氯化钠</td><td></td></tr>
<tr><td colspan="2">窑灰</td><td>未经化学处理、未添加化学合成物质</td></tr>
<tr><td colspan="2">钙镁改良剂</td><td></td></tr>
<tr><td colspan="2">泻盐类(含水硫酸岩)</td><td></td></tr>
<tr><td rowspan="2">微生物来源</td><td colspan="2">可生物降解的微生物加工副产品，如酿酒和蒸馏酒行业的加工副产品</td><td></td></tr>
<tr><td colspan="2">天然存在的微生物配制的制剂</td><td></td></tr>
</table>

附　录　B
（规范性附录）
有机作物种植允许使用的植物保护产品和措施

B.1　有机作物允许使用的植物保护产品物质和措施见表 B.1。

表 B.1　有机作物种植允许使用的植物保护产品物质和措施

物质类别	物质名称、组分要求	使　用　条　件
植物和动物来源	印楝树提取物(Neem)及其制剂	
	天然除虫菊(除虫菊科植物提取液)	
	苦楝碱(苦木科植物提取液)	
	鱼藤酮类(毛鱼藤)	
	苦参及其制剂	
	植物油及其乳剂	
	植物制剂	
	植物来源的驱避剂(如薄荷、熏衣草)	
	天然诱集和杀线虫剂（如万寿菊、孔雀草)	
	天然酸(如食醋、木醋和竹醋等)	
	蘑菇的提取物	
	牛奶及其奶制品	
	蜂蜡	
	蜂胶	
	明胶	
	卵磷脂	
矿物来源	铜盐(如硫酸铜、氢氧化铜、氯氧化铜、辛酸铜等)	不得对土壤造成污染
	石灰硫磺(多硫化钙)	
	波尔多液	
	石灰	
	硫磺	
	高锰酸钾	
	碳酸氢钾	
	碳酸氢钠	
	轻矿物油(石蜡油)	
	氯化钙	
	硅藻土	
	黏土(如斑脱土、珍珠岩、蛭石、沸石等)	
	硅酸盐(硅酸钠,石英)	

表 B.1（续）

物质类别	物质名称、组分要求	使用条件
微生物来源	真菌及真菌制剂(如白僵菌、轮枝菌)	
	细菌及细菌制剂(如苏云金杆菌，即 BT)	
	释放寄生、捕食、绝育型的害虫天敌	
	病毒及病毒制剂(如颗粒体病毒等)	
其他	氢氧化钙	
	二氧化碳	
	乙醇	
	海盐和盐水	
	苏打	
	软皂(钾肥皂)	
	二氧化硫	
诱捕器、屏障、驱避剂	物理措施(如色彩诱器、机械诱捕器等)	
	覆盖物(网)	
	昆虫性外激素	仅用于诱捕器和散发皿内
	四聚乙醛制剂	驱避高等动物

附　录　C
（规范性附录）
评估有机生产中使用其他物质的额准则

在附录A和附录B涉及有机农业中用于培肥和植物病虫害防治的产品不能满足要求的情况下，可以根据本附录描述的评估准则对有机农业中使用除附录A和附录B以外的其他物质进行评估。

C.1　原则

C.1.1　土壤培肥和土壤改良允许使用的物质

C.1.1.1　为达到或保持土壤肥力或为满足特殊的营养要求，而为特定的土壤改良和轮作措施所必需的，本标准附录A和本标准概述的方法所不可能满足和替代的物质。

C.1.1.2　该物质来自植物、动物、微生物或矿物，并允许经过如下处理：

a）　物理(机械，热)处理；

b）　酶处理；

c）　微生物(堆肥，消化)处理。

C.1.1.3　经可靠的试验数据证明该物质的使用应不会导致或产生对环境的不能接受的影响或污染，包括对土壤生物的影响和污染。

C.1.1.4　该物质的使用不应对最终产品的质量和安全性产生不可接受的影响。

C.1.2　控制植物病虫草害所允许使用的物质表时使用

C.1.2.1　该物质是防治有害生物或特殊病害所必需的，而且除此物质外没有其他生物的、物理的方法或植物育种替代方法和(或)有效管理技术可用于防治这类有害生物或特殊病害。

C.1.2.2　该物质(活性化合物)源自植物、动物、微生物或矿物，并可经过以下处理：

a）　物理处理；

b）　酶处理；

c）　微生物处理。

C.1.2.3　有可靠的试验结果证明该物质的使用应不会导致或产生对环境的不能接受的影响或污染。

C.1.2.4　如果某物质的天然形态数量不足，可以考虑使用与该自然物质的性质相同的化学合成物质，如化学合成的外激素(性诱剂)，但前提是其使用不会直接或间接造成环境或产品污染。

C.2　评估程序

C.2.1　必要性

只有在必要的情况下才能使用某种投入物质。投入某物质的必要性可从产量、产品质量、环境安全性、生态保护、景观、人类和动物的生存条件等方面进行评估。

某投入物质的使用可限制于：

a）　特种农作物(尤其是多年生农作物)；

b）　特殊区域；

c）　可使用该投入物质的特殊条件。

C.2.2 投入物质的性质和生产方法

C.2.2.1 投入物质的性质

投入物质的来源一般应来源于(按先后选用顺序):

a) 有机物(植物、动物、微生物);

b) 矿物。

C.2.2.1.1 可以使用等同于天然产品的化学合成物质。

C.2.2.1.2 在可能的情况下,应优先选择使用可再生的投入物质。其次应选择矿物源的投入物质,而第三选择是化学性质等同天然产品的投入物质。在允许使用化学性质等同的投入物质时需要考虑其在生态上、技术上或经济上的理由。

C.2.2.2 生产方法

投入物质的配料可以经过以下处理:

a) 机械处理;

b) 物理处理;

c) 酶处理;

d) 微生物作用处理;

e) 化学处理(作为例外并受限制)。

C.2.2.3 采集

构成投入物质的原材料采集不得影响自然生境的稳定性,也不得影响采集区内任何物种的生存。

C.2.3 环境安全性

投入物质不得危害环境或对环境产生持续的负面影响。投入物质也不应造成对地面水、地下水、空气或土壤的不可接受的污染。应对这些物质的加工、使用和分解过程的所有阶段进行评价。

必须考虑投入物质的以下特性:

C.2.3.1 可降解性

C.2.3.1.1 所有投入物质必须可降解为二氧化碳、水和(或)其矿物形态。

C.2.3.1.2 对非靶生物有高急性毒性的投入物质的半衰期最多不能超过 5 d。

C.2.3.1.3 对作为投入的无毒天然物质没有规定的降解时限要求。

C.2.3.2 对非靶生物的急性毒性

当投入物质对非靶生物有较高急性毒性时,需要限制其使用。应采取措施保证这些非靶生物的生存。可规定最大允许使用量。如果无法采取可以保证非靶生物生存的措施,则不得使用该投入物质。

C.2.3.3 长期慢性毒性

不得使用会在生物或生物系统中蓄积的投入物质,也不得使用已经知道有或怀疑有诱变性或致癌性的投入物质。如果投入这些物质会产生危险,应采取足以使这些危险降至可接受水平和防止长时间持续负面环境影响的措施。

C.2.3.4 化学合成产品和重金属

C.2.3.4.1 投入物质中不应含有致害量的化学合成物质(异生化合制品)。仅在其性质完全与自然界

的产品相同时，才可允许使用化学合成的产品。

C.2.3.4.2 投入的矿物质中的重金属含量应尽可能地少。由于缺乏代用品以及在有机农业中已经被长期、传统地使用，铜和铜盐目前尚是一个例外。但任何形态的铜在有机农业中的使用应视为临时性允许使用，并且就其环境影响而言，应限制使用。

C.2.4 对人体健康和产品质量的影响

C.2.4.1 人体健康

投入物质必须对人体健康无害。应考虑投入物质在加工、使用和降解过程中的所有阶段的情况，应采取降低投入物质使用危险的措施，并制定投入物质在有机农业中使用的标准。

C.2.4.2 产品质量

投入物质对产品质量(如味道，保质期和外观质量等)不得有负面影响。

C.2.5 伦理方面——动物生存条件

投入物质对农场饲养的动物的自然行为或机体功能不得有负面影响。

C.2.6 社会经济方面

消费者的感官：投入的物质不应造成有机产品的消费者对有机产品的抵触或反感。消费者可能会认为某投入物质对环境或人体健康是不安全的，尽管这在科学上可能尚未得到证实。投入物质的问题(例如基因工程问题)不应干扰人们对天然或有机产品的总体感觉或看法。

ICS 65.020.20
B 05

DB65

新疆维吾尔自治区地方标准

DB65/T 3761—2015

有机产品　日光温室菠菜生产技术规程

Organic products　technique regulations for greenhouse spinach production

2015-09-30 发布　　2015-11-01 实施

新疆维吾尔自治区质量技术监督局　发布

前　　言

本标准按照 GB/T 1.1—2009 给出的规则起草。

本标准由新疆维吾尔自治区自治区果蔬标准化研究中心提出。

本标准由新疆维吾尔自治区农业厅归口。

本标准主要起草单位：新疆维吾尔自治区果蔬标准化研究中心、新疆农业科学院园艺作物研究所、吐鲁番地区质量技术监督局、乌鲁木齐绿宝康服务有限公司。

本标准主要起草人：李瑜、王浩、文光哲、郭鑫、朱翔、杨猛、许山根、牛惠玲、文红梅、李统中、庄红梅、张丽。

有机产品　日光温室菠菜生产技术规程

1　范围

本标准规定了日光温室(以下简称温室)菠菜有机生产的术语和定义、产地环境、生产技术、采收和有机生产记录的要求。

本标准适用于温室菠菜的有机生产。

2　规范性引用文件

下列文件中的条款通过本标准的引用而成为本标准的条款。凡是注日期的引用文件,其随后所有的修改(不包括勘误的内容)或修订版均不适用于本标准。凡是不注日期的引用文件,其最新版本(包括所有的修改单)适用于本标准。

GB 3095　环境空气质量标准

GB 5084　农田灌溉水环境质量标准

GB 9137　保护农作物的大气污染物最高允许浓度

GB 15618　土壤环境质量标准

GB 16715.5　瓜菜作物种子　第5部分:叶菜类

3　术语和定义

下列术语和定义适用于本文件。

3.1

有机产品　organic products

生产、加工、销售过程符合本标准的供人类消费、动物食用的产品。

3.2

日光温室　sunlight greenhouse

以日光为主要能源的温室,由透光前坡、外保温帘(被)、后坡、后墙、山墙和操作间组成。基本朝向坐北朝南,东西延伸。围护结构具有保温和蓄热的双重功能,适用于冬季寒冷,但光照充足地区反季节种植蔬菜、花卉和瓜果。

3.3

常规　conventional

生产体系及其产品未获得有机认证或未开始有机转换认证。

3.4

缓冲带　buffer zone

在有机和常规地块之间有目的设置的、可明确界定的用来限制或阻挡邻近田块的禁用物质漂移的过渡区域。

4　产地环境

温室菠菜有机生产需要在适宜的环境条件下进行,生产基地应远离城区、工矿区、交通主干线、工业污染源、生活垃圾场等。

生产基地内的环境质量应符合以下要求：

——土壤环境质量符合 GB 15618 中的二级标准；

——农田灌溉用水水质符合 GB 5084 的规定；

——环境空气质量符合 GB 3095 中的二级标准；

——温室菠菜生产的大气污染最高允许浓度符合 GB 9137 的规定。

5 生产技术

5.1 栽培季节与茬口安排

菠菜在日光温室可以周年生产，但以秋冬茬和越冬茬栽培为主。秋冬茬栽培一般在 9 月上中旬～10 上旬播种，11 月～12 月收获。越冬茬栽培一般在 10 月播种，春节前后采收。

5.2 品种选择

应选择适应当地土壤和气候特点，优质高产、耐寒、耐抽薹、冬性强、抗病性好的品种，一般尖叶菠菜比较适宜秋冬季栽培。种子质量应符合 GB 16715.5 的规定。禁止使用经禁用物质和方法处理的菠菜种子。

5.3 播种前的准备

5.3.1 土壤和温室消毒

在 7 月～8 月高温休闲季节，将土壤翻耕后覆盖地膜，利用太阳能晒土高温杀菌。具体方法：将农家肥施入土壤，深翻，灌透水，土壤表面盖地膜或旧棚膜，扣棚膜，密封棚室，高温消毒。

5.3.2 整地施肥

温室有机菠菜栽培以堆肥、畜禽粪、饼肥、绿肥等为主，结合深翻土地，施充分腐熟的优质有机肥 3 000 kg/666.7 m^2～4 000 kg/666.7 m^2，饼肥 100 kg/666.7 m^2，结合整地与土壤混匀。

5.3.3 做畦

当温室内土壤达到宜耕期后，深翻 25 cm 左右，耙平整细。温室菠菜一般选择平畦栽培，南北向作畦，畦宽 1.5 m～2.0 m。

5.4 适期播种

菠菜一般采用直播的方式，以撒播为主，按 8 cm～10 cm 行距条播也可以，可以干籽直播，也可将种子用 35 ℃温水浸泡 12 h，捞出晾干撒播或条播。菠菜的种子果壳坚硬，不易吸水，齐苗困难，因此，播前田间的底水要足，湿墒播种。播种量 4 kg/666.7 m^2～5 kg/666.7 m^2。保持土壤湿润，5 d～7 d 可齐苗。

5.5 栽培管理

5.5.1 温度和光照管理

菠菜耐低温不耐高温，发芽最适温度 15 ℃～20 ℃，叶面积增长最适温度 20 ℃～25 ℃，高于 25 ℃生长不良。温室栽培当外界最低气温降至 5 ℃～6 ℃时，扣上无滴膜，当外界最低气温降至 -2 ℃～3 ℃时应加盖草帘或棉被保温。温室内保持白天 20 ℃～23 ℃，夜间 10 ℃～12 ℃。每天揭盖棉被，擦洗棚膜,保持光照条件良好。

5.5.2 水肥管理

菠菜在空气相对湿度80%～90%,土壤湿度70%～80%的条件下生长旺盛。从播种到齐苗需保持土壤湿润不干,确保齐苗,2叶～3叶期适当控水,中耕锄草间苗,透气促根。封行前6叶～7叶期开始以水带肥,肥水结合,促进菠菜旺盛生长,约7 d～10 d一次。有机菠菜栽培可选择沼液或有机肥浸出液随着浇水施入,2次水带1次肥即可。生长中后期可叶面喷施0.2%硼砂水溶液2次～3次,以防心叶卷曲、缺绿。

5.6 病虫害防治

5.6.1 主要病虫害

5.6.1.1 主要病害:霜霉病、病毒病、炭疽病等。

5.6.1.2 主要虫害:蚜虫、菠菜潜叶蝇、美洲斑潜蝇等。

5.6.2 防治原则

病虫害防治的基本原则应是从菠菜病虫害整个生态系统出发,综合运用各种防治措施,创造不利于病虫害孳生和有利于各类天敌繁衍的环境条件,保持农业生态系统的平衡和生物多样化,减少各类病虫害所造成的损失。优先选用农业防治,合理使用物理防治、生物防治和药剂防治。

5.6.3 农业防治

5.6.3.1 保持温室清洁。搞好温室清洁是消灭菠菜病虫害的根本措施,将摘除的残株、病株、烂叶、杂草等清扫干净,集中烧毁或深埋,减轻病虫害的繁衍危害。在生长季节发现病害时,也要及时仔细地摘除病叶、病株,并立即销毁,防止再传播蔓延。

5.6.3.2 改善通风透光条件。菠菜种植密度较大,生长期间可视情况间苗或分期采收,减少田间郁闭。结合温湿度管理,调节风口使通气流畅,降低空气湿度。

5.6.3.3 加强温度管理。生长期保持白天棚内温度20 ℃～23 ℃,夜晚10 ℃～12 ℃。

5.6.3.4 加强肥水管理。保证足够数量的充分腐熟的有机肥,维持和提高土壤肥力、营养平衡和生物活性,补充土壤有机质和养分从而补充因前茬收获而从土壤中带走的有机质和土壤养分,可使菠菜生长健壮,提高抗病虫的能力。实行轮作栽培。

5.6.3.5 加强设施防护。为减少外来病虫害的侵入,应在温室上通风口和下通风口设置防虫网,阻止病虫害的迁入危害。

5.6.3.6 选用抗病虫害品种。

5.6.4 生物防治

利用天敌昆虫防治菠菜害虫,如瓢虫防治蚜虫,选用生物源制剂防治病虫害。可选用苦参碱、印楝素等防治蚜虫和潜叶蝇,选用铜盐制剂、枯草芽孢杆菌、武夷霉素等防治霜霉病、炭疽病等。

5.6.5 物理防治

利用病原、害虫对温度、光谱、声响等的特异反应和耐受能力,杀死或驱避有害生物,如温室外安装黑光灯、温室内悬挂黄板等,利用灯光、色彩诱杀害虫等。

5.6.5.1 黄板诱杀蚜虫、潜叶蝇

温室内运用黄板诱杀蚜虫和潜叶蝇,悬挂黄色粘虫板30块/666.7 m^2～40块/667 m^2。

5.6.5.2 阻隔防蚜和驱避防蚜

5.6.5.2.1.1 在棚室放风口处设防虫网防止蚜虫迁入，悬挂银灰色条膜驱避蚜虫。
5.6.5.2.1.2 以上方法不能有效控制病虫害时，允许使用附录B所列出的物质。使用附录B未列入的物质时，应由认证机构按照附录C的准则对该物质进行评估。

5.7 污染控制

5.7.1 有机地块与常规地块的排灌系统应有有效的隔离措施，以保证常规农田的水不会渗透或漫入有机地块。
5.7.2 常规农业系统中的设备在用于有机生产前，应得到充分清洗，去除污染物残留。
5.7.3 在使用保护性的建筑覆盖物、塑料薄膜、防虫网时，只允许选择聚乙烯、聚丙烯或聚碳酸酯类产品，并且使用后应从土壤中清除。禁止焚烧，禁止使用聚氯类产品。
5.7.4 有机产品的农药残留不能超过国家食品卫生标准相应产品限值的5%，重金属含量也不能超过国家食品卫生标准相应产品的限值。

6 采收

菠菜生长期较短，从播种到采收需30 d～60 d，采收期不严格，可根据长势、茬口调配和市场需要采收。一般苗高10 cm～15 cm时即可分批间拔，陆续采收，待菠菜植株生长到35 cm～40 cm时，及时采收，采收时要去掉黄叶、枯叶、病叶，用清水洗净捆扎好后上市。

7 有机生产记录

7.1 认证记录的保存

产品生产、收获和经营的操作记录必须保存好。且这些记录必须能详细记录被认证操作的各项活动和交易情况，以备检查和核实，记录要足以证实完全遵守有机生产标准的各项条例，且被保存至少5年。

7.2 提供文件清单

7.2.1 一般资料

包括技术负责人姓名、地址、电话或传真、种植面、有机耕作面积及作物种类。

7.2.2 农田描述

包括田块图和地点详图、田块清单和历史记录、设备表。

7.2.3 生产描述

包括要认证的产品清单、估计的年产量、栽培技术、测试分析、田间农事记录。

7.3 投入和销售

包括种子、肥料、病虫害防治材料、农业投入、标签、服务。销售包括产品、数量、保证书、顾客。

7.4 控制与认证

包括遵守有机生产技术规程、检查报告、认证证书等。

附 录 A
（规范性附录）
有机作物种植允许使用的土壤培肥和改良物质

A.1 有机作物种植允许使用的土壤培肥和改良物质见表A.1。

表A.1 有机作物种植允许使用的土壤培肥和改良物质

物质类别		物质名称、组分和要求	使用条件
植物和动物来源	有机农业体系内	作物秸秆和绿肥	
		畜禽粪便及其堆肥(包括圈肥)	
	有机农业体系以外	秸秆	与动物粪便堆制并充分腐熟后
		畜禽粪便及其堆肥	满足堆肥的要求
		干的农家肥和脱水的家畜粪便	满足堆肥的要求
		海草或物理方法生产的海草产品	未经过化学加工处理
		来自未经化学处理木材的木料、树皮、锯屑、刨花、木灰、木炭及腐殖酸物质	地面覆盖或堆制后作为有机肥源
		未掺杂防腐剂的肉、骨头和皮毛制品	经过堆制或发酵处理后
		蘑菇培养废料和蚯蚓培养基质的堆肥	满足堆肥的要求
		不含合成添加剂的食品工业副产品	应经过堆制或发酵处理后
		草木灰	
		不含合成添加剂的泥炭	禁止用于土壤改良;只允许作为盆栽基质使用
		饼粕	不能使用经化学方法加工的
		鱼粉	未添加化学合成的物质
矿物来源	磷矿石		应当是天然的,应当是物理方法获得的,五氧化二磷中镉含量小于等于90 mg/kg
	钾矿粉		应当是物理方法获得的,不能通过化学方法浓缩。氯的含量少于60%
	硼酸岩		
	微量元素		天然物质或来自未经化学处理、未添加化学合成物质
	镁矿粉		天然物质或来自未经化学处理、未添加化学合成物质
	天然硫磺		
	石灰石、石膏和白垩		天然物质或来自未经化学处理、未添加化学合成物质
	黏土(如珍珠岩、蛭石等)		天然物质或来自未经化学处理、未添加化学合成物质
	氯化钙、氯化钠		
	窑灰		未经化学处理、未添加化学合成物质
	钙镁改良剂		
	泻盐类(含水硫酸岩)		
微生物来源	可生物降解的微生物加工副产品,如酿酒和蒸馏酒行业的加工副产品		
	天然存在的微生物配制的制剂		

附 录 B
（规范性附录）
有机作物种植允许使用的植物保护产品和措施

B.1 有机作物允许使用的植物保护产品物质和措施见表B.1。

表B.1 有机作物种植允许使用的植物保护产品物质和措施

物质类别	物质名称、组分要求	使 用 条 件
植物和动物来源	印楝树提取物(Neem)及其制剂	
	天然除虫菊(除虫菊科植物提取液)	
	苦楝碱(苦木科植物提取液)	
	鱼藤酮类(毛鱼藤)	
	苦参及其制剂	
	植物油及其乳剂	
	植物制剂	
	植物来源的驱避剂(如薄荷、熏衣草)	
	天然诱集和杀线虫剂(如万寿菊、孔雀草)	
	天然酸(如食醋、木醋和竹醋等)	
	蘑菇的提取物	
	牛奶及其奶制品	
	蜂蜡	
	蜂胶	
	明胶	
	卵磷脂	
矿物来源	铜盐(如硫酸铜、氢氧化铜、氯氧化铜、辛酸铜等)	不得对土壤造成污染
	石灰硫磺(多硫化钙)	
	波尔多液	
	石灰	
	硫磺	
	高锰酸钾	
	碳酸氢钾	
	碳酸氢钠	
	轻矿物油(石蜡油)	
	氯化钙	
	硅藻土	
	黏土(如斑脱土、珍珠岩、蛭石、沸石等)	
	硅酸盐(硅酸钠,石英)	

表 B.1（续）

物质类别	物质名称、组分要求	使　用　条　件
微生物来源	真菌及真菌制剂(如白僵菌、轮枝菌)	
	细菌及细菌制剂(如苏云金杆菌，即 BT)	
	释放寄生、捕食、绝育型的害虫天敌	
	病毒及病毒制剂(如颗粒体病毒等)	
其他	氢氧化钙	
	二氧化碳	
	乙醇	
	海盐和盐水	
	苏打	
	软皂(钾肥皂)	
	二氧化硫	
诱捕器、屏障、驱避剂	物理措施(如色彩诱器、机械诱捕器等)	
	覆盖物(网)	
	昆虫性外激素	仅用于诱捕器和散发皿内
	四聚乙醛制剂	驱避高等动物

附　录　C
（规范性附录）
评估有机生产中使用其他物质的准则

在附录A和附录B涉及有机农业中用于培肥和植物病虫害防治的产品不能满足要求的情况下，可以根据本附录描述的评估准则对有机农业中使用除附录A和附录B以外的其他物质进行评估。

C.1　原则

C.1.1　土壤培肥和土壤改良允许使用的物质

C.1.1.1　为达到或保持土壤肥力或为满足特殊的营养要求，而为特定的土壤改良和轮作措施所必需的，本标准附录A和本标准概述的方法所不可能满足和替代的物质。

C.1.1.2　该物质来自植物、动物、微生物或矿物，并允许经过如下处理：

a)　物理（机械，热）处理；

b)　酶处理；

c)　微生物（堆肥，消化）处理。

C.1.1.3　经可靠的试验数据证明该物质的使用应不会导致或产生对环境的不能接受的影响或污染，包括对土壤生物的影响和污染。

C.1.1.4　该物质的使用不应对最终产品的质量和安全性产生不可接受的影响。

C.1.2　控制植物病虫草害所允许使用的物质表时使用

C.1.2.1　该物质是防治有害生物或特殊病害所必需的，而且除此物质外没有其他生物的、物理的方法或植物育种替代方法和（或）有效管理技术可用于防治这类有害生物或特殊病害。

C.1.2.2　该物质（活性化合物）源自植物、动物、微生物或矿物，并可经过以下处理：

a)　物理处理；

b)　酶处理；

c)　微生物处理。

C.1.2.3　有可靠的试验结果证明该物质的使用应不会导致或产生对环境的不能接受的影响或污染。

C.1.2.4　如果某物质的天然形态数量不足，可以考虑使用与该自然物质的性质相同的化学合成物质，如化学合成的外激素（性诱剂），但前提是其使用不会直接或间接造成环境或产品污染。

C.2　评估程序

C.2.1　必要性

只有在必要的情况下才能使用某种投入物质。投入某物质的必要性可从产量、产品质量、环境安全性、生态保护、景观、人类和动物的生存条件等方面进行评估。

某投入物质的使用可限制于：

a)　特种农作物（尤其是多年生农作物）；

b)　特殊区域；

c)　可使用该投入物质的特殊条件。

C.2.2 投入物质的性质和生产方法

C.2.2.1 投入物质的性质

C.2.2.1.1 投入物质的来源一般应来源于(按先后选用顺序):

a) 有机物(植物、动物、微生物);

b) 矿物。

C.2.2.1.2 可以使用等同于天然产品的化学合成物质。

C.2.2.1.3 在可能的情况下,应优先选择使用可再生的投入物质。其次应选择矿物源的投入物质,而第三选择是化学性质等同天然产品的投入物质。在允许使用化学性质等同的投入物质时需要考虑其在生态上、技术上或经济上的理由。

C.2.2.2 生产方法

投入物质的配料可以经过以下处理:

a) 机械处理;

b) 物理处理;

c) 酶处理;

d) 微生物作用处理;

e) 化学处理(作为例外并受限制)。

C.2.2.3 采集

构成投入物质的原材料采集不得影响自然生境的稳定性,也不得影响采集区内任何物种的生存。

C.2.3 环境安全性

C.2.3.1 投入物质不得危害环境或对环境产生持续的负面影响。投入物质也不应造成对地面水、地下水、空气或土壤的不可接受的污染。应对这些物质的加工、使用和分解过程的所有阶段进行评价。

C.2.3.2 必须考虑投入物质的以下特性:

C.2.3.2.1 可降解性

a) 所有投入物质必须可降解为二氧化碳、水和(或)其矿物形态。

b) 对非靶生物有高急性毒性的投入物质的半衰期最多不能超过 5 d。

c) 对作为投入的无毒天然物质没有规定的降解时限要求。

C.2.3.2.2 对非靶生物的急性毒性

当投入物质对非靶生物有较高急性毒性时,需要限制其使用。应采取措施保证这些非靶生物的生存。可规定最大允许使用量。如果无法采取可以保证非靶生物生存的措施,则不得使用该投入物质。

C.2.3.2.3 长期慢性毒性

不得使用会在生物或生物系统中蓄积的投入物质,也不得使用已经知道有或怀疑有诱变性或致癌性的投入物质。如果投入这些物质会产生危险,应采取足以使这些危险降至可接受水平和防止长时间持续负面环境影响的措施。

C.2.3.2.4 化学合成产品和重金属

C.2.3.2.4.1 投入物质中不应含有致害量的化学合成物质(异生化合制品)。仅在其性质完全与自然

界的产品相同时,才可允许使用化学合成的产品。

C.2.3.2.4.2 投入的矿物质中的重金属含量应尽可能地少。由于缺乏代用品以及在有机农业中已经被长期、传统地使用,铜和铜盐目前尚是一个例外。但任何形态的铜在有机农业中的使用应视为临时性允许使用,并且就其环境影响而言,应限制使用。

C.2.4 对人体健康和产品质量的影响

C.2.4.1 人体健康

投入物质必须对人体健康无害。应考虑投入物质在加工、使用和降解过程中的所有阶段的情况,应采取降低投入物质使用危险的措施,并制定投入物质在有机农业中使用的标准。

C.2.4.2 产品质量

投入物质对产品质量(如味道,保质期和外观质量等)不得有负面影响。

C.2.5 伦理方面——动物生存条件

投入物质对农场饲养的动物的自然行为或机体功能不得有负面影响。

C.2.6 社会经济方面

消费者的感官:投入的物质不应造成有机产品的消费者对有机产品的抵触或反感。消费者可能会认为某投入物质对环境或人体健康是不安全的,尽管这在科学上可能尚未得到证实。投入物质的问题(例如基因工程问题)不应干扰人们对天然或有机产品的总体感觉或看法。

ICS 65.020.20
B 05

DB65

新疆维吾尔自治区地方标准

DB65/T 3762—2015

有机产品　日光温室春萝卜生产技术规程

Organic products　technique regulations for greenhouse spring radish production

2015-09-30 发布　　2015-11-01 实施

新疆维吾尔自治区质量技术监督局　发布

前 言

本标准按照 GB/T 1.1—2009 给出的规则起草。

本标准由新疆维吾尔自治区果蔬标准化研究中心提出。

本标准由新疆维吾尔自治区农业厅归口。

本标准主要起草单位：新疆维吾尔自治区果蔬标准化研究中心、新疆农业科学院园艺作物研究所、吐鲁番地区质量技术监督局、乌鲁木齐绿宝康服务有限公司。

本标准主要起草人：李瑜、王浩、文光哲、朱翔、杨猛、曹燕、庄红梅、许山根、牛慧玲、文红梅、李统中、张丽。

有机产品 日光温室春萝卜生产技术规程

1 范围

本标准规定了日光温室(以下简称温室)春萝卜有机生产的术语和定义、产地环境、生产技术、采收和有机生产记录的要求。

本标准适用于温室春萝卜的有机生产。

2 规范性引用文件

下列文件中的条款通过本标准的引用而成为本标准的条款。凡是注日期的引用文件,其随后所有的修改(不包括勘误的内容)或修订版均不适用于本标准。凡是不注日期的引用文件,其最新版本(包括所有的修改单)适用于本标准。

GB 3095 环境空气质量标准

GB 5084 农田灌溉水环境质量标准

GB 9137 保护农作物的大气污染物最高允许浓度

GB 15618 土壤环境质量标准

GB 16715.2—2010 瓜菜作物种子 第2部分:白菜类

3 术语和定义

下列术语和定义适用于本文件。

3.1

有机产品 organic products

生产、加工、销售过程符合本标准的供人类消费、动物食用的产品。

3.2

春萝卜 spring radish

春萝卜是指春季播种的萝卜或四季萝卜,多属于小型品种,冬性强,耐抽薹。

3.3

日光温室 sunlight greenhouse

以日光为主要能源的温室,一般由透光前坡、外保温帘(被)、后坡、后墙、山墙和操作间组成。基本朝向坐北朝南,东西延伸。围护结构具有保温和蓄热的双重功能,适用于冬季寒冷,但光照充足地区反季节种植蔬菜、花卉和瓜果。

3.4

常规 conventional

生产体系及其产品未获得有机认证或未开始有机转换认证。

3.5

缓冲带 buffer zone

在有机和常规地块之间有目的设置的、可明确界定的用来限制或阻挡邻近田块的禁用物质漂移的过渡区域。

4 产地环境

温室春萝卜有机生产需要在适宜的环境条件下进行，生产基地应远离城区、工矿区、交通主干线、工业污染源、生活垃圾场等。

生产基地内的环境质量应符合以下要求：

——土壤环境质量符合 GB 15618 中的二级标准；

——农田灌溉用水水质符合 GB 5084 的规定；

——环境空气质量符合 GB 3095 中的二级标准；

——温室春萝卜生产的大气污染最高允许浓度符合 GB 9137 的规定。

5 生产技术

5.1 栽培季节与茬口安排

在日光温室以冬春季栽培为主，作为主茬蔬菜间套种或调配茬口复播品种。一般在 12 月到次年 3 月均可播种，生育期 40 d～60 d，2 月～5 月采收上市。

5.2 品种选择

春萝卜要选择适应性强、冬性强、耐抽薹，低温生长快、品质好、抗病性强的品种，如四季萝卜、春夏萝卜等。种子质量应符合 GB 16715.2—2010 的规定。禁止使用经禁用物质和方法处理的萝卜种子。

5.3 播种前的准备

5.3.1 土壤和温室消毒

在 7 月～8 月高温休闲季节，将土壤翻耕后覆盖地膜，利用太阳能晒土高温杀菌。具体方法：将农家肥施入土壤，深翻，灌透水，土壤表面盖地膜或旧棚膜，扣棚膜，密封棚室，高温消毒。

5.3.2 整地施肥

温室有机春萝卜栽培以堆肥、畜禽粪、饼肥、绿肥等为主，结合深翻土地，施充分腐熟的优质有机肥 3 000 kg/666.7 m^2～4 000 kg/666.7 m^2，饼肥 100 kg/667 m^2，结合整地与土壤混匀。

5.3.3 做畦

单作春萝卜一般采取平畦栽培，当温室内土壤达到宜耕期后，深翻 25 cm 左右，耙平整细。南北向作畦，畦宽 1.5 m～2.0 m。间作套种春萝卜依照主茬蔬菜整地起垄。

5.4 适期播种

温室春萝卜多采用撒播或条播的方式，小型的四季萝卜畦面撒播，定苗株行距保持 5 cm～7 cm；条播行距 8 cm～10 cm，干籽直播。撒播种子用量 1 kg/666.7 m^2，条播 0.5 kg/666.7 m^2～0.8 kg/666.7 m^2。间套种一般在主栽蔬菜垄上中间或垄的两侧，条播或穴播春萝卜，穴播穴距 5 cm～7 cm，3 粒/穴～4 粒/穴种子。

5.5 栽培管理

5.5.1 温度和光照管理

春萝卜较耐低温，叶从生长适温 15 ℃～20 ℃，肉质根生长适温 13 ℃～18 ℃，高于 25 ℃生长不良。温室栽培当外界最低气温降至 5 ℃～6 ℃时，扣上无滴膜，当外界最低气温降至－2 ℃～3 ℃时应加盖草帘或棉被保温。

5.5.2 水肥管理与间苗

春萝卜肉质根生长的土壤相对含水量为 65%～80%，全生育期应保持土壤湿润，肉质根膨大期水分不均易出现裂根。一般在第一片真叶和 2 真叶～3 真叶期分别间苗 1 次，5 叶～6 叶期定苗，对于小型的四季萝卜可以随着分期采收间苗。春萝卜生长期短，基肥充足一般不施肥，也可在破肚期随着浇水追肥 1 次，以农家液态有机肥为主，也可选择沼液或有机肥浸出液随着浇水施入。

5.6 病虫害防治

5.6.1 主要病虫害

5.6.1.1 主要病害：病毒病、霜霉病、软腐病、黑腐病等。

5.6.1.2 主要虫害：蚜虫、菜螟、菜青虫等。

5.6.2 防治原则

病虫害防治的基本原则应是从春萝卜病虫害整个生态系统出发，综合运用各种防治措施，创造不利于病虫害孳生和有利于各类天敌繁衍的环境条件，保持农业生态系统的平衡和生物多样化，减少各类病虫害所造成的损失。优先选用农业防治，合理使用物理防治、生物防治和药剂防治。

5.6.3 农业防治

5.6.3.1 保持温室清洁。搞好温室清洁是消灭春萝卜病虫害的根本措施，将摘除的残株、病株、烂叶、杂草等清扫干净，集中烧毁或深埋，减轻病虫害的繁衍危害。在生长季节发现病害时，也要及时仔细地摘除病叶、病株，并立即销毁，防止再传播蔓延。

5.6.3.2 改善通风透光条件。春萝卜种植密度较大，生长期间可视情况间苗或分期采收，减少田间郁闭。结合温湿度管理，调节风口使通气流畅，降低空气湿度。

5.6.3.3 加强温度管理。生长期保持白天棚内温度 15 ℃～20 ℃，夜晚 13 ℃～18 ℃。

5.6.3.4 加强肥水管理。保证足够数量的充分腐熟的有机肥，维持和提高土壤肥力、营养平衡和生物活性，补充土壤有机质和养分从而补充因前茬收获而从土壤中带走的有机质和土壤养分，可使春萝卜生长健壮，提高抗病虫的能力。实行轮作栽培。

5.6.3.5 加强设施防护。为减少外来病虫害的侵入，应在温室上通风口和下通风口设置防虫网，阻止病虫害的迁入危害。

5.6.3.6 选用抗病虫害品种。

5.6.4 生物防治

利用天敌昆虫防治春萝卜害虫，如瓢虫防治蚜虫等，选用生物源制剂防治病虫害。可选用苏云金杆菌、苦参碱、印楝素等防治蚜虫和菜青虫、菜螟等，选用铜盐制剂、枯草芽孢杆菌或武夷霉素等防治霜霉病、软腐病等。

5.6.5 物理防治

利用病原、害虫对温度、光谱、声响等的特异反应和耐受能力,杀死或驱避有害生物,如温室外安装黑光灯、温室内悬挂黄板等,利用灯光、色彩诱杀害虫等。

5.6.5.1 黄板诱杀蚜虫

温室内运用黄板诱杀蚜虫,悬挂黄色粘虫板 30 块/666.7 m^2～40 块/666.7 m^2。

5.6.5.2 阻隔防蚜和驱避防蚜

5.6.5.2.1 在棚室放风口处设防虫网防止蚜虫迁入,悬挂银灰色条膜驱避蚜虫。

5.6.5.2.2 以上方法不能有效控制病虫害时,允许使用附录 B 所列出的物质。使用附录 B 未列入的物质时,应由认证机构按照附录 C 的准则对该物质进行评估。

5.7 污染控制

5.7.1 有机地块与常规地块的排灌系统应有有效的隔离措施,以保证常规农田的水不会渗透或漫入有机地块。

5.7.2 常规农业系统中的设备在用于有机生产前,应得到充分清洗,去除污染物残留。

5.7.3 在使用保护性的建筑覆盖物、塑料薄膜、防虫网时,只允许选择聚乙烯、聚丙烯或聚碳酸酯类产品,并且使用后应从土壤中清除。禁止焚烧,禁止使用聚氯类产品。

5.7.4 有机产品的农药残留不能超过国家食品卫生标准相应产品限值的 5%,重金属含量也不能超过国家食品卫生标准相应产品的限值。

6 采收

春萝卜生长期较短,从播种到采收需 40 d～60 d,可根据长势、茬口调配和市场需要及时分期采收,新鲜产品上市,采收过晚,容易抽薹,降低品质。

7 有机生产记录

7.1 认证记录的保存

产品生产、收获和经营的操作记录必须保存好。且这些记录必须能详细记录被认证操作的各项活动和交易情况,以备检查和核实,记录要足以证实完全遵守有机生产标准的各项条例,且被保存至少 5 年。

7.2 提供文件清单

7.2.1 一般资料

包括技术负责人姓名、地址、电话或传真、种植面、有机耕作面积及作物种类。

7.2.2 农田描述

包括田块图和地点详图、田块清单和历史记录、设备表。

7.2.3 生产描述

包括要认证的产品清单、估计的年产量、栽培技术、测试分析、田间农事记录。

7.3 投入和销售

包括种子、肥料、病虫害防治材料、农业投入、标签、服务。销售包括产品、数量、保证书、顾客。

7.4 控制与认证

包括遵守有机生产技术规程、检查报告、认证证书等。

附 录 A
（规范性附录）
有机作物种植允许使用的土壤培肥和改良物质

A.1 有机作物种植允许使用的土壤培肥和改良物质见表 A.1。

表 A.1 有机作物种植允许使用的土壤培肥和改良物质

物质类别		物质名称、组分和要求	使用条件
植物和动物来源	有机农业体系内	作物秸秆和绿肥	
		畜禽粪便及其堆肥（包括圈肥）	
	有机农业体系以外	秸秆	与动物粪便堆制并充分腐熟后
		畜禽粪便及其堆肥	满足堆肥的要求
		干的农家肥和脱水的家畜粪便	满足堆肥的要求
		海草或物理方法生产的海草产品	未经过化学加工处理
		来自未经化学处理木材的木料、树皮、锯屑、刨花、木灰、木炭及腐殖酸物质	地面覆盖或堆制后作为有机肥源
		未掺杂防腐剂的肉、骨头和皮毛制品	经过堆制或发酵处理后
		蘑菇培养废料和蚯蚓培养基质的堆肥	满足堆肥的要求
		不含合成添加剂的食品工业副产品	应经过堆制或发酵处理后
		草木灰	
		不含合成添加剂的泥炭	禁止用于土壤改良；只允许作为盆栽基质使用
		饼粕	不能使用经化学方法加工的
		鱼粉	未添加化学合成的物质
矿物来源	磷矿石		应当是天然的，应当是物理方法获得的，五氧化二磷中镉含量小于等于 90 mg/kg
	钾矿粉		应当是物理方法获得的，不能通过化学方法浓缩。氯的含量少于 60%
	硼酸岩		
	微量元素		天然物质或来自未经化学处理、未添加化学合成物质
	镁矿粉		天然物质或来自未经化学处理、未添加化学合成物质
	天然硫磺		
	石灰石、石膏和白垩		天然物质或来自未经化学处理、未添加化学合成物质
	黏土（如珍珠岩、蛭石等）		天然物质或来自未经化学处理、未添加化学合成物质
	氯化钙、氯化钠		
	窑灰		未经化学处理、未添加化学合成物质
	钙镁改良剂		
	泻盐类（含水硫酸岩）		
微生物来源	可生物降解的微生物加工副产品，如酿酒和蒸馏酒行业的加工副产品		
	天然存在的微生物配制的制剂		

附　录　B
（规范性附录）
有机作物种植允许使用的植物保护产品和措施

B.1　有机作物允许使用的植物保护产品物质和措施见表B.1。

表B.1　有机作物种植允许使用的植物保护产品物质和措施

物质类别	物质名称、组分要求	使　用　条　件
植物和动物来源	印楝树提取物(Neem)及其制剂	
	天然除虫菊(除虫菊科植物提取液)	
	苦楝碱(苦木科植物提取液)	
	鱼藤酮类(毛鱼藤)	
	苦参及其制剂	
	植物油及其乳剂	
	植物制剂	
	植物来源的驱避剂(如薄荷、熏衣草)	
	天然诱集和杀线虫剂（如万寿菊、孔雀草）	
	天然酸(如食醋、木醋和竹醋等)	
	蘑菇的提取物	
	牛奶及其奶制品	
	蜂蜡	
	蜂胶	
	明胶	
	卵磷脂	
矿物来源	铜盐(如硫酸铜、氢氧化铜、氯氧化铜、辛酸铜等)	不得对土壤造成污染
	石灰硫磺(多硫化钙)	
	波尔多液	
	石灰	
	硫磺	
	高锰酸钾	
	碳酸氢钾	
	碳酸氢钠	
	轻矿物油(石蜡油)	
	氯化钙	
	硅藻土	
	黏土(如斑脱土、珍珠岩、蛭石、沸石等)	
	硅酸盐(硅酸钠,石英)	

表 B.1（续）

物质类别	物质名称、组分要求	使 用 条 件
微生物来源	真菌及真菌制剂（如白僵菌、轮枝菌）	
	细菌及细菌制剂（如苏云金杆菌，即 BT）	
	释放寄生、捕食、绝育型的害虫天敌	
	病毒及病毒制剂（如颗粒体病毒等）	
其他	氢氧化钙	
	二氧化碳	
	乙醇	
	海盐和盐水	
	苏打	
	软皂（钾肥皂）	
	二氧化硫	
诱捕器、屏障、驱避剂	物理措施（如色彩诱器、机械诱捕器等）	
	覆盖物（网）	
	昆虫性外激素	仅用于诱捕器和散发皿内
	四聚乙醛制剂	驱避高等动物

附　录　C
（规范性附录）
评估有机生产中使用其他物质的准则

在附录A和附录B涉及有机农业中用于培肥和植物病虫害防治的产品不能满足要求的情况下，可以根据本附录描述的评估准则对有机农业中使用除附录A和附录B以外的其他物质进行评估。

C.1　原则

C.1.1　土壤培肥和土壤改良允许使用的物质

C.1.1.1　为达到或保持土壤肥力或为满足特殊的营养要求，而为特定的土壤改良和轮作措施所必需的，本标准附录A和本标准概述的方法所不可能满足和替代的物质。

C.1.1.2　该物质来自植物、动物、微生物或矿物，并允许经过如下处理：

a）物理（机械，热）处理；

b）酶处理；

c）微生物（堆肥，消化）处理。

C.1.1.3　经可靠的试验数据证明该物质的使用应不会导致或产生对环境的不能接受的影响或污染，包括对土壤生物的影响和污染。

C.1.1.4　该物质的使用不应对最终产品的质量和安全性产生不可接受的影响。

C.1.2　控制植物病虫草害所允许使用的物质表时使用

C.1.2.1　该物质是防治有害生物或特殊病害所必需的，而且除此物质外没有其他生物的、物理的方法或植物育种替代方法和（或）有效管理技术可用于防治这类有害生物或特殊病害。

C.1.2.2　该物质（活性化合物）源自植物、动物、微生物或矿物，并可经过以下处理：

a）物理处理；

b）酶处理；

c）微生物处理。

C.1.2.3　有可靠的试验结果证明该物质的使用应不会导致或产生对环境的不能接受的影响或污染。

C.1.2.4　如果某物质的天然形态数量不足，可以考虑使用与该自然物质的性质相同的化学合成物质，如化学合成的外激素（性诱剂），但前提是其使用不会直接或间接造成环境或产品污染。

C.2　评估程序

C.2.1　必要性

只有在必要的情况下才能使用某种投入物质。投入某物质的必要性可从产量、产品质量、环境安全性、生态保护、景观、人类和动物的生存条件等方面进行评估。

某投入物质的使用可限制于：

a）特种农作物（尤其是多年生农作物）；

b）特殊区域；

c）可使用该投入物质的特殊条件。

C.2.2 投入物质的性质和生产方法

C.2.2.1 投入物质的性质

C.2.2.1.1 投入物质的来源一般应来源于(按先后选用顺序):

a) 有机物(植物、动物、微生物);

b) 矿物。

C.2.2.1.2 可以使用等同于天然产品的化学合成物质。

C.2.2.1.3 在可能的情况下,应优先选择使用可再生的投入物质。其次应选择矿物源的投入物质,而第三选择是化学性质等同天然产品的投入物质。在允许使用化学性质等同的投入物质时需要考虑其在生态上、技术上或经济上的理由。

C.2.2.2 生产方法

投入物质的配料可以经过以下处理:

a) 机械处理;

b) 物理处理;

c) 酶处理;

d) 微生物作用处理;

e) 化学处理(作为例外并受限制)。

C.2.2.3 采集

构成投入物质的原材料采集不得影响自然生境的稳定性,也不得影响采集区内任何物种的生存。

C.2.3 环境安全性

C.2.3.1 投入物质不得危害环境或对环境产生持续的负面影响。投入物质也不应造成对地面水、地下水、空气或土壤的不可接受的污染。应对这些物质的加工、使用和分解过程的所有阶段进行评价。

C.2.3.2 必须考虑投入物质的以下特性:

C.2.3.2.1 可降解性

a) 所有投入物质必须可降解为二氧化碳、水和(或)其矿物形态。

b) 对非靶生物有高急性毒性的投入物质的半衰期最多不能超过5 d。

c) 对作为投入的无毒天然物质没有规定的降解时限要求。

C.2.3.2.2 对非靶生物的急性毒性

当投入物质对非靶生物有较高急性毒性时,需要限制其使用。应采取措施保证这些非靶生物的生存。可规定最大允许使用量。如果无法采取可以保证非靶生物生存的措施,则不得使用该投入物质。

C.2.3.2.3 长期慢性毒性

不得使用会在生物或生物系统中蓄积的投入物质,也不得使用已经知道有或怀疑有诱变性或致癌性的投入物质。如果投入这些物质会产生危险,应采取足以使这些危险降至可接受水平和防止长时间持续负面环境影响的措施。

C.2.3.2.4 化学合成产品和重金属

C.2.3.2.4.1 投入物质中不应含有致害量的化学合成物质(异生化合制品)。仅在其性质完全与自然

界的产品相同时，才可允许使用化学合成的产品。

C.2.3.2.4.2　投入的矿物质中的重金属含量应尽可能地少。由于缺乏代用品以及在有机农业中已经被长期、传统地使用，铜和铜盐目前尚是一个例外。但任何形态的铜在有机农业中的使用应视为临时性允许使用，并且就其环境影响而言，应限制使用。

C.2.4　对人体健康和产品质量的影响

C.2.4.1　人体健康

投入物质必须对人体健康无害。应考虑投入物质在加工、使用和降解过程中的所有阶段的情况，应采取降低投入物质使用危险的措施，并制定投入物质在有机农业中使用的标准。

C.2.4.2　产品质量

投入物质对产品质量(如味道，保质期和外观质量等)不得有负面影响。

C.2.5　伦理方面——动物生存条件

投入物质对农场饲养的动物的自然行为或机体功能不得有负面影响。

C.2.6　社会经济方面

消费者的感官：投入的物质不应造成有机产品的消费者对有机产品的抵触或反感。消费者可能会认为某投入物质对环境或人体健康是不安全的，尽管这在科学上可能尚未得到证实。投入物质的问题(例如基因工程问题)不应干扰人们对天然或有机产品的总体感觉或看法。

ICS 65.020.20
B 05

DB65

新疆维吾尔自治区地方标准

DB65/T 3763—2015

有机产品　日光温室菜豆生产技术规程

Organic products　technique regulations for greenhouse kidney bean production

2015-09-30 发布　　2015-11-01 实施

新疆维吾尔自治区质量技术监督局　发布

前　言

本标准按照 GB/T 1.1—2009 给出的规则起草。

本标准由新疆维吾尔自治区果蔬标准化研究中心提出。

本标准由新疆维吾尔自治区农业厅归口。

本标准主要起草单位:新疆维吾尔自治区果蔬标准化研究中心、新疆农业科学院园艺作物研究所、吐鲁番地区质量技术监督局、乌鲁木齐绿宝康服务有限公司。

本标准主要起草人:王浩、李瑜、杨猛、郭鑫、哈里旦·艾比布拉、文光哲、庄红梅、许山根、牛慧玲、文红梅、李统中、张丽。

有机产品　日光温室菜豆生产技术规程

1　范围

本标准规定了日光温室(以下简称温室)菜豆有机生产的术语和定义、产地环境、生产技术、采收和有机生产记录的要求。

本标准适用于温室菜豆的有机生产。

2　规范性引用文件

下列文件中的条款通过本标准的引用而成为本标准的条款。凡是注日期的引用文件,其随后所有的修改(不包括勘误的内容)或修订版均不适用于本标准。凡是不注日期的引用文件,其最新版本(包括所有的修改单)适用于本标准。

GB 3095　环境空气质量标准

GB 5084　农用灌溉水环境质量标准

GB 9137　保护农作物的大气污染物最高允许浓度

GB 15618　土壤环境质量标准

GB/T 19630.1—2011　有机产品　第1部分:生产

3　术语和定义

下列术语和定义适用于本文件。

3.1

有机产品　organic products

生产、加工、销售过程符合本标准的供人类消费、动物食用的产品。

3.2

日光温室　sunlight greenhouse

以日光为主要能源的温室,一般由透光前坡、外保温帘(被)、后坡、后墙、山墙和操作间组成。基本朝向坐北朝南,东西延伸。围护结构具有保温和蓄热的双重功能,适用于冬季寒冷,但光照充足地区反季节种植蔬菜、花卉和瓜果。

3.3

常规　conventional

生产体系及其产品未获得有机认证或未开始有机转换认证。

3.4

缓冲带　buffer zone

在有机和常规地块之间有目的设置的、可明确界定的用来限制或阻挡邻近田块的禁用物质漂移的过渡区域。

4　产地环境

温室菜豆有机生产需要在适宜的环境条件下进行,生产基地应远离城区、工矿区、交通主干线、工业污染源、生活垃圾场等。

生产基地内的环境质量应符合以下要求：

——土壤环境质量符合 GB 15618 中的二级标准；

——农田灌溉用水水质符合 GB 5084 的规定；

——环境空气质量符合 GB 3095 中的二级标准；

——温室菜豆生产的大气污染最高允许浓度符合 GB 9137 的规定。

5 生产技术

5.1 栽培季节与茬口安排

在日光温室栽培菜豆，一般以秋冬茬和冬春茬栽培为主。既可以单作，也可以与其它蔬菜间作套种栽培。秋冬茬栽培一般在 8 月播种，10 月～12 月陆续采收；冬春茬一般 1 月下旬至 2 月上旬播种，3 月～5 月采收。

5.2 品种选择

应选择适应当地土壤和气候特点，适应性强、抗病性好、采收期长、高产优质、商品性好的品种。生产上栽培的品种主要有矮生菜豆和蔓生菜豆，温室栽培以蔓生品种为主。菜豆品种间差异也很大，仅豆荚就有宽扁状、圆棒状，翠绿色、白绿色等，应根据市场需求选择栽培品种。禁止使用经禁用物质和方法处理的菜豆种子。

5.3 播种或育苗

温室栽培菜豆，可以干籽直播也可以育苗移栽。育苗可选择应用纸筒或营养钵有机基质育苗，在设施齐全、环境良好的育苗温室内进行，并对育苗设施进行消毒处理，创造适合秧苗生长发育的环境条件。

5.3.1 营养钵与基质的准备

一般选择直径 8 cm～10 cm 的纸筒或营养钵，选择优质成品的商品基质，基质的制作与质量满足育苗所需的营养，需符合 GB 19630.1 土肥管理的要求。先将基质预湿至含水量 60%～70%，然后装满营养钵，覆盖地膜保湿待播种。

5.3.2 种子处理

将选好的菜豆种子放入 50 ℃～55 ℃的温水中，搅拌水温至 30 ℃左右浸种，待种子吸饱水，捞出、沥干即可播种。

5.3.3 播种

播种期根据茬口安排确定，一般采取穴播的方式，每穴或每钵 4 粒～5 粒种子，用种量约 4 kg/666.7 m^2～5 kg/666.7 m^2，播深 2 cm～3 cm。

5.3.4 苗期管理

播种后用地膜覆盖保湿，高温季节播种的，需要遮阴降温。出苗前保持室内气温 25 ℃～30 ℃，出苗后，通风降温、炼苗，预防高脚苗。生长期间保持白天温度 20 ℃～25 ℃，夜间 10 ℃～15 ℃，苗龄约 20 d 左右，第一片复叶展开即可定植。

5.4 定植或直播

5.4.1 定植前准备

5.4.1.1 土壤和温室消毒

在7月～8月高温休闲季节，将土壤翻耕后覆盖地膜，利用太阳能晒土高温杀菌。具体方法：将农家肥施入土壤，深翻，灌透水，土壤表面盖地膜或旧棚膜，扣棚膜，密封棚室，高温消毒。

5.4.1.2 整地施肥

以堆肥、畜禽粪、饼肥、绿肥等为主，结合深翻土地，施腐熟的优质有机肥4 000 kg/666.7 m^2～5 000 kg/666.7 m^2，饼肥100 kg/667 m^2，结合整地与土壤混匀。

5.4.1.3 起垄

温室内土壤达到宜耕期后，深翻25 cm左右，整细耙平。温室菜豆一般选择起垄栽培，南北向起垄，垄宽0.7 m，垄距0.5 m，垄上覆盖地膜。

5.4.2 定植或播种

温室栽培菜豆一般采取穴播或挖穴定植，垄上两侧双行播种或定植，播种4粒/穴～5粒/穴或定植4株/穴～5株/穴，垄上行距50 cm，穴距30 cm～35 cm，定植或播种2 500穴/666.7 m^2～3 000穴/666.7 m^2，保苗10 000株～12 000株。播深2 cm～3 cm，定植深度不超过子叶节。

5.5 定植后的管理

5.5.1 温度和光照管理

秋冬茬播种或定植时外界温度还高，蒸发较快，注意保墒出苗，定植后遮荫防晒。当外界最低气温降至5 ℃～6 ℃时，扣上无滴膜，当外界最低气温降至－2 ℃～3 ℃时应加盖草帘或棉被保温。早春茬播种或定植后要注意保温，提高地温，高温出苗或缓苗。菜豆生长期间保持白天棚内20 ℃～25 ℃，夜晚10 ℃～15 ℃。每天揭盖棉被，擦洗棚膜，保持光照条件良好。

5.5.2 吊绳引蔓

温室栽培的菜豆是蔓生品种，当菜豆开始抽蔓时就要准备好吊绳，进入甩蔓期即将吊绳下端绑系在植株的基部，或在穴旁插一根短木棍用以绑绳。按逆时针方向进行人工引蔓，防止茎蔓互相缠绕，一穴设置吊绳一根。

5.5.3 水肥管理

菜豆定植缓苗后至开花结荚前，控制浇水，中耕蹲苗。开花以后植株进入旺盛生长期，当幼荚长到3 cm～4 cm时，每个5 d～7 d浇水1次，结合浇水追肥。进入采收期，每采收1次即浇水1次，追肥以腐熟农家有机液肥为主。高温季节采取小水勤浇，早上和傍晚浇水。

5.6 病虫害防治

5.6.1 主要病虫害

5.6.1.1 主要病害：炭疽病、锈病、根腐病、疫病、病毒病等。

5.6.1.2 主要虫害：豆蚜、斑潜蝇、白粉虱、红蜘蛛等。

5.6.2 防治原则

病虫害防治的基本原则应是从菜豆病虫害整个生态系统出发，综合运用各种防治措施，创造不利于病虫害孳生和有利于各类天敌繁衍的环境条件，保持农业生态系统的平衡和生物多样化，减少各类病虫害所造成的损失。优先选用农业防治，合理使用物理防治、生物防治和药剂防治。

5.6.3 农业防治

5.6.3.1 保持温室清洁。搞好温室清洁是消灭菜豆病虫害的根本措施，将摘除的残株、病株、烂叶、杂草等清扫干净，集中烧毁或深埋，减轻病虫害的繁衍危害。在生长季节发现病害时，也要及时仔细地摘除病叶、病株，并立即销毁，防止再传播蔓延。
5.6.3.2 改善通风透光条件。菜豆蔓生缠绕，密度较大，生长期间可视情况摘除靠近地面的老叶、黄叶、病残叶片，减少田间郁闭，改善通风透光条件。结合温湿度管理，调节温室风口，使通气流畅，降低空气湿度。
5.6.3.3 加强温度管理。生长期保持白天棚内温度 20 ℃～25 ℃，夜晚 10 ℃～15 ℃。
5.6.3.4 加强肥水管理。保证足够数量的充分腐熟的有机肥，维持和提高土壤肥力、营养平衡和生物活性，补充土壤有机质和养分从而补充因前茬收获而从土壤中带走的有机质和土壤养分，可使菜豆生长健壮，提高抗病虫的能力。实行轮作栽培。
5.6.3.5 加强设施防护。为减少外来病虫害的侵入，应在温室上通风口和下通风口设置防虫网，阻止病虫害的迁入危害。
5.6.3.6 选用抗病虫害品种。选用耐病抗病品种，培育适龄壮苗。

5.6.4 生物防治

利用天敌昆虫防治菜豆害虫，如瓢虫防治蚜虫、丽蚜小蜂防治白粉虱、捕食螨防治红蜘蛛等，选用等生物源制剂防治病虫害。可选用苏云金杆菌、苦参碱、印楝素等防治蚜虫和斑潜蝇，选用铜盐制剂、枯草芽孢杆菌或武夷霉素等防治细菌性疫病、炭疽病、锈病等。

5.6.5 物理防治

利用病原、害虫对温度、光谱、声响等的特异反应和耐受能力，杀死或驱避有害生物，如温室外安装黑光灯、温室内悬挂黄板等，利用灯光、色彩诱杀害虫等。

5.6.5.1 黄板诱杀蚜虫、斑潜蝇、白粉虱

温室内运用黄板诱杀蚜虫和斑潜蝇、白粉虱，悬挂黄色粘虫板 30 块/666.7 m^2～40 块/666.7 m^2。

5.6.5.2 阻隔防蚜、白粉虱和驱避防蚜和白粉虱

5.6.5.2.1.1 在棚室放风口处设防虫网防止蚜虫、白粉虱迁入，悬挂银灰色条膜驱避蚜虫。
5.6.5.2.1.2 以上方法不能有效控制病虫害时，允许使用附录 B 所列出的物质。使用附录 B 未列入的物质时，应由认证机构按照附录 C 的准则对该物质进行评估。

5.7 污染控制

5.7.1 有机地块与常规地块的排灌系统应有有效的隔离措施，以保证常规农田的水不会渗透或漫入有机地块。
5.7.2 常规农业系统中的设备在用于有机生产前，应得到充分清洗，去除污染物残留。
5.7.3 在使用保护性的建筑覆盖物、塑料薄膜、防虫网时，只允许选择聚乙烯、聚丙烯或聚碳酸酯类产

品，并且使用后应从土壤中清除。禁止焚烧，禁止使用聚氯类产品。

5.7.4 有机产品的农药残留不能超过国家食品卫生标准相应产品限值的5％，重金属含量也不能超过国家食品卫生标准相应产品的限值。

6 采收

从播种到采收，蔓生菜豆一般60 d～70 d。开花后10 d～15 d，嫩荚充分长大，豆粒刚开始发育，荚壁肉质细嫩、纤维少时为采收最适期。

7 有机生产记录

7.1 认证记录的保存

产品生产、收获和经营的操作记录必须保存好。且这些记录必须能详细记录被认证操作的各项活动和交易情况，以备检查和核实，记录要足以证实完全遵守有机生产标准的各项条例，且被保存至少5年。

7.2 提供文件清单

7.2.1 一般资料

包括技术负责人姓名、地址、电话或传真、种植面、有机耕作面积及作物种类。

7.2.2 农田描述

包括田块图和地点详图、田块清单和历史记录、设备表。

7.2.3 生产描述

包括要认证的产品清单、估计的年产量、栽培技术、测试分析、田间农事记录。

7.3 投入和销售

包括种子、肥料、病虫害防治材料、农业投入、标签、服务。销售包括产品、数量、保证书、顾客。

7.4 控制与认证

包括遵守有机生产技术规程、检查报告、认证证书等。

附 录 A
（规范性附录）
有机作物种植允许使用的土壤培肥和改良物质

A.1 有机作物种植允许使用的土壤培肥和改良物质见表A.1。

表A.1 有机作物种植允许使用的土壤培肥和改良物质

<table>
<tr><th colspan="2">物质类别</th><th>物质名称、组分和要求</th><th>使 用 条 件</th></tr>
<tr><td rowspan="15">植物和动物来源</td><td rowspan="2">有机农业体系内</td><td>作物秸秆和绿肥</td><td></td></tr>
<tr><td>畜禽粪便及其堆肥（包括圈肥）</td><td></td></tr>
<tr><td rowspan="13">有机农业体系以外</td><td>秸秆</td><td>与动物粪便堆制并充分腐熟后</td></tr>
<tr><td>畜禽粪便及其堆肥</td><td>满足堆肥的要求</td></tr>
<tr><td>干的农家肥和脱水的家畜粪便</td><td>满足堆肥的要求</td></tr>
<tr><td>海草或物理方法生产的海草产品</td><td>未经过化学加工处理</td></tr>
<tr><td>来自未经化学处理木材的木料、树皮、锯屑、刨花、木灰、木炭及腐殖酸物质</td><td>地面覆盖或堆制后作为有机肥源</td></tr>
<tr><td>未搀杂防腐剂的肉、骨头和皮毛制品</td><td>经过堆制或发酵处理后</td></tr>
<tr><td>蘑菇培养废料和蚯蚓培养基质的堆肥</td><td>满足堆肥的要求</td></tr>
<tr><td>不含合成添加剂的食品工业副产品</td><td>应经过堆制或发酵处理后</td></tr>
<tr><td>草木灰</td><td></td></tr>
<tr><td>不含合成添加剂的泥炭</td><td>禁止用于土壤改良；只允许作为盆栽基质使用</td></tr>
<tr><td>饼粕</td><td>不能使用经化学方法加工的</td></tr>
<tr><td>鱼粉</td><td>未添加化学合成的物质</td></tr>
<tr><td rowspan="13">矿物来源</td><td colspan="2">磷矿石</td><td>应当是天然的，应当是物理方法获得的，五氧化二磷中镉含量小于等于90 mg/kg</td></tr>
<tr><td colspan="2">钾矿粉</td><td>应当是物理方法获得的，不能通过化学方法浓缩。氯的含量少于60%</td></tr>
<tr><td colspan="2">硼酸岩</td><td></td></tr>
<tr><td colspan="2">微量元素</td><td>天然物质或来自未经化学处理、未添加化学合成物质</td></tr>
<tr><td colspan="2">镁矿粉</td><td>天然物质或来自未经化学处理、未添加化学合成物质</td></tr>
<tr><td colspan="2">天然硫磺</td><td></td></tr>
<tr><td colspan="2">石灰石、石膏和白垩</td><td>天然物质或来自未经化学处理、未添加化学合成物质</td></tr>
<tr><td colspan="2">黏土（如珍珠岩、蛭石等）</td><td>天然物质或来自未经化学处理、未添加化学合成物质</td></tr>
<tr><td colspan="2">氯化钙、氯化钠</td><td></td></tr>
<tr><td colspan="2">窑灰</td><td>未经化学处理、未添加化学合成物质</td></tr>
<tr><td colspan="2">钙镁改良剂</td><td></td></tr>
<tr><td colspan="2">泻盐类（含水硫酸岩）</td><td></td></tr>
<tr><td colspan="2"></td><td></td></tr>
<tr><td rowspan="2">微生物来源</td><td colspan="2">可生物降解的微生物加工副产品，如酿酒和蒸馏酒行业的加工副产品</td><td></td></tr>
<tr><td colspan="2">天然存在的微生物配制的制剂</td><td></td></tr>
</table>

附　录　B
（规范性附录）
有机作物种植允许使用的植物保护产品和措施

B.1　有机作物允许使用的植物保护产品物质和措施见表 B.1。

表 B.1　有机作物种植允许使用的植物保护产品物质和措施

物质类别	物质名称、组分要求	使　用　条　件
植物和动物来源	印楝树提取物(Neem)及其制剂	
	天然除虫菊(除虫菊科植物提取液)	
	苦楝碱(苦木科植物提取液)	
	鱼藤酮类(毛鱼藤)	
	苦参及其制剂	
	植物油及其乳剂	
	植物制剂	
	植物来源的驱避剂(如薄荷、熏衣草)	
	天然诱集和杀线虫剂(如万寿菊、孔雀草)	
	天然酸(如食醋、木醋和竹醋等)	
	蘑菇的提取物	
	牛奶及其奶制品	
	蜂蜡	
	蜂胶	
	明胶	
	卵磷脂	
矿物来源	铜盐(如硫酸铜、氢氧化铜、氯氧化铜、辛酸铜等)	不得对土壤造成污染
	石灰硫磺(多硫化钙)	
	波尔多液	
	石灰	
	硫磺	
	高锰酸钾	
	碳酸氢钾	
	碳酸氢钠	
	轻矿物油(石蜡油)	
	氯化钙	
	硅藻土	
	黏土(如斑脱土、珍珠岩、蛭石、沸石等)	
	硅酸盐(硅酸钠,石英)	

表 B.1（续）

物质类别	物质名称、组分要求	使用条件
微生物来源	真菌及真菌制剂(如白僵菌、轮枝菌)	
	细菌及细菌制剂(如苏云金杆菌，即 BT)	
	释放寄生、捕食、绝育型的害虫天敌	
	病毒及病毒制剂(如颗粒体病毒等)	
其他	氢氧化钙	
	二氧化碳	
	乙醇	
	海盐和盐水	
	苏打	
	软皂(钾肥皂)	
	二氧化硫	
诱捕器、屏障、驱避剂	物理措施(如色彩诱器、机械诱捕器等)	
	覆盖物(网)	
	昆虫性外激素	仅用于诱捕器和散发皿内
	四聚乙醛制剂	驱避高等动物

附　录　C
（规范性附录）
评估有机生产中使用其他物质的准则

在附录A和附录B涉及有机农业中用于培肥和植物病虫害防治的产品不能满足要求的情况下，可以根据本附录描述的评估准则对有机农业中使用除附录A和附录B以外的其他物质进行评估。

C.1　原则

C.1.1　土壤培肥和土壤改良允许使用的物质

C.1.1.1　为达到或保持土壤肥力或为满足特殊的营养要求，而为特定的土壤改良和轮作措施所必需的，本标准附录A和本标准概述的方法所不可能满足和替代的物质。

C.1.1.2　该物质来自植物、动物、微生物或矿物，并允许经过如下处理：

a)　物理（机械，热）处理；

b)　酶处理；

c)　微生物（堆肥，消化）处理。

C.1.1.3　经可靠的试验数据证明该物质的使用应不会导致或产生对环境的不能接受的影响或污染，包括对土壤生物的影响和污染。

C.1.1.4　该物质的使用不应对最终产品的质量和安全性产生不可接受的影响。

C.1.2　控制植物病虫草害所允许使用的物质表时使用

C.1.2.1　该物质是防治有害生物或特殊病害所必需的，而且除此物质外没有其他生物的、物理的方法或植物育种替代方法和（或）有效管理技术可用于防治这类有害生物或特殊病害。

C.1.2.2　该物质（活性化合物）源自植物、动物、微生物或矿物，并可经过以下处理：

a)　物理处理；

b)　酶处理；

c)　微生物处理。

C.1.2.3　有可靠的试验结果证明该物质的使用应不会导致或产生对环境的不能接受的影响或污染。

C.1.2.4　如果某物质的天然形态数量不足，可以考虑使用与该自然物质的性质相同的化学合成物质，如化学合成的外激素（性诱剂），但前提是其使用不会直接或间接造成环境或产品污染。

C.2　评估程序

C.2.1　必要性

只有在必要的情况下才能使用某种投入物质。投入某物质的必要性可从产量、产品质量、环境安全性、生态保护、景观、人类和动物的生存条件等方面进行评估。

某投入物质的使用可限制于：

a)　特种农作物（尤其是多年生农作物）；

b)　特殊区域；

c)　可使用该投入物质的特殊条件。

C.2.2 投入物质的性质和生产方法

C.2.2.1 投入物质的性质

C.2.2.1.1 投入物质的来源一般应来源于(按先后选用顺序)：

a) 有机物(植物、动物、微生物)；

b) 矿物。

C.2.2.1.2 可以使用等同于天然产品的化学合成物质。

C.2.2.1.3 在可能的情况下,应优先选择使用可再生的投入物质。其次应选择矿物源的投入物质,而第三选择是化学性质等同天然产品的投入物质。在允许使用化学性质等同的投入物质时需要考虑其在生态上、技术上或经济上的理由。

C.2.2.2 生产方法

投入物质的配料可以经过以下处理：

a) 机械处理；

b) 物理处理；

c) 酶处理；

d) 微生物作用处理；

e) 化学处理(作为例外并受限制)。

C.2.2.3 采集

构成投入物质的原材料采集不得影响自然生境的稳定性,也不得影响采集区内任何物种的生存。

C.2.3 环境安全性

C.2.3.1 投入物质不得危害环境或对环境产生持续的负面影响。投入物质也不应造成对地面水、地下水、空气或土壤的不可接受的污染。应对这些物质的加工、使用和分解过程的所有阶段进行评价。

C.2.3.2 必须考虑投入物质的以下特性：

C.2.3.2.1 可降解性

a) 所有投入物质必须可降解为二氧化碳、水和(或)其矿物形态。

b) 对非靶生物有高急性毒性的投入物质的半衰期最多不能超过 5 d。

c) 对作为投入的无毒天然物质没有规定的降解时限要求。

C.2.3.2.2 对非靶生物的急性毒性

当投入物质对非靶生物有较高急性毒性时,需要限制其使用。应采取措施保证这些非靶生物的生存。可规定最大允许使用量。如果无法采取可以保证非靶生物生存的措施,则不得使用该投入物质。

C.2.3.2.3 长期慢性毒性

不得使用会在生物或生物系统中蓄积的投入物质,也不得使用已经知道有或怀疑有诱变性或致癌性的投入物质。如果投入这些物质会产生危险,应采取足以使这些危险降至可接受水平和防止长时间持续负面环境影响的措施。

C.2.3.2.4 化学合成产品和重金属

C.2.3.2.4.1 投入物质中不应含有致害量的化学合成物质(异生化合制品)。仅在其性质完全与自然

界的产品相同时,才可允许使用化学合成的产品。

C.2.3.2.4.2 投入的矿物质中的重金属含量应尽可能地少。由于缺乏代用品以及在有机农业中已经被长期、传统地使用,铜和铜盐目前尚是一个例外。但任何形态的铜在有机农业中的使用应视为临时性允许使用,并且就其环境影响而言,应限制使用。

C.2.4 对人体健康和产品质量的影响

C.2.4.1 人体健康

投入物质必须对人体健康无害。应考虑投入物质在加工、使用和降解过程中的所有阶段的情况,应采取降低投入物质使用危险的措施,并制定投入物质在有机农业中使用的标准。

C.2.4.2 产品质量

投入物质对产品质量(如味道,保质期和外观质量等)不得有负面影响。

C.2.5 伦理方面——动物生存条件

投入物质对农场饲养的动物的自然行为或机体功能不得有负面影响。

C.2.6 社会经济方面

消费者的感官:投入的物质不应造成有机产品的消费者对有机产品的抵触或反感。消费者可能会认为某投入物质对环境或人体健康是不安全的,尽管这在科学上可能尚未得到证实。投入物质的问题(例如基因工程问题)不应干扰人们对天然或有机产品的总体感觉或看法。

ICS 65.020.20
B 05

DB65

新疆维吾尔自治区地方标准

DB65/T 3764—2015

有机产品　日光温室豇豆生产技术规程

Organic products　technique regulations for greenhouse cowpea production

2015-09-30 发布　　2015-11-01 实施

新疆维吾尔自治区质量技术监督局　发布

前　　言

本标准按照GB/T 1.1—2009给出的规则起草。

本标准由新疆维吾尔自治区果蔬标准化研究中心提出。

本标准由新疆维吾尔自治区农业厅归口。

本标准主要起草单位:新疆维吾尔自治区果蔬标准化研究中心、新疆农业科学院园艺作物研究所、吐鲁番地区质量技术监督局、乌鲁木齐绿宝康服务有限公司。

本标准主要起草人:王浩、李瑜、杨猛、郭鑫、曹燕、文光哲、庄红梅、许山根、牛慧玲、文红梅、李统中、张丽。

有机产品　日光温室豇豆生产技术规程

1　范围

本标准规定了日光温室(以下简称温室)豇豆有机生产的术语和定义、产地环境、生产技术、采收和有机生产记录的要求。

本标准适用于温室豇豆的有机生产。

2　规范性引用文件

下列文件中的条款通过本标准的引用而成为本标准的条款。凡是注日期的引用文件,其随后所有的修改(不包括勘误的内容)或修订版均不适用于本标准。凡是不注日期的引用文件,其最新版本(包括所有的修改单)适用于本标准。

GB 3095　环境空气质量标准

GB 5084　农田灌溉水环境质量标准

GB 9137　保护农作物的大气污染物最高允许浓度

GB 15618　土壤环境质量标准

GB/T 19630.1—2011　有机产品　第1部分:生产

3　术语和定义

下列术语和定义适用于本文件。

3.1

有机产品　organic products

生产、加工、销售过程符合本标准的供人类消费、动物食用的产品。

3.2

日光温室　sunlight greenhouse

以日光为主要能源的温室,一般由透光前坡、外保温帘(被)、后坡、后墙、山墙和操作间组成。基本朝向坐北朝南,东西延伸。围护结构具有保温和蓄热的双重功能,适用于冬季寒冷,但光照充足地区反季节种植蔬菜、花卉和瓜果。

3.3

常规　conventional

生产体系及其产品未获得有机认证或未开始有机转换认证。

3.4

缓冲带　buffer zone

在有机和常规地块之间有目的设置的、可明确界定的用来限制或阻挡邻近田块的禁用物质漂移的过渡区域。

4　产地环境

温室豇豆有机生产需要在适宜的环境条件下进行,生产基地应远离城区、工矿区、交通主干线、工业污染源、生活垃圾场等。

生产基地内的环境质量应符合以下要求：

——土壤环境质量符合 GB 15618 中的二级标准；

——农田灌溉用水水质符合 GB 5084 的规定；

——环境空气质量符合 GB 3095 中的二级标准；

——温室菜豆生产的大气污染最高允许浓度符合 GB 9137 的规定。

5 生产技术

5.1 栽培季节与茬口安排

在日光温室栽培以秋延迟栽培和冬(早)春茬栽培为主，冬季生产困难。既可以单作，也可以与其它蔬菜间作套种栽培。秋延迟茬栽培一般在 8 月播种，10 月开始陆续采收；冬(早)春茬一般 1 月下旬至 2 月上旬播种，3 月～5 月采收上市。

5.2 品种选择

温室栽培豇豆应选择适应性广，耐寒性强的早熟品种。菜用豇豆可分为蔓生和矮生两类，温室栽培一般选择蔓生型长豇豆。适应当地土壤和气候特点，抗病性好、采收期长、高产优质、商品性好的品种。豇豆品种间差异也很大，豆荚有深绿色、白绿色、紫红色等，应根据市场需求选择栽培品种。禁止使用经禁用物质和方法处理的豇豆种子。

5.3 播种育苗

温室栽培豇豆，可以干籽直播也可以育苗移栽。育苗可选择应用纸筒或营养钵有机基质育苗，培育小苗。在设施齐全、环境良好的育苗温室内进行，并对育苗设施进行消毒处理，创造适合秧苗生长发育的环境条件。

5.3.1 营养钵与基质的准备

豇豆育苗一般选择直径 8 cm～10 cm 的纸筒或营养钵，选择优质成品的商品基质，基质的制作与质量满足育苗所需的营养，需符合 GB 19630.1 土肥管理的要求。先将基质预湿至含水量 60%～70%，然后装满营养钵，覆盖地膜保湿待播种。

5.3.2 种子处理

将选好的豇豆种子放入 50 ℃～55 ℃的温水中，搅拌水温至 30 ℃左右浸种，待种子吸饱水，捞出、沥干即可播种。

5.3.3 播种

播种期根据茬口安排确定，直播 3 粒/穴～4 粒/穴种子，播种深度 3 cm～5 cm，覆土厚度 2 cm～4 cm，拍紧压实。育苗每钵 3 粒种子，播深 2 cm～3 cm，覆盖细土 3 cm，用种量约 3 kg/666.7 m^2～4 kg/666.7 m^2。

5.3.4 苗期管理

播种后浇透水，用地膜覆盖保湿。出苗前保持室内气温 25 ℃～30 ℃，出苗后，通风降温、炼苗，预防高脚苗。苗期保持白天温度 25 ℃，夜间不低于 15 ℃，苗龄约 10 d 左右，一般对生真叶展开前即可移栽定植。

5.4 定植或直播

5.4.1 定植前准备

5.4.1.1 土壤和温室消毒

在7月～8月高温休闲季节，将土壤翻耕后覆盖地膜，利用太阳能晒土高温杀菌。具体方法：将农家肥施入土壤，深翻，灌透水，土壤表面盖地膜或旧棚膜，扣棚膜，密封棚室，高温消毒。

5.4.1.2 整地施肥

温室豇豆有机栽培以堆肥、畜禽粪、饼肥、绿肥等农家肥为主，结合深翻土地，施腐熟的优质有机肥 3 000 kg/666.7 m^2～4 000 kg/666.7 m^2，饼肥 100 kg/667 m^2，结合整地与土壤混匀。

5.4.1.3 起垄

温室内土壤达到宜耕期后，深翻 25 cm 左右，整细耙平。温室豇豆一般选择起垄栽培，南北向起垄，垄宽 0.7 m，垄距 0.5 m，垄上覆盖地膜。

5.4.2 定植或播种

温室栽培豇豆一般采取穴播或挖穴定植，垄上两侧双行播种或定植，垄上行距 50 cm，穴距 30 cm～35 cm，定植或播种 2 500 穴/666.7 m^2～3 000 穴/666.7 m^2。起苗时要多带土、少伤根，营养钵土坨紧实，防治散坨伤根，定植深度以不露土坨为准。

5.5 定植后的管理

5.5.1 温度和光照管理

秋冬茬播种或定植时外界温度还高，蒸发较快，注意保墒出苗，定植后遮荫防晒。当外界最低气温降至 5 ℃～6 ℃时，扣上无滴膜，当外界最低气温降至－2 ℃～3 ℃时应加盖草帘或棉被保温。早春茬播种或定植后要注意保温，提高地温，高温出苗或缓苗。豇豆植株生长阶段保持白天棚内 20 ℃～30 ℃，夜晚不低于 15 ℃。每天揭盖棉被，擦洗棚膜，保持光照条件良好。

5.5.2 吊绳引蔓整枝

温室栽培的豇豆一般是蔓生品种，当豇豆开始抽蔓时就要准备好吊绳，进入甩蔓期即将吊绳下端绑系在植株的基部，或在穴旁插一根短木棍用以绑绳。按逆时针方向进行人工引蔓，防止茎蔓互相缠绕，一般 1 穴设置吊绳 1 根。田间密度过大时，可将主蔓第一花序以下侧枝全部摘除，当主蔓伸出架材无处攀援而倒挂时，花序伸长无力，不能正常结荚，要及时打顶摘心。

5.5.3 水肥管理

豇豆定植缓苗后至开花结荚前，控制浇水，中耕蹲苗，防止徒长。开花以后植株进入旺盛生长期，当幼荚长到 3 cm～4 cm 时，每个 5 d～7 d 浇水 1 次，保持土壤湿润，结合浇水追肥。进入采收期，每采收 1 次即浇水 1 次，追肥以腐熟农家有机液肥为主。高温季节采取小水勤浇，早上和傍晚浇水。

5.6 病虫害防治

5.6.1 主要病虫害

5.6.1.1 主要病害：花叶病毒病、锈病、煤霉病、疫病等。

5.6.1.2 主要虫害:豆蚜、豆荚螟、白粉虱、红蜘蛛等。

5.6.2 防治原则

病虫害防治的基本原则应是从豇豆病虫害整个生态系统出发,综合运用各种防治措施,创造不利于病虫害孳生和有利于各类天敌繁衍的环境条件,保持农业生态系统的平衡和生物多样化,减少各类病虫害所造成的损失。优先选用农业防治,合理使用物理防治、生物防治和药剂防治。

5.6.3 农业防治

5.6.3.1 保持温室清洁。搞好温室清洁是消灭豇豆病虫害的根本措施,将摘除的残株、病株、烂叶、杂草等清扫干净,集中烧毁或深埋,减轻病虫害的繁衍危害。在生长季节发现病害时,也要及时仔细地摘除病叶、病株,并立即销毁,防止再传播蔓延。
5.6.3.2 改善通风透光条件。豇豆蔓生缠绕,密度较大,生长期间可视情况摘除靠近地面的老叶、黄叶、病残叶片,以及部分侧枝,减少田间郁闭,改善通风透光条件。结合温湿度管理,调节温室风口,使通气流畅,降低空气湿度。
5.6.3.3 加强温度管理。生长期保持白天棚内温度 20 ℃～30 ℃,夜晚不低于 15 ℃。
5.6.3.4 加强肥水管理。保证足够数量的充分腐熟的有机肥,维持和提高土壤肥力、营养平衡和生物活性,补充土壤有机质和养分从而补充因前茬收获而从土壤中带走的有机质和土壤养分,可使豇豆生长健壮,提高抗病虫的能力。实行轮作栽培。
5.6.3.5 加强设施防护。为减少外来病虫害的侵入,应在温室上通风口和下通风口设置防虫网,阻止病虫害的迁入危害。
5.6.3.6 选用抗病虫害品种。选用耐病抗病品种,培育适龄壮苗。

5.6.4 生物防治

利用天敌昆虫防治豇豆害虫,如瓢虫防治蚜虫、丽蚜小蜂防治白粉虱、捕食螨防治红蜘蛛等,选用生物源制剂防治病虫害。可选用苦参碱、印楝素等防治蚜虫和豆荚螟,选用铜盐制剂、枯草芽孢杆菌或武夷霉素等防治疫病、煤霉病、锈病等。有效控制传毒昆虫是防治病毒病的主要措施。

5.6.5 物理防治

利用病原、害虫对温度、光谱、声响等的特异反应和耐受能力,杀死或驱避有害生物,如悬挂黄板等,利用灯光、色彩诱杀害虫等。

5.6.5.1 黄板诱杀蚜虫、白粉虱

温室内运用黄板诱杀蚜虫和白粉虱,悬挂黄色粘虫板 30 块/666.7 m^2～40 块/666.7 m^2。

5.6.5.2 阻隔防蚜防白粉虱和驱避防蚜防白粉虱

在棚室放风口处设防虫网防止蚜虫、白粉虱迁入,悬挂银灰色条膜驱避蚜虫。

以上方法不能有效控制病虫害时,允许使用附录 B 所列出的物质。使用附录 B 未列入的物质时,应由认证机构按照附录 C 的准则对该物质进行评估。

5.7 污染控制

5.7.1 有机地块与常规地块的排灌系统应有有效的隔离措施,以保证常规农田的水不会渗透或漫入有机地块。
5.7.2 常规农业系统中的设备在用于有机生产前,应得到充分清洗,去除污染物残留。

5.7.3 在使用保护性的建筑覆盖物、塑料薄膜、防虫网时，只允许选择聚乙烯、聚丙烯或聚碳酸酯类产品，并且使用后应从土壤中清除。禁止焚烧，禁止使用聚氯类产品。

5.7.4 有机产品的农药残留不能超过国家食品卫生标准相应产品限值的5%，重金属含量也不能超过国家食品卫生标准相应产品的限值。

6 采收

豇豆通常每花序结荚果2条，从播种到采收，蔓生豇豆一般60 d～70 d。开花后10 d～15 d，嫩荚充分长大，豆粒刚开始发育，荚壁肉质细嫩、纤维少时为采收最适期。

7 有机生产记录

7.1 认证记录的保存

产品生产、收获和经营的操作记录必须保存好。且这些记录必须能详细记录被认证操作的各项活动和交易情况，以备检查和核实，记录要足以证实完全遵守有机生产标准的各项条例，且被保存至少5年。

7.2 提供文件清单

7.2.1 一般资料

包括技术负责人姓名、地址、电话或传真、种植面、有机耕作面积及作物种类。

7.2.2 农田描述

包括田块图和地点详图、田块清单和历史记录、设备表。

7.2.3 生产描述

包括要认证的产品清单、估计的年产量、栽培技术、测试分析、田间农事记录。

7.3 投入和销售

包括种子、肥料、病虫害防治材料、农业投入、标签、服务。销售包括产品、数量、保证书、顾客。

7.4 控制与认证

包括遵守有机生产技术规程、检查报告、认证证书等。

附 录 A
（规范性附录）
有机作物种植允许使用的土壤培肥和改良物质

A.1 有机作物种植允许使用的土壤培肥和改良物质见表 A.1。

表 A.1 有机作物种植允许使用的土壤培肥和改良物质

物质类别		物质名称、组分和要求	使用条件
植物和动物来源	有机农业体系内	作物秸秆和绿肥	
		畜禽粪便及其堆肥(包括圈肥)	
	有机农业体系以外	秸秆	与动物粪便堆制并充分腐熟后
		畜禽粪便及其堆肥	满足堆肥的要求
		干的农家肥和脱水的家畜粪便	满足堆肥的要求
		海草或物理方法生产的海草产品	未经过化学加工处理
		来自未经化学处理木材的木料、树皮、锯屑、刨花、木灰、木炭及腐殖酸物质	地面覆盖或堆制后作为有机肥源
		未掺杂防腐剂的肉、骨头和皮毛制品	经过堆制或发酵处理后
		蘑菇培养废料和蚯蚓培养基质的堆肥	满足堆肥的要求
		不含合成添加剂的食品工业副产品	应经过堆制或发酵处理后
		草木灰	
		不含合成添加剂的泥炭	禁止用于土壤改良；只允许作为盆栽基质使用
		饼粕	不能使用经化学方法加工的
		鱼粉	未添加化学合成的物质
矿物来源	磷矿石		应当是天然的，应当是物理方法获得的，五氧化二磷中镉含量小于等于 90 mg/kg
	钾矿粉		应当是物理方法获得的，不能通过化学方法浓缩。氯的含量少于 60%
	硼酸岩		
	微量元素		天然物质或来自未经化学处理、未添加化学合成物质
	镁矿粉		天然物质或来自未经化学处理、未添加化学合成物质
	天然硫磺		
	石灰石、石膏和白垩		天然物质或来自未经化学处理、未添加化学合成物质
	黏土(如珍珠岩、蛭石等)		天然物质或来自未经化学处理、未添加化学合成物质
	氯化钙、氯化钠		
	窑灰		未经化学处理、未添加化学合成物质
	钙镁改良剂		
	泻盐类(含水硫酸岩)		
微生物来源	可生物降解的微生物加工副产品，如酿酒和蒸馏酒行业的加工副产品		
	天然存在的微生物配制的制剂		

附 录 B
（规范性附录）
有机作物种植允许使用的植物保护产品和措施

B.1 有机作物允许使用的植物保护产品物质和措施见表 B.1。

表 B.1 有机作物种植允许使用的植物保护产品物质和措施

物质类别	物质名称、组分要求	使 用 条 件
植物和动物来源	印楝树提取物(Neem)及其制剂	
	天然除虫菊(除虫菊科植物提取液)	
	苦楝碱(苦木科植物提取液)	
	鱼藤酮类(毛鱼藤)	
	苦参及其制剂	
	植物油及其乳剂	
	植物制剂	
	植物来源的驱避剂(如薄荷、熏衣草)	
	天然诱集和杀线虫剂（如万寿菊、孔雀草)	
	天然酸(如食醋、木醋和竹醋等)	
	蘑菇的提取物	
	牛奶及其奶制品	
	蜂蜡	
	蜂胶	
	明胶	
	卵磷脂	
矿物来源	铜盐(如硫酸铜、氢氧化铜、氯氧化铜、辛酸铜等)	不得对土壤造成污染
	石灰硫磺(多硫化钙)	
	波尔多液	
	石灰	
	硫磺	
	高锰酸钾	
	碳酸氢钾	
	碳酸氢钠	
	轻矿物油(石蜡油)	
	氯化钙	
	硅藻土	
	黏土(如斑脱土、珍珠岩、蛭石、沸石等)	
	硅酸盐(硅酸钠，石英)	

表 B.1（续）

物质类别	物质名称、组分要求	使 用 条 件
微生物来源	真菌及真菌制剂(如白僵菌、轮枝菌)	
	细菌及细菌制剂(如苏云金杆菌，即 BT)	
	释放寄生、捕食、绝育型的害虫天敌	
	病毒及病毒制剂(如颗粒体病毒等)	
其他	氢氧化钙	
	二氧化碳	
	乙醇	
	海盐和盐水	
	苏打	
	软皂(钾肥皂)	
	二氧化硫	
诱捕器、屏障、驱避剂	物理措施(如色彩诱器、机械诱捕器等)	
	覆盖物(网)	
	昆虫性外激素	仅用于诱捕器和散发皿内
	四聚乙醛制剂	驱避高等动物

附　录　C
（规范性附录）
评估有机生产中使用其他物质的准则

在附录A和附录B涉及有机农业中用于培肥和植物病虫害防治的产品不能满足要求的情况下，可以根据本附录描述的评估准则对有机农业中使用除附录A和附录B以外的其他物质进行评估。

C.1　原则

C.1.1　土壤培肥和土壤改良允许使用的物质

C.1.1.1　为达到或保持土壤肥力或为满足特殊的营养要求，而为特定的土壤改良和轮作措施所必需的，本标准附录A和本标准概述的方法所不可能满足和替代的物质。

C.1.1.2　该物质来自植物、动物、微生物或矿物，并允许经过如下处理：

a)　物理(机械，热)处理；

b)　酶处理；

c)　微生物(堆肥，消化)处理。

C.1.1.3　经可靠的试验数据证明该物质的使用应不会导致或产生对环境的不能接受的影响或污染，包括对土壤生物的影响和污染。

C.1.1.4　该物质的使用不应对最终产品的质量和安全性产生不可接受的影响。

C.1.2　控制植物病虫草害所允许使用的物质表时使用

C.1.2.1　该物质是防治有害生物或特殊病害所必需的，而且除此物质外没有其他生物的、物理的方法或植物育种替代方法和(或)有效管理技术可用于防治这类有害生物或特殊病害。

C.1.2.2　该物质(活性化合物)源自植物、动物、微生物或矿物，并可经过以下处理：

a)　物理处理；

b)　酶处理；

c)　微生物处理。

C.1.2.3　有可靠的试验结果证明该物质的使用应不会导致或产生对环境的不能接受的影响或污染。

C.1.2.4　如果某物质的天然形态数量不足，可以考虑使用与该自然物质的性质相同的化学合成物质，如化学合成的外激素(性诱剂)，但前提是其使用不会直接或间接造成环境或产品污染。

C.2　评估程序

C.2.1　必要性

只有在必要的情况下才能使用某种投入物质。投入某物质的必要性可从产量、产品质量、环境安全性、生态保护、景观、人类和动物的生存条件等方面进行评估。

某投入物质的使用可限制于：

a)　特种农作物(尤其是多年生农作物)；

b)　特殊区域；

c)　可使用该投入物质的特殊条件。

C.2.2 投入物质的性质和生产方法

C.2.2.1 投入物质的性质

投入物质的来源一般应来源于(按先后选用顺序)：

a) 有机物(植物、动物、微生物)；

b) 矿物。

C.2.2.1.1 可以使用等同于天然产品的化学合成物质。

C.2.2.1.2 在可能的情况下,应优先选择使用可再生的投入物质。其次应选择矿物源的投入物质,而第三选择是化学性质等同天然产品的投入物质。在允许使用化学性质等同的投入物质时需要考虑其在生态上、技术上或经济上的理由。

C.2.2.2 生产方法

投入物质的配料可以经过以下处理：

a) 机械处理；

b) 物理处理；

c) 酶处理；

d) 微生物作用处理；

e) 化学处理(作为例外并受限制)。

C.2.2.3 采集

构成投入物质的原材料采集不得影响自然生境的稳定性,也不得影响采集区内任何物种的生存。

C.2.3 环境安全性

投入物质不得危害环境或对环境产生持续的负面影响。投入物质也不应造成对地面水、地下水、空气或土壤的不可接受的污染。应对这些物质的加工、使用和分解过程的所有阶段进行评价。

必须考虑投入物质的以下特性：

C.2.3.1 可降解性

C.2.3.1.1 所有投入物质必须可降解为二氧化碳、水和(或)其矿物形态。

C.2.3.1.2 对非靶生物有高急性毒性的投入物质的半衰期最多不能超过5 d。

C.2.3.1.3 对作为投入的无毒天然物质没有规定的降解时限要求。

C.2.3.2 对非靶生物的急性毒性

当投入物质对非靶生物有较高急性毒性时,需要限制其使用。应采取措施保证这些非靶生物的生存。可规定最大允许使用量。如果无法采取可以保证非靶生物生存的措施,则不得使用该投入物质。

C.2.3.3 长期慢性毒性

不得使用会在生物或生物系统中蓄积的投入物质,也不得使用已经知道有或怀疑有诱变性或致癌性的投入物质。如果投入这些物质会产生危险,应采取足以使这些危险降至可接受水平和防止长时间持续负面环境影响的措施。

C.2.3.4 化学合成产品和重金属

C.2.3.4.1 投入物质中不应含有致害量的化学合成物质(异生化合制品)。仅在其性质完全与自然界

的产品相同时，才可允许使用化学合成的产品。

C.2.3.4.2　投入的矿物质中的重金属含量应尽可能地少。由于缺乏代用品以及在有机农业中已经被长期、传统地使用，铜和铜盐目前尚是一个例外。但任何形态的铜在有机农业中的使用应视为临时性允许使用，并且就其环境影响而言，应限制使用。

C.2.4　对人体健康和产品质量的影响

C.2.4.1　人体健康

投入物质必须对人体健康无害。应考虑投入物质在加工、使用和降解过程中的所有阶段的情况，应采取降低投入物质使用危险的措施，并制定投入物质在有机农业中使用的标准。

C.2.4.2　产品质量

投入物质对产品质量(如味道，保质期和外观质量等)不得有负面影响。

C.2.5　伦理方面——动物生存条件

投入物质对农场饲养的动物的自然行为或机体功能不得有负面影响。

C.2.6　社会经济方面

消费者的感官：投入的物质不应造成有机产品的消费者对有机产品的抵触或反感。消费者可能会认为某投入物质对环境或人体健康是不安全的，尽管这在科学上可能尚未得到证实。投入物质的问题(例如基因工程问题)不应干扰人们对天然或有机产品的总体感觉或看法。

ICS 65.020.20
B 05

DB65

新疆维吾尔自治区地方标准

DB65/T 3765—2015

有机产品 日光温室水果黄瓜生产技术规程

Organic products technique regulations for greenhouse fruit cucumber production

2015-09-30 发布

2015-11-01 实施

新疆维吾尔自治区质量技术监督局 发布

前　言

本标准按照 GB/T 1.1—2009 给出的规则起草。

本标准由新疆维吾尔自治区果蔬标准化研究中心提出。

本标准由新疆维吾尔自治区农业厅归口。

本标准主要起草单位:新疆维吾尔自治区果蔬标准化研究中心、新疆农业科学院园艺作物研究所、吐鲁番地区质量技术监督局、乌鲁木齐绿宝康服务有限公司。

本标准主要起草人:李瑜、王浩、文光哲、哈里旦·艾比布拉、杨猛、郭鑫、许山根、牛慧玲、文红梅、李统中、张丽。

有机产品　日光温室水果黄瓜生产技术规程

1　范围

本标准规定了日光温室(以下简称温室)水果黄瓜有机生产的术语和定义、产地环境、生产技术、采收和有机生产记录的要求。

本标准适用于温室水果黄瓜的有机生产。

2　规范性引用文件

下列文件中的条款通过本标准的引用而成为本标准的条款。凡是注日期的引用文件,其随后所有的修改(不包括勘误的内容)或修订版均不适用于本标准。凡是不注日期的引用文件,其最新版本(包括所有的修改单)适用于本标准。

GB 3095　环境空气质量标准

GB 5084　农田灌溉水环境质量标准

GB 9137　保护农作物的大气污染物最高允许浓度

GB 15618　土壤环境质量标准

GB 16715.1—2010　瓜菜作物种子　第1部分:瓜类

GB/T 19630.1—2011　有机产品　第1部分:生产

3　术语和定义

下列术语和定义适用于本文件。

3.1

水果黄瓜　fruit cucumber

水果黄瓜又名迷你黄瓜(mini cucumber),属于小型黄瓜,植株矮小,分枝性强,多花、多果,果实短小。属葫芦科,一年生蔓生植物,瓜长12 cm～15 cm,直径约3 cm,一般表皮上没有刺,口味甘甜,主要用来生食。

3.2

有机产品　organic products

生产、加工、销售过程符合本标准的供人类消费、动物食用的产品。

3.3

日光温室　sunlight greenhouse

以日光为主要能源的温室,一般由透光前坡、外保温帘(被)、后坡、后墙、山墙和操作间组成。基本朝向坐北朝南,东西延伸。围护结构具有保温和蓄热的双重功能,适用于冬季寒冷,但光照充足地区反季节种植蔬菜、花卉和瓜果。

3.4

常规　conventional

生产体系及其产品未获得有机认证或未开始有机转换认证。

3.5

缓冲带　buffer zone

在有机和常规地块之间有目的设置的、可明确界定的用来限制或阻挡邻近田块的禁用物质漂移的过渡区域。

4　产地环境

温室水果黄瓜有机生产需要在适宜的环境条件下进行，生产基地应远离城区、工矿区、交通主干线、工业污染源、生活垃圾场等。

生产基地内的环境质量应符合以下要求：

——土壤环境质量符合 GB 15618 中的二级标准；

——农田灌溉用水水质符合 GB 5084 的规定；

——环境空气质量符合 GB 3095 中的二级标准；

——温室水果黄瓜生产的大气污染最高允许浓度符合 GB 9137 的规定。

5　生产技术

5.1　栽培季节与茬口安排

温室栽培水果黄瓜，一般有秋冬茬、冬春茬和早春茬栽培。秋冬茬栽培一般在 8 月播种，苗龄 30 d 左右，9 月定植，10 月～12 月采收；冬春茬一般 10 月～11 月播种，苗龄 35 d 左右，11 月～12 月定植，12 月～1 月采收；早春茬一般 2 月播种，3 月定植，4 月～6 月采收。

5.2　品种选择

应选择适应当地土壤和气候特点，抗病性好、耐低温弱光、早熟丰产、商品性好的品种。种子质量应符合 GB 16715.1—2010 的规定。禁止使用经禁用物质和方法处理的水果黄瓜种子。

5.3　育苗

可选择应用穴盘有机基质育苗，在设施齐全、环境良好的育苗温室内进行，并对育苗设施进行消毒处理，创造适合秧苗生长发育的环境条件。

5.3.1　穴盘与基质的准备

水果黄瓜育苗一般选用 50 孔穴盘，选择优质成品的商品基质，基质的制作与质量满足育苗所需的营养，需符合 GB 19630.1 土肥管理的要求。先将基质预湿至含水量 60%～70%，然后装满穴盘刮平，覆膜保湿待播种。

5.3.2　种子处理

将种子放入 55 ℃的温水浸种 20 min，搅拌水温降至 30 ℃时，浸泡 4 h～6 h，用清水冲洗干净黏液，沥干水，放于 25 ℃～30 ℃条件下催芽，80%种子露白即可播种。

5.3.3 播种

播种期根据茬口安排进行，每穴1粒种子，露胚根种子平放在播种穴内，需用水果黄瓜种子约120 g/666.7 m^2～160 g/666.7 m^2，播种深度2 cm～3 cm，播后覆膜保湿，约70%顶土出苗即撤除覆盖物。

5.3.4 苗期管理

从播种到出苗，白天温度保持在25 ℃～30 ℃，夜间16 ℃～18 ℃；第一片真叶展平时，保持室温白天20 ℃～25 ℃，夜间14 ℃～16 ℃；第二片真叶展平后，白天温度25 ℃～28 ℃，夜间14 ℃～16 ℃；定植前5 d～7 d低温炼苗，控制白天温度20 ℃～25 ℃，夜间13 ℃～15 ℃。当幼苗3叶1心，苗高10 cm～13 cm，苗龄约35 d左右即可定植。苗期一般不需要施肥，需多见光、预防徒长，夏秋季育苗需要注意遮阳、降温。

5.4 定植

5.4.1 定植前准备

5.4.1.1 土壤和温室消毒

在7月～8月高温休闲季节，将土壤翻耕后覆盖地膜，利用太阳能晒土高温杀菌。具体方法：将农家肥施入土壤，深翻，灌透水，土壤表面盖地膜或旧棚膜，扣棚膜，密封棚室，高温消毒。

5.4.1.2 翻地施肥

温室有机栽培水果黄瓜以堆肥、畜禽粪、饼肥、绿肥等为主，定植前7 d～10 d，深翻地30 cm，结合翻地施腐熟的优质有机肥6 000 kg/666.7 m^2～8 000 kg/666.7 m^2，饼肥100 kg/667 m^2，结合整地与土壤混匀。

5.4.1.3 整地做畦

温室内土壤达到宜耕期后，整细耙平。温室栽培水果黄瓜一般选择小高畦栽培，南北向作畦，畦宽70 cm，间距50 cm～60 cm，畦高15 cm～20 cm，畦上覆盖地膜。

5.4.2 定植

定植时间根据茬口模式而定，畦上双行打孔定植，株距30 cm～35 cm，定植3 000株/666.7 m^2～3 500株/666.7 m^2。夏秋高温季节选阴天或傍晚移栽，定植多采用暗水定植法，即先挖穴，穴里浇足水，再栽苗。栽苗深度以刚埋住土坨上层表面土为宜，待水渗下后再覆土盖穴，定植口封严保湿保温。

5.5 定植后的管理

5.5.1 温湿度管理

定植后到缓苗前，温度应保持28 ℃～30 ℃，夜温不低于18 ℃，高温缓苗。缓苗后至结瓜期保持白天上午25 ℃～30 ℃，下午20 ℃～25 ℃，夜间10 ℃～15 ℃，地温15 ℃～25 ℃为宜。外界气温稳定通过15 ℃时可以昼夜通风。最佳空气相对湿度缓苗期80%～90%，开花结瓜期70%～85%为宜。

5.5.2 光照的管理

选用透光性好的无滴膜，每天揭开棉被后都要清洁棚膜，擦洗除尘，温室内后墙张挂反光幕等，白天温度许可的情况下，尽量延长光照时间。

5.5.3 水肥管理

黄瓜定植后浇透水1次，约3 d～5 d缓苗成活后浇缓苗水1次，此后至根瓜坐住控水蹲苗，促根控秧。根瓜坐住后结束蹲苗，浇水追肥，冬春季气温低10 d～20 d浇水1次，春季外界气温升高后增加浇水次数，5 d～10 d浇水1次。结合浇水追肥，蹲苗结束时第一次追肥，结瓜前期追肥1次，进入盛瓜期10 d～15 d追肥1次，全生育期8次～10次。每次追施腐熟农家有机液肥不少于1 000 kg/666.7 m^2。

5.5.4 植株调整

定植缓苗后应及时吊绳绑蔓，以主蔓结瓜的品种应及时摘除侧蔓，主、侧蔓同时结瓜的，一般在侧蔓结瓜后于瓜前保留1片叶摘心。长季节栽培的不打顶，当主蔓高过吊绳铁丝接近棚膜时，摘除下部老叶，落蔓50 cm左右，落下的茎蔓盘绕或平铺在畦面上。

5.6 病虫害防治

5.6.1 主要病虫害

5.6.1.1 主要病害：霜霉病、白粉病、灰霉病、细菌性角斑病等。

5.6.1.2 主要虫害：蚜虫、白粉虱、斑潜蝇、红蜘蛛等。

5.6.2 防治原则

病虫害防治的基本原则应是从水果黄瓜病虫害整个生态系统出发，综合运用各种防治措施，创造不利于病虫害孳生和有利于各类天敌繁衍的环境条件，保持农业生态系统的平衡和生物多样化，减少各类病虫害所造成的损失。优先选用农业防治，合理使用物理防治、生物防治和药剂防治。

5.6.3 农业防治

5.6.3.1 保持温室清洁。搞好温室清洁是消灭水果黄瓜病虫害的根本措施，将摘除的侧枝侧蔓、老叶等清扫干净，集中烧毁或深埋，减轻病虫害的繁衍危害。在生长季节发现病害时，也要及时仔细地剪除病枝叶、病果，并立即销毁，防止再传播蔓延。

5.6.3.2 改善通风透光条件。水果黄瓜分枝性强，蔓叶密度较大，通风透光较差，容易发生病害。要及时摘除老叶和侧蔓，结合温湿度管理，调节风口使通气流畅，降低空气湿度。

5.6.3.3 加强温度管理。生长期白天保持20 ℃～30 ℃，夜间10 ℃～15 ℃。

5.6.3.4 加强肥水管理。保证足够数量的充分腐熟的有机肥，维持和提高土壤肥力、营养平衡和生物活性，补充土壤有机质和养分从而补充因黄瓜采收而从土壤中带走的有机质和土壤养分，可增强生长势，提高抗病虫的能力。与瓜类作物实行5年以上轮作栽培。

5.6.3.5 加强设施防护。为减少外来病虫害的侵入，应在温室上通风口和下通风口设置防虫网，阻止病虫害的迁入侵染。

5.6.3.6 选用抗病虫害品种。选用耐病抗病品种。

5.6.4 生物防治

利用天敌昆虫防治水果黄瓜害虫，释放瓢虫防治蚜虫，扣棚后当白粉虱成虫在0.2头/株以下时，每5 d释放丽蚜小蜂成虫3头/株，共释放3次丽蚜小蜂，可有效控制白粉虱为害。利用微生物防治病虫害，如利用木霉菌防治灰霉病，用2%武夷菌素水剂等生物药剂防治霜霉病、白粉病等。

5.6.5 物理防治

利用病原、害虫对温度、光谱、声响等的特异反应和耐受能力，杀死或驱避有害生物，如悬挂黄板等，利用灯光、色彩诱杀害虫等。

5.6.5.1 黄板诱杀白粉虱、蚜虫、斑潜蝇

悬挂黄板诱杀白粉虱、蚜虫和斑潜蝇，挂30块/666.7 m^2～40块/666.7 m^2，挂在行间。

5.6.5.2 阻隔防蚜和驱避防蚜

在棚室放风口处设防虫网防止蚜虫迁入，悬挂银灰色条膜驱避蚜虫。

5.6.6 以上方法不能有效控制病虫害时，允许使用附录B所列出的物质。使用附录B未列入的物质时，应由认证机构按照附录C的准则对该物质进行评估。

5.7 污染控制

5.7.1 有机地块与常规地块的排灌系统应有有效的隔离措施，以保证常规农田的水不会渗透或漫入有机地块。

5.7.2 常规农业系统中的设备在用于有机生产前，应得到充分清洗，去除污染物残留。

5.7.3 在使用保护性的建筑覆盖物、塑料薄膜、防虫网时，只允许选择聚乙烯、聚丙烯或聚碳酸酯类产品，并且使用后应从土壤中清除。禁止焚烧，禁止使用聚氯类产品。

5.7.4 有机产品的农药残留不能超过国家食品卫生标准相应产品限值的5%，重金属含量也不能超过国家食品卫生标准相应产品的限值。

6 采收

水果黄瓜植株雌性，坐瓜能力强，每节有瓜，幼瓜生长速度快，一般从定植到商品瓜采摘约20 d左右。水果黄瓜提倡及时提早采收，当幼瓜充分膨大，果皮和种子尚未硬化前即可采收，采收过晚，容易老化，而且影响后续幼瓜的生长。

7 有机生产记录

7.1 认证记录的保存

产品生产、收获和经营的操作记录必须保存好。且这些记录必须能详细记录被认证操作的各项活动和交易情况，以备检查和核实，记录要足以证实完全遵守有机生产标准的各项条例，且被保存至少5年。

7.2 提供文件清单

7.2.1 一般资料

包括技术负责人姓名、地址、电话或传真、种植面、有机耕作面积及作物种类。

7.2.2 农田描述

包括田块图和地点详图、田块清单和历史记录、设备表。

7.2.3 生产描述

包括要认证的产品清单、估计的年产量、栽培技术、测试分析、田间农事记录。

7.3 投入和销售

包括种子、肥料、病虫害防治材料、农业投入、标签、服务。销售包括产品、数量、保证书、顾客。

7.4 控制与认证

包括遵守有机生产技术规程、检查报告、认证证书等。

附　录　A
（规范性附录）
有机作物种植允许使用的土壤培肥和改良物质

A.1　有机作物种植允许使用的土壤培肥和改良物质见表 A.1。

表 A.1　有机作物种植允许使用的土壤培肥和改良物质

物质类别		物质名称、组分要求	使　用　条　件
植物和动物来源	有机农业体系内	作物秸秆和绿肥	
		畜禽粪便及其堆肥（包括圈肥）	
	有机农业体系以外	秸秆	与动物粪便堆制并充分腐熟后
		畜禽粪便及其堆肥	满足堆肥的要求
		干的农家肥和脱水的家畜粪便	满足堆肥的要求
		海草或物理方法生产的海草产品	未经过化学加工处理
		来自未经化学处理木材的木料、树皮、锯屑、刨花、木灰、木炭及腐殖酸物质	地面覆盖或堆制后作为有机肥源
		未搀杂防腐剂的肉、骨头和皮毛制品	经过堆制或发酵处理后
		蘑菇培养废料和蚯蚓培养基质的堆肥	满足堆肥的要求
		不含合成添加剂的食品工业副产品	应经过堆制或发酵处理后
		草木灰	
		不含合成添加剂的泥炭	禁止用于土壤改良；只允许作为盆栽基质使用
		饼粕	不能使用经化学方法加工的
		鱼粉	未添加化学合成的物质
矿物来源	磷矿石		应当是天然的，应当是物理方法获得的，五氧化二磷中镉含量小于等于 90 mg/kg
	钾矿粉		应当是物理方法获得的，不能通过化学方法浓缩。氯的含量少于 60%
	硼酸岩		
	微量元素		天然物质或来自未经化学处理、未添加化学合成物质
	镁矿粉		天然物质或来自未经化学处理、未添加化学合成物质
	天然硫磺		
	石灰石、石膏和白垩		天然物质或来自未经化学处理、未添加化学合成物质
	黏土（如珍珠岩、蛭石等）		天然物质或来自未经化学处理、未添加化学合成物质
	氯化钙、氯化钠		
	窑灰		未经化学处理、未添加化学合成物质
	钙镁改良剂		
	泻盐类（含水硫酸岩）		
微生物来源	可生物降解的微生物加工副产品，如酿酒和蒸馏酒行业的加工副产品		
	天然存在的微生物配制的制剂		

附　录　B
（规范性附录）
有机作物种植允许使用的植物保护产品和措施

B.1　有机作物允许使用的植物保护产品物质和措施见表B.1。

表B.1　有机作物种植允许使用的植物保护产品物质和措施

物质类别	物质名称、组分要求	使　用　条　件
植物和动物来源	印楝树提取物(Neem)及其制剂	
	天然除虫菊(除虫菊科植物提取液)	
	苦楝碱(苦木科植物提取液)	
	鱼藤酮类(毛鱼藤)	
	苦参及其制剂	
	植物油及其乳剂	
	植物制剂	
	植物来源的驱避剂(如薄荷、熏衣草)	
	天然诱集和杀线虫剂（如万寿菊、孔雀草）	
	天然酸(如食醋、木醋和竹醋等)	
	蘑菇的提取物	
	牛奶及其奶制品	
	蜂蜡	
	蜂胶	
	明胶	
	卵磷脂	
矿物来源	铜盐(如硫酸铜、氢氧化铜、氯氧化铜、辛酸铜等)	不得对土壤造成污染
	石灰硫磺(多硫化钙)	
	波尔多液	
	石灰	
	硫磺	
	高锰酸钾	
	碳酸氢钾	
	碳酸氢钠	
	轻矿物油(石蜡油)	
	氯化钙	
	硅藻土	
	黏土(如斑脱土、珍珠岩、蛭石、沸石等)	
	硅酸盐(硅酸钠,石英)	

表 B.1（续）

物质类别	物质名称、组分要求	使 用 条 件
微生物来源	真菌及真菌制剂（如白僵菌、轮枝菌）	
	细菌及细菌制剂（如苏云金杆菌，即 BT）	
	释放寄生、捕食、绝育型的害虫天敌	
	病毒及病毒制剂（如颗粒体病毒等）	
其他	氢氧化钙	
	二氧化碳	
	乙醇	
	海盐和盐水	
	苏打	
	软皂（钾肥皂）	
	二氧化硫	
诱捕器、屏障、驱避剂	物理措施（如色彩诱器、机械诱捕器等）	
	覆盖物（网）	
	昆虫性外激素	仅用于诱捕器和散发皿内
	四聚乙醛制剂	驱避高等动物

附 录 C
（规范性附录）
评估有机生产中使用其他物质的准则

在附录A和附录B涉及有机农业中用于培肥和植物病虫害防治的产品不能满足要求的情况下，可以根据本附录描述的评估准则对有机农业中使用除附录A和附录B以外的其他物质进行评估。

C.1 原则

C.1.1 土壤培肥和土壤改良允许使用的物质

C.1.1.1 为达到或保持土壤肥力或为满足特殊的营养要求，而为特定的土壤改良和轮作措施所必需的，本标准附录A和本标准概述的方法所不可能满足和替代的物质。

C.1.1.2 该物质来自植物、动物、微生物或矿物，并允许经过如下处理：

a） 物理（机械，热）处理；

b） 酶处理；

c） 微生物（堆肥，消化）处理。

C.1.1.3 经可靠的试验数据证明该物质的使用应不会导致或产生对环境的不能接受的影响或污染，包括对土壤生物的影响和污染。

C.1.1.4 该物质的使用不应对最终产品的质量和安全性产生不可接受的影响。

C.1.2 控制植物病虫草害所允许使用的物质表时使用

C.1.2.1 该物质是防治有害生物或特殊病害所必需的，而且除此物质外没有其他生物的、物理的方法或植物育种替代方法和（或）有效管理技术可用于防治这类有害生物或特殊病害。

C.1.2.2 该物质（活性化合物）源自植物、动物、微生物或矿物，并可经过以下处理：

a） 物理处理；

b） 酶处理；

c） 微生物处理。

C.1.2.3 有可靠的试验结果证明该物质的使用应不会导致或产生对环境的不能接受的影响或污染。

C.1.2.4 如果某物质的天然形态数量不足，可以考虑使用与该自然物质的性质相同的化学合成物质，如化学合成的外激素（性诱剂），但前提是其使用不会直接或间接造成环境或产品污染。

C.2 评估程序

C.2.1 必要性

只有在必要的情况下才能使用某种投入物质。投入某物质的必要性可从产量、产品质量、环境安全性、生态保护、景观、人类和动物的生存条件等方面进行评估。

某投入物质的使用可限制于：

a） 特种农作物（尤其是多年生农作物）；

b） 特殊区域；

c） 可使用该投入物质的特殊条件。

C.2.2 投入物质的性质和生产方法

C.2.2.1 投入物质的性质

投入物质的来源一般应来源于(按先后选用顺序)：

a) 有机物(植物、动物、微生物)；

b) 矿物。

C.2.2.1.1 可以使用等同于天然产品的化学合成物质。

C.2.2.1.2 在可能的情况下，应优先选择使用可再生的投入物质。其次应选择矿物源的投入物质，而第三选择是化学性质等同天然产品的投入物质。在允许使用化学性质等同的投入物质时需要考虑其在生态上、技术上或经济上的理由。

C.2.2.2 生产方法

投入物质的配料可以经过以下处理：

a) 机械处理；

b) 物理处理；

c) 酶处理；

d) 微生物作用处理；

e) 化学处理(作为例外并受限制)。

C.2.2.3 采集

构成投入物质的原材料采集不得影响自然生境的稳定性，也不得影响采集区内任何物种的生存。

C.2.3 环境安全性

投入物质不得危害环境或对环境产生持续的负面影响。投入物质也不应造成对地面水、地下水、空气或土壤的不可接受的污染。应对这些物质的加工、使用和分解过程的所有阶段进行评价。

必须考虑投入物质的以下特性：

C.2.3.1 可降解性

C.2.3.1.1 所有投入物质必须可降解为二氧化碳、水和(或)其矿物形态。

C.2.3.1.2 对非靶生物有高急性毒性的投入物质的半衰期最多不能超过 5 d。

C.2.3.1.3 对作为投入的无毒天然物质没有规定的降解时限要求。

C.2.3.2 对非靶生物的急性毒性

当投入物质对非靶生物有较高急性毒性时，需要限制其使用。应采取措施保证这些非靶生物的生存。可规定最大允许使用量。如果无法采取可以保证非靶生物生存的措施，则不得使用该投入物质。

C.2.3.3 长期慢性毒性

不得使用会在生物或生物系统中蓄积的投入物质，也不得使用已经知道有或怀疑有诱变性或致癌性的投入物质。如果投入这些物质会产生危险，应采取足以使这些危险降至可接受水平和防止长时间持续负面环境影响的措施。

C.2.3.4 化学合成产品和重金属

C.2.3.4.1 投入物质中不应含有致害量的化学合成物质(异生化合制品)。仅在其性质完全与自然界

的产品相同时，才可允许使用化学合成的产品。

C.2.3.4.2　投入的矿物质中的重金属含量应尽可能地少。由于缺乏代用品以及在有机农业中已经被长期、传统地使用，铜和铜盐目前尚是一个例外。但任何形态的铜在有机农业中的使用应视为临时性允许使用，并且就其环境影响而言，应限制使用。

C.2.4　对人体健康和产品质量的影响

C.2.4.1　人体健康

投入物质必须对人体健康无害。应考虑投入物质在加工、使用和降解过程中的所有阶段的情况，应采取降低投入物质使用危险的措施，并制定投入物质在有机农业中使用的标准。

C.2.4.2　产品质量

投入物质对产品质量(如味道，保质期和外观质量等)不得有负面影响。

C.2.5　伦理方面——动物生存条件

投入物质对农场饲养的动物的自然行为或机体功能不得有负面影响。

C.2.6　社会经济方面

消费者的感官：投入的物质不应造成有机产品的消费者对有机产品的抵触或反感。消费者可能会认为某投入物质对环境或人体健康是不安全的，尽管这在科学上可能尚未得到证实。投入物质的问题(例如基因工程问题)不应干扰人们对天然或有机产品的总体感觉或看法。

ICS 65.020.20
B 05

DB65

新疆维吾尔自治区地方标准

DB65/T 3766—2015

有机产品 日光温室西葫芦生产技术规程

Organic products technique regulations for greenhouse zucchini production

2015-09-30 发布 2015-11-01 实施

新疆维吾尔自治区质量技术监督局 发布

前　言

本标准按照 GB/T 1.1—2009 给出的规则起草。

本标准由新疆维吾尔自治区果蔬标准化研究中心提出。

本标准由新疆维吾尔自治区农业厅归口。

本标准主要起草单位:新疆维吾尔自治区果蔬标准化研究中心、新疆农业科学院园艺作物研究所、吐鲁番地区质量技术监督局、乌鲁木齐绿宝康服务有限公司。

本标准主要起草人:王浩、李瑜、杨猛、曹燕、文光哲、赛丽滩乃提·米吉提、庄红梅、许山根、牛慧玲、文红梅、李统中、张丽。

有机产品　日光温室西葫芦生产技术规程

1　范围

本标准规定了日光温室(以下简称温室)西葫芦有机生产的术语和定义、产地环境、生产技术、采收和有机生产记录的要求。

本标准适用于温室西葫芦的有机生产。

2　规范性引用文件

下列文件对于本文件的应用是必不可少的。凡是注日期的引用文件,仅所注日期的版本适用于本文件。凡是不注日期的引用文件,其最新版本(包括所有的修改单)适用于本文件。

GB 3095　环境空气质量标准

GB 5084　农田灌溉水环境质量标准

GB 9137　保护农作物的大气污染物最高允许浓度

GB 15618　土壤环境质量标准

GB 16715.1—2010　瓜菜作物种子　第1部分:瓜类

GB/T 19630.1—2011　有机产品　第1部分:生产

3　术语和定义

下列术语和定义适用于本文件。

3.1

有机产品　organic products

生产、加工、销售过程符合本标准的供人类消费、动物食用的产品。

3.2

日光温室　sunlight greenhouse

以日光为主要能源的温室,一般由透光前坡、外保温帘(被)、后坡、后墙、山墙和操作间组成。基本朝向坐北朝南,东西延伸。围护结构具有保温和蓄热的双重功能,适用于冬季寒冷,但光照充足地区反季节种植蔬菜、花卉和瓜果。

3.3

常规　conventional

生产体系及其产品未获得有机认证或未开始有机转换认证。

3.4

缓冲带　buffer zone

在有机和常规地块之间有目的设置的、可明确界定的用来限制或阻挡邻近田块的禁用物质漂移的过渡区域。

4 产地环境

温室西葫芦有机生产需要在适宜的环境条件下进行，生产基地应远离城区、工矿区、交通主干线、工业污染源、生活垃圾场等。

生产基地内的环境质量应符合以下要求：

——土壤环境质量符合 GB 15618 中的二级标准；

——农田灌溉用水水质符合 GB 5084 的规定；

——环境空气质量符合 GB 3095 中的二级标准；

——温室西葫芦生产的大气污染最高允许浓度符合 GB 9137 的规定。

5 生产技术

5.1 栽培季节与茬口安排

日光温室栽培西葫芦，一般有秋冬茬、冬春茬和早春茬栽培，以冬春茬和早春茬栽培较多。秋冬茬栽培一般在 8 月播种，苗龄 30 天左右，9 月定植，10 月～12 月采收；冬春茬一般 10 月～11 月播种，苗龄 35 天左右，11 月～12 月定植，12 月～1 月采收；早春茬一般 2 月播种，3 月定植，4 月～6 月采收。

5.2 品种选择

应选择适应当地土壤和气候特点，抗病性好、耐低温弱光、早熟丰产、商品性好的品种。西葫芦有矮生型、蔓生型和半蔓生型 3 个类型，温室栽培一般选择矮生型品种，瓜蔓短、株型紧凑、早熟。种子质量应符合 GB 16715.1—2010 的规定。禁止使用经禁用物质和方法处理的西葫芦种子。

5.3 育苗

可选择应用穴盘有机基质育苗，在设施齐全、环境良好的育苗温室内进行，并对育苗设施进行消毒处理，创造适合秧苗生长发育的环境条件。

5.3.1 穴盘与基质的准备

西葫芦育苗一般选用 50 孔穴盘，选择优质成品的商品基质即可，基质的制作与质量满足育苗所需的营养，需符合 GB 19630.1 土肥管理的要求。先将基质预湿至含水量 60%～70%，然后装满穴盘刮平，覆膜保湿待播种。

5.3.2 种子处理

将种子放入 55 ℃的温水中浸种，水温降至 30 ℃时，浸泡 4 h，洗净，捞出，沥干水，放于 25 ℃～30 ℃条件下催芽，80%种子露白即可播种。

5.3.3 播种

播种期根据茬口安排进行，每穴 1 粒种子，露胚根种子平放在播种穴内，每 666.7 m^2 需用西葫芦种子约 400 g，播种深度 2 cm～3 cm，播后覆膜保湿，约 70%顶土出苗即撤除覆盖物。

5.3.4 苗期管理

从播种到出苗，白天温度保持在 25 ℃～30 ℃，夜间 18 ℃～20 ℃；从出齐苗到第二片叶展开，保持室温白天 20 ℃～25 ℃，夜间 8 ℃～10 ℃；定植前 4 d～5 d 低温炼苗，控制白天温度 15 ℃～18 ℃，夜间 6 ℃～8 ℃。当幼苗 4 叶 1 心，苗高 10 cm 左右，茎粗 0.4 cm～0.5 cm，叶色浓绿，叶柄长度约与叶片等长时即可定植。苗期一般不需要施肥，需多见光、预防徒长，夏秋季育苗需要注意遮阳、降温。

5.4 定植

5.4.1 定植前准备

5.4.1.1 土壤和温室消毒

在 7 月～8 月高温休闲季节，将土壤翻耕后覆盖地膜，利用太阳能晒土高温杀菌。具体方法：将农家肥施入土壤，深翻，灌透水，土壤表面盖地膜或旧棚膜，扣棚膜，密封棚室，高温消毒。

5.4.1.2 翻地施肥

温室有机栽培西葫芦以堆肥、畜禽粪、饼肥、绿肥等为主，定植前 7 d～10 d，结合深翻土地，施腐熟的优质有机肥 5 000 kg/666.7 m^2～6 000 kg/666.7 m^2，饼肥 100 k/667.7 m^2，结合整地与土壤混匀。

5.4.1.3 整地做畦

温室内土壤达到宜耕期后，深翻 30 cm 左右，整细耙平。温室栽培西葫芦一般选择高畦栽培，南北向作畦，畦宽 70 cm～80 cm，间距 50 cm～60 cm，畦高 15 cm～20 cm，畦上覆盖地膜。

5.4.1.4 定植

定植时间根据茬口模式而定，畦上双行打孔定植，株距 40 cm～50 cm，定植 2 000 株/666.7 m^2～3 000 株/666.7 m^2。夏秋高温季节选阴天或傍晚移栽，定植多采用暗水定植法，即先挖穴，穴里浇足水，再栽苗。栽苗深度以刚埋住土坨上层表面土为宜，待水渗下后再覆土盖穴，定植口封严保湿保温。

5.5 定植后的管理

5.5.1 温度管理

定植后到缓苗前，温度应保持 30 ℃左右，高温缓苗。缓苗后保持白天 20 ℃～25 ℃，夜间 12 ℃～15 ℃。第一雌花开放后，白天保持 22 ℃～25 ℃，夜间 11 ℃～13 ℃。春季栽培，外界气温稳定通过 12 ℃以上时，可以昼夜通风。

5.5.2 光照的管理

每天揭开棉被后都要清洁棚膜，擦洗除尘，温室内后墙张挂反光幕等，尽量增加光照。

5.5.3 肥水管理

定植成活后浇缓苗水 1 次，此后控水蹲苗，当第一个瓜长到 10 cm～12 cm 时开始浇水追肥，进入盛瓜期后每隔 5 d～7 d 浇水 1 次。结合浇水追施腐熟农家有机液肥 1 000 kg/666.7 m^2，浇水 1 次追肥 1 次。

5.5.4 人工授粉

有机栽培需要人工授粉，一般在上述时间选择当天新开的雄花，去其花冠，露出雄蕊，轻轻涂抹到雌花的柱头上，要涂抹均匀，促进其受精坐果，一朵雄花可为 2 朵～4 朵雌花授粉，也可将花粉采集于小玻璃器皿内，用干燥毛笔蘸花粉往柱头上涂抹。

5.5.5 植株调整

及时摘除过多的幼瓜，减少营养供应不足而造成的化瓜，一般每株动态保留3个～4个成瓜同时生长。中后期可适当摘除病残叶片和老化叶片，但瓜后至少保留4片～5片功能叶，保证光合营养的制造与运输，保障充足的营养供应。

5.6 病虫害防治

5.6.1 主要病虫害

5.6.1.1 主要病害：霜霉病、白粉病、灰霉病、病毒病等。
5.6.1.2 主要虫害：蚜虫、白粉虱、红蜘蛛等。

5.6.2 防治原则

从西葫芦病虫害整个生态系统出发，综合运用各种防治措施，创造不利于病虫害孳生和有利于各类天敌繁衍的环境条件，保持农业生态系统的平衡和生物多样化，减少各类病虫害所造成的损失。优先选用农业防治，合理使用物理防治、生物防治和药剂防治。

5.6.3 农业防治

5.6.3.1 保持温室清洁。将摘除的西葫芦侧枝侧蔓、老叶，以及疏掉的幼瓜、雄花等清扫干净，集中烧毁或深埋，减轻病虫害的繁衍危害。在生长季节发现病害时，也要及时仔细地剪除病枝叶、病果，并立即销毁，防止再传播蔓延。
5.6.3.2 改善通风透光条件。及时摘除老叶和多余的幼瓜、病残的叶片，结合温湿度管理，调节风口使通气流畅，降低空气湿度。
5.6.3.3 加强温度管理。生长期白天保持22 ℃～25 ℃，夜间11 ℃～13 ℃。
5.6.3.4 加强肥水管理。保证足够数量的充分腐熟的有机肥，维持和提高土壤肥力、营养平衡和生物活性，补充土壤有机质和养分从而补充因西葫芦收获而从土壤中带走的有机质和土壤养分，可增强生长势，提高抗病虫的能力。与瓜类作物实行5年以上轮作栽培。
5.6.3.5 加强设施防护。为减少外来病虫害的侵入，应在温室上通风口和下通风口设置防虫网，阻止病虫害的迁入侵染。
5.6.3.6 选用抗病虫害品种。选用耐病抗病品种。

5.6.4 生物防治

利用天敌昆虫防治西葫芦害虫，如释放瓢虫防治蚜虫，扣棚后当白粉虱成虫在0.2头/株以下时，每5天释放丽蚜小蜂成虫3头/株，共释放三次丽蚜小蜂，可有效控制白粉虱为害。利用微生物防治病虫害，如利用木霉菌防治灰霉病，用2%武夷菌素水剂防治西葫芦霜霉病等。

5.6.5 物理防治

利用病原、害虫对温度、光谱、声响等的特异反应和耐受能力，杀死或驱避有害生物，如悬挂黄板等，利用灯光、色彩诱杀害虫等。

5.6.5.1 黄板诱杀白粉虱、蚜虫

悬挂黄板诱杀白粉虱和蚜虫，挂30块/666.7 m^2～40块/666.7 m^2，挂在行间。

5.6.5.2 阻隔防蚜和驱避防蚜

在棚室放风口处设防虫网防止蚜虫迁入，悬挂银灰色条膜驱避蚜虫。

5.6.6 以上方法不能有效控制病虫害时，允许使用附录B所列出的物质。使用附录B未列入的物质时，应由认证机构按照附录C的准则对该物质进行评估。

5.7 污染控制

5.7.1 有机地块与常规地块的排灌系统应有有效的隔离措施，以保证常规农田的水不会渗透或漫入有机地块。

5.7.2 常规农业系统中的设备在用于有机生产前，应得到充分清洗，去除污染物残留。

5.7.3 在使用保护性的建筑覆盖物、塑料薄膜、防虫网时，只允许选择聚乙烯、聚丙烯或聚碳酸酯类产品，并且使用后应从土壤中清除。禁止焚烧，禁止使用聚氯类产品。

5.7.4 有机产品的农药残留不能超过国家食品卫生标准相应产品限值的5%，重金属含量也不能超过国家食品卫生标准相应产品的限值。

6 采收

西葫芦幼瓜生长速度快，一般开花10 d后即可采收嫩瓜上市。第一次雌花形成的葫芦瓜提倡早采收，以利于茎叶生长和后续幼瓜的形成，单瓜重达到250 g～300 g即可采收。以后收获的葫芦瓜一般在单瓜重500 g左右时采收，采收过晚，容易老化，而且影响后续幼瓜的生长。

7 有机生产记录

7.1 认证记录的保存

产品生产、收获和经营的操作记录必须保存好。且这些记录必须能详细记录被认证操作的各项活动和交易情况，以备检查和核实，记录要足以证实完全遵守有机生产标准的各项条例，且被保存至少5年。

7.2 提供文件清单

7.2.1 一般资料

包括技术负责人姓名、地址、电话或传真、种植面、有机耕作面积及作物种类。

7.2.2 农田描述

包括田块图和地点详图、田块清单和历史记录、设备表。

7.2.3 生产描述

包括要认证的产品清单、估计的年产量、栽培技术、测试分析、田间农事记录。

7.3 投入和销售

包括种子、肥料、病虫害防治材料、农业投入、标签、服务。销售包括产品、数量、保证书、顾客。

7.4 控制与认证

包括遵守有机生产技术规程、检查报告、认证证书等。

附 录 A
（规范性附录）
有机作物种植允许使用的土壤培肥和改良物质

A.1 有机作物种植允许使用的土壤培肥和改良物质见表A.1。

表A.1 有机作物种植允许使用的土壤培肥和改良物质

物质类别		物质名称、组分和要求	使用条件
植物和动物来源	有机农业体系内	作物秸秆和绿肥	
		畜禽粪便及其堆肥（包括圈肥）	
	有机农业体系以外	秸秆	与动物粪便堆制并充分腐熟后
		畜禽粪便及其堆肥	满足堆肥的要求
		干的农家肥和脱水的家畜粪便	满足堆肥的要求
		海草或物理方法生产的海草产品	未经过化学加工处理
		来自未经化学处理木材的木料、树皮、锯屑、刨花、木灰、木炭及腐殖酸物质	地面覆盖或堆制后作为有机肥源
		未搀杂防腐剂的肉、骨头和皮毛制品	经过堆制或发酵处理后
		蘑菇培养废料和蚯蚓培养基质的堆肥	满足堆肥的要求
		不含合成添加剂的食品工业副产品	应经过堆制或发酵处理后
		草木灰	
		不含合成添加剂的泥炭	禁止用于土壤改良；只允许作为盆栽基质使用
		饼粕	不能使用经化学方法加工的
		鱼粉	未添加化学合成的物质
矿物来源	磷矿石		应当是天然的，应当是物理方法获得的，五氧化二磷中镉含量小于等于90 mg/kg
	钾矿粉		应当是物理方法获得的，不能通过化学方法浓缩。氯的含量少于60%
	硼酸岩		
	微量元素		天然物质或来自未经化学处理、未添加化学合成物质
	镁矿粉		天然物质或来自未经化学处理、未添加化学合成物质
	天然硫磺		
	石灰石、石膏和白垩		天然物质或来自未经化学处理、未添加化学合成物质
	黏土（如珍珠岩、蛭石等）		天然物质或来自未经化学处理、未添加化学合成物质
	氯化钙、氯化钠		
	窑灰		未经化学处理、未添加化学合成物质
	钙镁改良剂		
	泻盐类（含水硫酸岩）		
微生物来源	可生物降解的微生物加工副产品，如酿酒和蒸馏酒行业的加工副产品		
	天然存在的微生物配制的制剂		

附　录　B
（规范性附录）
有机作物种植允许使用的植物保护产品和措施

B.1　有机作物允许使用的植物保护产品物质和措施见表B.1。

表B.1　有机作物种植允许使用的植物保护产品物质和措施

物质类别	物质名称、组分要求	使　用　条　件
植物和动物来源	印楝树提取物(Neem)及其制剂	
	天然除虫菊(除虫菊科植物提取液)	
	苦楝碱(苦木科植物提取液)	
	鱼藤酮类(毛鱼藤)	
	苦参及其制剂	
	植物油及其乳剂	
	植物制剂	
	植物来源的驱避剂(如薄荷、熏衣草)	
	天然诱集和杀线虫剂(如万寿菊、孔雀草)	
	天然酸(如食醋、木醋和竹醋等)	
	蘑菇的提取物	
	牛奶及其奶制品	
	蜂蜡	
	蜂胶	
	明胶	
	卵磷脂	
矿物来源	铜盐(如硫酸铜、氢氧化铜、氯氧化铜、辛酸铜等)	不得对土壤造成污染
	石灰硫磺(多硫化钙)	
	波尔多液	
	石灰	
	硫磺	
	高锰酸钾	
	碳酸氢钾	
	碳酸氢钠	
	轻矿物油(石蜡油)	
	氯化钙	
	硅藻土	
	黏土(如斑脱土、珍珠岩、蛭石、沸石等)	
	硅酸盐(硅酸钠,石英)	

表 B.1（续）

物质类别	物质名称、组分要求	使用条件
微生物来源	真菌及真菌制剂(如白僵菌、轮枝菌)	
	细菌及细菌制剂(如苏云金杆菌,即BT)	
	释放寄生、捕食、绝育型的害虫天敌	
	病毒及病毒制剂(如颗粒体病毒等)	
其他	氢氧化钙	
	二氧化碳	
	乙醇	
	海盐和盐水	
	苏打	
	软皂(钾肥皂)	
	二氧化硫	
诱捕器、屏障、驱避剂	物理措施(如色彩诱器、机械诱捕器等)	
	覆盖物(网)	
	昆虫性外激素	仅用于诱捕器和散发皿内
	四聚乙醛制剂	驱避高等动物

附　录　C
（资料性附录）
评估有机生产中使用其他物质的准则

在附录A和附录B涉及有机农业中用于培肥和植物病虫害防治的产品不能满足要求的情况下，可以根据本附录描述的评估准则对有机农业中使用除附录A和附录B以外的其他物质进行评估。

C.1　原则

C.1.1　土壤培肥和土壤改良允许使用的物质

C.1.1.1　为达到或保持土壤肥力或为满足特殊的营养要求，而为特定的土壤改良和轮作措施所必需的，本标准附录A和本标准概述的方法所不可能满足和替代的物质。

C.1.1.2　该物质来自植物、动物、微生物或矿物，并允许经过如下处理：

a）　物理（机械，热）处理；

b）　酶处理；

c）　微生物（堆肥，消化）处理。

C.1.1.3　经可靠的试验数据证明该物质的使用应不会导致或产生对环境的不能接受的影响或污染，包括对土壤生物的影响和污染。

C.1.1.4　该物质的使用不应对最终产品的质量和安全性产生不可接受的影响。

C.1.2　控制植物病虫草害所允许使用的物质表时使用

C.1.2.1　该物质是防治有害生物或特殊病害所必需的，而且除此物质外没有其他生物的、物理的方法或植物育种替代方法和（或）有效管理技术可用于防治这类有害生物或特殊病害。

C.1.2.2　该物质（活性化合物）源自植物、动物、微生物或矿物，并可经过以下处理：

a）　物理处理；

b）　酶处理；

c）　微生物处理。

C.1.2.3　有可靠的试验结果证明该物质的使用应不会导致或产生对环境的不能接受的影响或污染。

C.1.2.4　如果某物质的天然形态数量不足，可以考虑使用与该自然物质的性质相同的化学合成物质，如化学合成的外激素（性诱剂），但前提是其使用不会直接或间接造成环境或产品污染。

C.2　评估程序

C.2.1　必要性

只有在必要的情况下才能使用某种投入物质。投入某物质的必要性可从产量、产品质量、环境安全性、生态保护、景观、人类和动物的生存条件等方面进行评估。

某投入物质的使用可限制于：

a）　特种农作物（尤其是多年生农作物）；

b）　特殊区域；

c）　可使用该投入物质的特殊条件。

C.2.2 投入物质的性质和生产方法

C.2.2.1 投入物质的性质

C.2.2.1.1 投入物质的来源一般应来源于(按先后选用顺序):

a) 有机物(植物、动物、微生物);

b) 矿物。

C.2.2.1.2 可以使用等同于天然产品的化学合成物质。

C.2.2.1.3 在可能的情况下,应优先选择使用可再生的投入物质。其次应选择矿物源的投入物质,而第三选择是化学性质等同天然产品的投入物质。在允许使用化学性质等同的投入物质时需要考虑其在生态上、技术上或经济上的理由。

C.2.2.2 生产方法

投入物质的配料可以经过以下处理:

a) 机械处理;

b) 物理处理;

c) 酶处理;

d) 微生物作用处理;

e) 化学处理(作为例外并受限制)。

C.2.2.3 采集

构成投入物质的原材料采集不得影响自然生境的稳定性,也不得影响采集区内任何物种的生存。

C.2.3 环境安全性

C.2.3.1 投入物质不得危害环境或对环境产生持续的负面影响。投入物质也不应造成对地面水、地下水、空气或土壤的不可接受的污染。应对这些物质的加工、使用和分解过程的所有阶段进行评价。

C.2.3.2 必须考虑投入物质的以下特性:

C.2.3.2.1 可降解性

a) 所有投入物质必须可降解为二氧化碳、水和(或)其矿物形态。

b) 对非靶生物有高急性毒性的投入物质的半衰期最多不能超过 5 d。

c) 对作为投入的无毒天然物质没有规定的降解时限要求。

C.2.3.2.2 对非靶生物的急性毒性

当投入物质对非靶生物有较高急性毒性时,需要限制其使用。应采取措施保证这些非靶生物的生存。可规定最大允许使用量。如果无法采取可以保证非靶生物生存的措施,则不得使用该投入物质。

C.2.3.2.3 长期慢性毒性

不得使用会在生物或生物系统中蓄积的投入物质,也不得使用已经知道有或怀疑有诱变性或致癌性的投入物质。如果投入这些物质会产生危险,应采取足以使这些危险降至可接受水平和防止长时间持续负面环境影响的措施。

C.2.3.2.4 化学合成产品和重金属

C.2.3.2.4.1 投入物质中不应含有致害量的化学合成物质(异生化合制品)。仅在其性质完全与自然

界的产品相同时,才可允许使用化学合成的产品。

C.2.3.2.4.2 投入的矿物质中的重金属含量应尽可能地少。由于缺乏代用品以及在有机农业中已经被长期、传统地使用,铜和铜盐目前尚是一个例外。但任何形态的铜在有机农业中的使用应视为临时性允许使用,并且就其环境影响而言,应限制使用。

C.2.4 对人体健康和产品质量的影响

C.2.4.1 人体健康

投入物质必须对人体健康无害。应考虑投入物质在加工、使用和降解过程中的所有阶段的情况,应采取降低投入物质使用危险的措施,并制定投入物质在有机农业中使用的标准。

C.2.4.2 产品质量

投入物质对产品质量(如味道,保质期和外观质量等)不得有负面影响。

C.2.5 伦理方面——动物生存条件

投入物质对农场饲养的动物的自然行为或机体功能不得有负面影响。

C.2.6 社会经济方面

消费者的感官:投入的物质不应造成有机产品的消费者对有机产品的抵触或反感。消费者可能会认为某投入物质对环境或人体健康是不安全的,尽管这在科学上可能尚未得到证实。投入物质的问题(例如基因工程问题)不应干扰人们对天然或有机产品的总体感觉或看法。

ICS 65.020.20
B 05

DB65

新疆维吾尔自治区地方标准

DB65/T 3582—2014

温室有机番茄生产技术规程

Technical code for organic tomato production of greenhouse

2014-07-01 发布　　2014-08-01 实施

新疆维吾尔自治区质量技术监督局　发布

前　言

本标准按照 GB/T 1.1—2009 给出的规则起草。

本标准由自治区果蔬标准化研究中心提出。

本标准由新疆维吾尔自治区农业厅归口。

本标准由自治区果蔬标准化研究中心、吐鲁番地区质量技术监督局、乌鲁木齐绿保康农业服务有限公司负责起草。

本标准主要起草人：赵新亭、李瑜、艾海提·肉孜、卫建国、方海龙、牛惠玲、许山根、许克田。

温室有机番茄生产技术规程

1 范围

本标准规定了温室有机番茄生产的术语和定义、产地环境、生产技术、采收和有机生产记录的要求。

本标准适用于新疆维吾尔自治区区域内温室有机番茄的生产管理。

2 规范性引用文件

下列文件对于本文件的应用是必不可少的。凡是注日期的引用文件，仅注日期的版本适用于本文件。凡是不注日期的引用文件，其最新版本(包括所有的修改单)适用于本文件。

GB 2762 食品安全国家标准 食品中污染物限量

GB 2763 食品安全国家标准 食品中农药最大残留限量

GB 3095—1996 环境空气质量标准

GB 4285 农药安全使用标准

GB 5749 生活饮用水卫生标准

GB 9137 保护农作物的大气污染物最高允许浓度

GB 15618—1995 土壤环境质量标准

GB 16715.3 瓜菜作物种子 第3部分:茄果类

GB/T 8321 (所有部分)农药合理使用准则

GB/T 19630.1—2011 有机产品 第1部分:生产

JB/T 10292—2001 温室工程 术语

3 术语和定义

下列术语和定义适用于本文件。

3.1

有机产品 organic product

生产加工销售过程符合本标准的供人类消费、动物食用的产品。

[GB/T 19630.1—2011,定义3.2]

3.2

日光温室 sunlight greenhouse

以日光为主要能源的温室，一般由前屋面、外保温帘(被)、后坡、后墙、山墙和操作间组成。基本朝向坐北朝南，东西延伸。围护结构具有保温和蓄热的双重功能，适用于冬季寒冷，但光照充足地区反季节种植蔬菜、花卉和瓜果。

[JB/T 10292—2001,定义2.3]

3.3

常规 conventional

生产体系及其产品未获得有机认证或未开始有机转换认证。

[GB/T 19630.1—2011,定义 3.3]

3.4

缓冲带 buffer zone

在有机和常规地块之间有目的设置的、可明确界定的用来限制或阻挡邻近田块的禁用物质漂移的过渡区域。

[GB/T 19630.1—2011,定义 3.6]

4 产地环境

4.1 生产基地应选择边界清晰,生态环境良好,地势高燥,排灌方便,地下水位较低,土层深厚、疏松、肥沃的地块。

4.2 生产基地应远离城区、工矿区、交通主干线、工业污染源、生活垃圾场等。

4.3 生产基地内的环境质量应符合以下要求:

——土壤环境质量符合 GB 15618 中的二级标准;

——农田灌溉用水水质符合 GB 5749 的规定;

——环境空气质量符合 GB 3095 中的二级标准;

——温室番茄生产的大气污染最高允许浓度符合 GB 9137 的规定。

5 生产技术

5.1 茬口安排

5.1.1 春提早栽培:冬末早春定植,初夏上市的茬口。

5.1.2 秋延后栽培:夏末初秋定植,深秋或冬季上市的茬口。

5.1.3 深冬栽培:9 月中旬左右定植,春节前后可上市的茬口。

5.2 前期准备

5.2.1 清除前茬作物残枝烂叶及病虫残体。

5.2.2 温室消毒

5.2.2.1 硫磺熏蒸(钢架温室除外)用硫磺粉 2 kg/666.7 m^2～3 kg/666.7 m^2,点燃密闭熏蒸 24 h 后放风。

5.2.2.2 土壤消毒 6 月下旬至 7 月下旬用石灰氮 50 kg/666.7 m^2～100 kg/666.7 m^2,耕翻25 cm～30 cm。

5.2.2.3 利用高温,密闭温室 5 d～7 d 杀灭温室内、土壤中病、虫草害。

5.2.2.4 增施有机肥,施经无害化处理高温腐熟农家肥 7 000 kg/666.7 m^2～10 000 kg/666.7 m^2。

5.3 品种选择

5.3.1 应选择有机种子或种苗。宜通过筛选和自然选育方法获得有机种子或种苗。当从市场上无法获得有机种子或种苗时,可选用未经禁用物质处理过的常规种子或种苗。种子质量应符合 GB 16715.3 规定。

5.3.2 不得使用化学包衣种子。

5.3.3 应选择适应新疆土壤和气候特点,抗病、优质、高产、耐贮运、商品性好、适合市场需求的品种。

5.3.4 春提早和深冬栽培应选择耐低温弱光、对病害多抗的品种;秋延后栽培应选择高抗病、耐热的品种。

5.4 育苗

5.4.1 播种前的准备

5.4.1.1 育苗设施:选用温室育苗设施;夏秋季育苗应配有防虫遮阳设施。宜采用营养钵或穴盘育苗,并对育苗设施进行消毒处理,创造适合秧苗生长发育的环境条件。

5.4.1.2 营养土:因地制宜地选用无病虫源的田土、经充分腐熟发酵的有机肥、矿质肥料等,按一定比例配制营养土,要求疏松、保肥、保水,营养全面,孔隙度约60%,pH6.0~pH7.0,速效磷含量≥250 mg/kg,速效钾含量≥300 mg/kg,速效氮含量≥250 mg/kg。

5.4.2 穴盘育苗

优先使用穴盘育苗。铺设穴盘,填充基质,播种前用福尔马林(30~50)mL/m^2,加水3 L,喷洒穴盘,用塑料薄膜闷盖3 d后揭膜,待气体散尽后播种。

5.4.3 浸种

5.4.3.1 温汤浸种:将种子放入50 ℃~55 ℃水中,边浸边搅拌20 min,捞出后用30 ℃水保温浸种后可催芽。

5.4.3.2 干热灭菌:种子以2 cm~3 cm厚度摊放在恒温干燥器内,60 ℃通风干燥2 h~3 h,然后在75 ℃处理3 d。

5.4.3.3 硫酸铜溶液浸种:先用0.1%硫酸铜溶液浸种5 min,捞出种子,用清水冲洗3次后,再浸种催芽播种。

5.4.3.4 高锰酸钾溶液浸种:先用40 ℃的温水浸种3 h~4 h后捞出,再放入0.5%~1%高锰酸钾溶液中浸泡10 min~15 min,再捞出,用清水冲洗3次后,浸种催芽播种。

5.4.4 催芽

消毒后的种子室温浸泡6 h~8 h后,捞出控净水分,置于25 ℃~30 ℃条件恒温催芽,期间进行(2~3)次投洗、翻倒。

5.5 播种

5.5.1 播种期:根据栽培季节、育苗手段和壮苗指标确定适宜的播种期。

5.5.2 播种量:根据种子大小及定植密度,栽培面积用种量20 g/666.7 m^2~30 g/666.7 m^2,播种床播种量5 g/m^2~10 g/m^2。

5.5.3 播种方法:当催芽种子70%以上破嘴(露白)即可播种。夏秋育苗直接用消毒后种子播种。播种前苗床浇足底水,湿润至床土深10 cm。水渗下后用营养土薄撒一层,均匀撒播。播后覆营养土0.8 cm~1.0 cm。冬春播种育苗床面上覆盖地膜,夏秋播种育苗床面覆盖遮阳网、秸杆或杂草,当70%幼苗顶土时撤除床面覆盖物。

5.6 苗期管理

5.6.1 温度

夏秋育苗主要靠遮阳降温。冬春育苗温度管理见表1。

表1　冬春育苗温度管理指标

时　期	日温/℃	夜温/℃	短时间最低夜温不低于/℃
播种至齐苗	25～30	18～15	13
齐苗至分苗前	20～25	15～10	10
分苗至缓苗	25～30	20～15	10
缓苗后至定植前	20～25	16～12	10
定植前 5 d～7 d	15～20	12～10	10

5.6.2　光照

夏秋育苗采用遮光降温。

5.6.3　水分

分苗水应浇足。以后根据育苗季节和墒情适当浇水。

5.6.4　肥水管理

苗期以控水控肥为主。幼苗 2 叶 1 心时，分苗于育苗容器中，摆入苗床。在秧苗 3 片～4 片叶时，可结合苗情追提苗肥。

5.6.5　扩大营养面积

秧苗 3 片～4 片叶时加大苗距，保湿保温。

5.6.6　炼苗

早春育苗白天 15 ℃～20 ℃，夜间 10 ℃～5 ℃。夏秋育苗逐渐撤去遮阳物。

5.6.7　壮苗指标

冬春育苗，7 片～8 片叶真叶，株高 16 cm～20 cm，茎粗 0.6 cm 以上，现大蕾，叶色浓绿，无病虫害。夏秋育苗，3 片～4 片叶，株高 15 cm 左右，茎粗 0.4 cm 左右。

5.7　定植

5.7.1　定植前准备

5.7.1.1　整地

土壤应疏松，土壤颗粒小而均匀。南北向起垄，垄宽 70 cm，垄距 50 cm，高 15 cm～20 cm，结合整地施入基肥。

5.7.1.2　棚室消毒

在定植前应进行棚室消毒，消毒时不得使用禁用物质和方法。

5.7.2　定植时间和方法

5.7.2.1　定植时间

根据不同茬口模式确定定植期，春季定植时 10 cm 内土壤温度稳定达到 10 ℃以上。

5.7.2.2 定植方法

垄上覆盖地膜，双行定植，株距 30 cm～40 cm，密度 2 500 株/666.7 m^2～3 000 株/666.7 m^2。

5.8 定植后管理

5.8.1 冬前和冬季管理

5.8.1.1 温湿度管理

深冬及春提前栽培，定植后缓苗前不放风，保持白天室温 28 ℃～30 ℃，夜间 17 ℃～20 ℃。若遇晴暖天气，中午适当遮阴。缓苗后至结果前，以锻炼植株为主，控制浇水，要多次中耕，以促根控秧。白天室温 22 ℃～26 ℃，夜间 15 ℃～18 ℃，中午前后不要超过 30 ℃。此期间要加强放风散湿。进入结果期，室内气温控制在 20 ℃～30 ℃，夜间 13 ℃～15 ℃，超过 28 ℃放风。

5.8.1.2 保温覆盖物的管理

上午揭保温被的适宜时间，以揭开保温被后室内气温无明显下降为准。晴天时，阳光照到采光屋面时及时揭开保温被。下午室温降至 20 ℃左右时盖保温被。深冬季节，保温被可适当晚揭早盖。一般雨雪天，室内气温只要不下降，就应揭开保温被。大雪天，可在清扫积雪后于中午短时揭开或随揭随盖。连续阴天时，可于午前揭保温被，午后早盖。久阴乍晴时，要陆续间隔揭开保温被，不能猛然全部揭开，以免叶面灼伤。揭保温被后若植株叶片发生萎蔫，应再盖保温被。待植株恢复正常，再间隔揭保温被。

5.8.1.3 肥水管理

5.8.1.3.1 定植至坐果前，要控制浇水多次中耕以促根控秧，防止植株茎叶旺长单干整枝，及时打叉，绑秧。第一花序的果实 5 cm 大时浇水追肥。

5.8.1.3.2 应采用合理的灌溉方式如滴灌、渗灌等，不得大水漫灌。

5.8.1.3.3 不得使用人工合成的生长调节剂。

5.8.1.4 光照调节

采用无滴膜覆盖，注意合理密植和植株调整，经常清扫薄膜，保持清洁，提高透明度。

5.8.1.5 植株调整

5.8.1.5.1 吊蔓：用尼龙绳吊蔓。

5.8.1.5.2 单干整枝，及时打老叶，留足果穗后及早打顶。

5.8.1.6 摘心、打底叶：当最上目标花序现蕾时，留二片叶摘心，保留其上的侧枝。第一穗果绿熟期后，及时摘除枯黄有病斑的叶子和老叶。摘除的老叶及时清除，不可用作堆肥的原料。

5.8.1.7 CO_2 施肥

越冬期间室温偏低，放风量少，若有机肥施用不足，会发生 CO_2 亏缺。为此，晴天上午 9 时～10 时，可实行 CO_2 施肥 1 h～2 h，施入浓度 800 mg/L～1 000 mg/L。

5.8.2 春季管理

2 月气温回升，进入结果盛期，应加强管理。要重视放风，调节室内温湿度，使室内温度白天达到上午 25 ℃～28 ℃，下午 25 ℃～20 ℃，夜 20 ℃～13 ℃，温度过高时可通腰风和前后窗放风。当外界日均气温稳定超过 15 ℃时，不再盖保温被，可昼夜放风。2 月下旬后，需肥水量增加，要适当增加浇水次数和浇水量。结合浇水每 10 d～15 d 左右施一次经过有机认证的滴灌肥。

5.8.2.1 空气湿度

采用地膜覆盖、滴灌或暗灌、通风排湿、温度调控等措施调控温室的空气相对湿度。

5.8.2.2 灌水

采用膜下滴灌或暗灌。定植后及时浇水，3 d～5 d 后浇缓苗水。冬春季节不浇明水，土壤相对湿度冬春季节保持在60%～70%，夏秋季节保持在75%～85%。

5.8.2.3 肥料

5.8.2.3.1 优先选用有机养殖场的畜禽粪便和经过有机认证的商品肥；来源于动物和植物的废弃物和农家肥（包括农场外畜禽粪便）应经过彻底腐熟且达到有机肥腐熟标准；矿质肥料和微量元素肥料应选用长效肥料；应在施用前对其重金属含量或其他污染因子进行检测。允许使用和限制使用的肥料种类见 GB/T 19630.1—2011 附录 A 中表 A.1 所列出的物质。如使用时，应按照 GB/T 19630.1—2011 附录 C 的准则对该物质进行评估。

5.8.2.3.2 根据保护地肥力水平、生育季节、生长状况和目标产量，确定施肥量。每生产 1 000 kg 番茄，需从土壤中吸取氮 3.18 kg，磷 0.74 kg，钾 4.83 kg。三者比例为 1∶0.5∶1.25。

5.8.2.3.3 施肥技术

5.8.2.3.3.1 肥料施用的方式包括基肥、追肥和叶面肥。应重施基肥。

5.8.2.3.3.2 追肥：根据生长期的长短和对营养需求程度变化确定施肥量和时间。施肥的种类包括腐熟的农家肥、氨基酸类或腐殖酸类的冲施肥等，施肥的数量应控制在施肥总量的15%～20%。追肥的方式包括撒施、沟施和穴施。

5.8.2.3.3.3 叶面肥：叶面肥作为根外施肥的补充形式，主要种类包括氨基酸类或腐殖酸类叶面肥、微量元素肥料等，施肥的有效含量（以 N 计）不得超过总施肥量的10%。

5.8.2.4 授粉疏果

5.8.2.4.1 授粉：采取人工授粉、蜜蜂或熊蜂授粉、机械振动授粉，不得使用植物激素处理花穗。

5.8.2.4.2 疏果：应适当疏果（除樱桃番茄外），大果型品种每穗选留 3 果～4 果，中果型品种每穗留 4 果～6 果。

5.9 病虫害防治

5.9.1 主要病虫害

5.9.1.1 主要病害：猝倒病、立枯病、早疫病、晚疫病、溃疡病、灰霉病、叶霉病、白粉病等。

5.9.1.2 主要虫害：棉铃虫、白粉虱、烟粉虱、蚜虫、斑潜蝇。

5.9.2 防治原则

按照预防为主，综合防治的植保方针，坚持以农业防治、物理防治、生物防治为主，药剂防治为辅的原则。

5.9.2.1 农业防治

5.9.2.1.1 抗病虫品种：应针对栽培季节及当地主要病虫控制对象，选用高抗、多抗性品种。

5.9.2.1.2 培育壮苗：应通过培育适龄壮苗，提高抗逆性。

5.9.2.1.3 控温控湿：应控制好温度和空气湿度，适宜的肥水，充足的光照和 CO_2；应通过防风和辅助加温，调节不同生育时期的适宜温室，避免低温和高温为害。

5.9.2.1.4 采用深沟高畦、清洁田园等措施避免侵染性病害发生。

5.9.2.1.5 科学施肥：应减少氮肥的使用量，降低病虫害的发生；叶面喷施钙肥、硅肥等营养元素增强番茄的抗病虫能力。

5.9.2.1.6 设施防护:应采用防虫网、遮阳网等措施。

5.9.2.2 物理防治

悬挂(30～40)块/666.7 m^2 黄板诱杀斑潜蝇、蚜虫、粉虱等害虫。覆盖银灰色膜驱避蚜虫。

5.9.2.3 生物防治

5.9.2.3.1 宜保护利用赤眼蜂、食蚜瘿蚊等捕食性天敌和丽蚜小蜂等寄生性天敌,防治棉铃虫、粉虱、蚜虫等害虫。

5.9.2.3.2 宜采用病毒、线虫等防治病虫害。

5.9.2.3.3 宜采用植物源农药如除虫菊素、苦参碱、印楝素等和生物源农药如齐墩螨素、农用链霉素、新植霉素等生物农药防治病虫害。

5.9.2.4 药剂防治

允许使用 GB/T 19630.1—2011 附录 A 中表 A.2 所列出的物质。使用时,应符合 GB 4285 和 GB/T 8321的要求。使用前,应按照 GB/T 19630.1—2011 附录 C 或相应的标准对该物质进行评估。

5.9.2.4.1 猝倒病、立枯病:除苗床用高锰酸钾处理外,还可用木(竹)醋液、氨基酸铜等药剂防治。

5.9.2.4.2 早疫病、晚疫病:优先采用氨基酸铜、氢氧化铜、波尔多液等制剂,必要时采用春雷霉素、氢氧化铜等药剂防治。

5.9.2.4.3 溃疡病:优先采用氢氧化铜、氨基酸铜等制剂、必要时采用农用链霉素等药剂防治。删除必要时采用农用链霉素等药剂防治。

5.9.2.4.4 叶霉病:优先采用春雷霉素、氢氧化铜粉尘剂、氨基酸铜等制剂,必要时采用武夷菌素等药剂防治。

5.9.2.4.5 灰霉病:优先采用氨基酸铜、无机铜制剂、波尔多液等制剂,必要时采用武夷菌素等药剂防治。

5.9.2.4.6 白粉病:优先采用氨基酸硅、氨基酸铜、碳酸氢钠等制剂,必要时采用春雷霉素+氢氧化铜粉尘剂,或武夷菌素、春雷霉素+氢氧化铜等药剂防治。

5.9.2.4.7 蚜虫、粉虱:采用除虫菊素、苦参碱、印楝素等药剂防治。

5.9.2.4.8 斑潜蝇:采用除虫菊素、软钾皂等药剂防治。

5.10 污染控制

5.10.1 应在有机生产区域和常规生产区域之间设置缓冲带或物理障碍物。

5.10.2 应有有效隔离有机地块与常规地块的排灌系统。

5.10.3 常规农业系统中的设备在用于有机生产前,应得到充分清洗,去除污染物残留。

5.10.4 应选择聚乙烯、聚丙烯或聚碳酸酯类材料作为保护地的覆盖物、地膜或防虫网,不得使用聚氯类产品。

5.10.5 重金属和亚硝酸盐含量不能超过 GB 2762 相应产品的限值。

6 采收

6.1 适时采收:产品一般在果实顶端开始转红(变色期)时采收,有利于贮藏运输和后期果实的发育。

6.2 采摘方法:采收时戴手套、轻拿轻放。

7 有机生产记录

7.1 认证记录的保存

产品生产、收获和经营的操作记录必须保存好。且这些记录必须能详细记录被认证操作的各项活动和交易情况，以备检查和核实，记录要足以证实完全遵守有机生产标准的各项条例，且被保存至少5年。

7.2 提供文件清单

7.2.1 一般资料

包括技术负责人姓名、地址、电话或传真、种植面积、有机耕作面积及作物种类。

7.2.2 农田描述

包括田块图和地点详图、田块清单和历史记录、设备表。

7.2.3 生产描述

包括要认证的产品清单、估计的年产量、栽培技术、测试分析、田间农事记录。

7.3 投入和销售

包括种子、肥料、病虫害防治材料、农业投入、标签、服务。销售包括产品、数量、保证书、顾客。

7.4 控制与认证

包括遵守有机生产技术规程、检查报告、认证证书等。

ICS 65.020.20
B 05

DB65

新疆维吾尔自治区地方标准

DB65/T 3583—2014

温室有机辣椒生产技术规程

Technical code for organic pepper production of greenhouse

2014-07-01 发布　　2014-08-01 实施

新疆维吾尔自治区质量技术监督局　发布

前　　言

本标准按照 GB/T 1.1—2009 给出的规则起草。

本标准由自治区果蔬标准化研究中心提出。

本标准由新疆维吾尔自治区农业厅归口。

本标准由自治区果蔬标准化研究中心、吐鲁番地区质量技术监督局、乌鲁木齐绿保康农业服务有限公司负责起草。

本标准主要起草人：赵新事、李瑜、艾海提・肉孜、卫建国、方海龙、牛惠玲、许山根、许克田。

温室有机辣椒生产技术规程

1 范围

本标准规定了温室有机辣椒生产的术语和定义、产地环境、生产技术、采收和认证记录的保存的要求。

本标准适用于新疆维吾尔自治区区域内温室有机辣椒的生产管理。

2 规范性引用文件

下列文件对于本文件的应用是必不可少的。凡是注日期的引用文件,仅所注日期的版本适用于本文件。凡是不注日期的引用文件,其最新版本(包括所有的修改单)适用于本文件。

GB 2762 食品中污染物限量
GB 2763 食品中农药最大残留限量
GB 3095—1996 环境空气质量标准
GB 4285 农药安全使用标准
GB 5749 生活饮用水卫生标准
GB 9137 保护农作物的大气污染最高允许浓度
GB 15618—1995 土壤环境质量标准
GB 16715.3 瓜菜作物种子 第3部分:茄果类
GB/T 8321 (所有部分)农药合理使用准则
GB/T 19630.1—2011 有机产品 第1部分:生产
JB/T 10292—2011 温室工程 术语

3 术语和定义

下列术语和定义适用于本文件。

3.1

有机产品 organic product

生产加工销售过程符合本标准的供人类消费、动物食用的产品。

[GB/T 19630.1—2011,定义3.2]

3.2

日光温室 sunlight greenhouse

以日光为主要能源的温室,一般由透光前坡、外保温帘(被)、后坡、后墙、山墙和操作间组成。基本朝向坐北朝南,东西延伸。围护结构具有保温和蓄热的双重功能,适用于冬季寒冷,但光照充足地区反季节种植蔬菜、花卉和瓜果。

[JB/T 10292—2001,定义2.3]

3.3

常规 conventional

生产体系及其产品未获得有机认证或未开始有机转换认证。

[GB/T 19630.1—2011,定义 3.3]

3.4

缓冲带 buffer zone

在有机和常规地块之间有目的设置的、可明确界定的用来限制或阻挡邻近田块的禁用物质漂移的过渡区域。

[GB/T 19630.1—2011,定义 3.6]

4 产地环境

4.1 生产基地应选择边界清晰,生态环境良好,地势高燥,排灌方便,地下水位较低,土层深厚、疏松、肥沃的地块。

4.2 生产基地应远离城区、工矿区、交通主干线、工业污染源、生活垃圾场等。

4.3 生产基地内的环境质量应符合以下要求:

——土壤环境质量符合 GB 15618—1995 中的二级标准;

——农田灌溉用水水质符合 GB 5749 的规定;

——环境空气质量符合 GB 3095—1996 中的二级标准;

——保护农作物的大气污染最高允许浓度符合 GB 9137 的规定。

5 生产技术

5.1 茬口安排

5.1.1 春提早栽培:终霜前 30 d 左右定植、初夏上市的茬口。

5.1.2 秋延后栽培:夏末初秋定植,国庆节前后上市的茬口。

5.1.3 深冬栽培:初冬定植,春节前后上市的茬口。

5.2 前期准备

5.2.1 清除前茬作物残枝烂叶及病虫残体。

5.2.2 温室消毒

5.2.2.1 硫磺熏蒸用硫磺粉 2 kg/666.7 m^2～3 kg/666.7 m^2,点燃密闭熏蒸 24 h 后放风。

5.2.2.2 土壤消毒 6 月下旬至 7 月下旬用石灰氮 50 kg/666.7 m^2～100 kg/666.7 m^2,耕翻 25 cm～30 cm。

5.2.2.3 利用高温,密闭温室 5 d～7 d 杀灭温室内、土壤中病、虫草害。

5.2.2.4 增施有机肥,施经无害化处理高温腐熟农家肥 4 000 kg/666.7 m^2～5 000 kg/666.7 m^2。

5.2.2.5 起垄、行距早春茬 60 cm,秋延晚 70 cm,开沟深 30 cm,沟宽 40 cm,成垄后覆盖地膜,如采用滴灌铺膜前将滴灌带铺设好。

5.3 种子和种苗处理

5.3.1 应选择有机种子或种苗。宜通过筛选和自然选育方法获得有机种子或种苗。当从市场上无法获得有机种子或种苗时,可选用未经禁用物质处理过的常规种子或种苗,种子质量应符合 GB 16715.3 规定。

5.3.2 不得使用化学包衣种子。

5.3.3 应选择适应新疆土壤和气候特点,抗病、优质、高产、耐贮运、商品性好、适合市场需求的品种。

5.3.4 春提早和深冬栽培应选择耐低温弱光、对病害多抗的品种;秋延后栽培应选择高抗病、耐热的品种。

5.3.5 选择高产、优质、抗病虫的优良品种。(品种名称)纯度不低于95%,净度不低于98%,发芽率为90%以上,含水量不高于12%。

5.3.6 播前15 d,晒种2 d。播前10 d～15 d进行1次～2次发芽试验。

5.4 育苗

5.5 播种前的准备

5.5.1 育苗设施:根据栽培季节、气候条件的不同选用温室、塑料棚、阳畦、温床等设施,夏秋季育苗可直接用苗床地,但应配有防虫、遮阳设施,有条件的可采用穴盘育苗和工厂化育苗,并对育苗设施进行消毒处理。

5.5.2 营养土的配制:因地制宜地选用无病虫源的田土、经无害化处理腐熟农家肥、矿质肥料、有机肥等,按一定比例配制营养土,要求要求疏松、保肥、保水,营养全面,孔隙度约60%,pH6.2～pH7.2。速效磷含量≥250 mg/kg,速效钾含量≥300 mg/kg,速效氮含量≥250 mg/kg。

5.5.3 穴盘育苗

优先使用穴盘育苗。铺设穴盘,填充基质,播种前用福尔马林(30～50)mL/m^2,加水3 L,喷洒穴盘,用塑料薄膜闷盖3 d后揭膜,待气体散尽后播种。

5.5.4 种子处理

5.5.4.1 温汤浸种:将种子在50 ℃～55 ℃的水中浸种15 min～20 min,不停地搅拌,直至水温降至30 ℃止,继续浸种4 h～6 h,预防疫病、炭疽病。

5.5.4.2 药剂消毒:种子在10%的磷酸三钠溶液中浸种20 min～30 min,或0.1%高锰酸钾液中浸种20 min后,捞出冲洗干净,预防病毒病。将种子在冷水中预浸10 h～12 h,再用1%硫酸铜溶液浸种5 min后,冲洗并晾干,预防疫病和炭疽病。

5.5.5 催芽

浸泡好的种子捞出放在纱布上包好置于25 ℃～30 ℃的条件下催芽,每天翻动、淘洗2次～3次。4 d～5 d后,当有60%种子出芽时准备播种。

5.6 播种

5.6.1 播种期:根据栽培季节、育苗手段和壮苗指标确定适宜的播种期。

5.6.2 播种量:根据种子大小及定植密度,栽培面积用种量50 g/666.7m^2～60 g/666.7 m^2,播种床播种量10 g/m^2～15 g/m^2。

5.6.3 播种方法:当催芽种子70%以上破嘴(露白)即可播种。夏秋育苗直接用消毒后种子播种。播种前苗床浇足底水,湿润至床土深10 cm。水渗下后用营养土薄撒一层,均匀撒播。种子分2次～3次撒播。播后覆营养土0.8 cm～1.0 cm。冬春播种育苗床面上覆盖地膜,夏秋播种育苗床面覆盖遮阳网或稻草,当70%幼苗顶土时撤除床面覆盖物。

5.7 苗期管理

5.7.1 温度

夏秋育苗主要遮阳降温,冬春育苗温度调控见表1。

表 1　冬春育苗温度管理指标

时期	日温/℃	夜温/℃	短时间最低夜温不低于/℃
播种至齐苗	25～28	20～15	13
齐苗至分苗前	20～26	18～15	8
分苗至缓苗	25～28	20～18	10
缓苗后至定植前	20～25	18～15	8
定植前 5 d～7 d	15～20	10～8	5

5.7.2　光照

冬春育苗尽量增加光照，可采用反光膜增光措施；夏秋育苗适当遮光降温。

5.7.3　水分

苗床里除播种前和移苗前后要浇两次透水外，一般不轻易浇大水，而要偏干掌握，尤其是冬春育苗宜干不宜湿，采取“少浇勤浇”的办法，看天、看地、看苗决定浇水。

5.7.4　分苗

幼苗 2 叶 1 心时进行，或移栽在苗床里，或移栽入营养钵（块），加大苗距。

5.7.5　追肥

苗期应以基肥为主，控制追肥，特别是假植以前，冬季低温阶段，一般不追肥。如果秧苗叶色淡黄，叶小、茎细，则于春暖后，3 叶～4 叶期结合苗情追提苗肥。可采用 10%腐熟人粪尿或按 0.3%～0.5%的三元复合肥（或尿素）。

5.7.6　练苗

早春育苗白天 15 ℃～20 ℃，夜间 10 ℃～5 ℃，夏秋育苗逐渐撤去遮阳网，适当控制水分。

5.7.7　壮苗标准

苗高适中，约 16 cm～20 cm，生长舒展；茎杆粗 0.7 cm～0.9 cm，节间较短，有分杈；叶色绿或深绿，叶大而肥厚；根系发达，粗壮，侧根多、黄白色、无锈根；生长健壮，无病虫害。

5.8　定植

5.8.1　定植前准备

5.8.1.1　整地

土壤应疏松，土壤颗粒小而均匀。起垄，垄宽 80 cm～100 cm，高 15 cm～20 cm，南北向小高畦。结合整地施入基肥。

5.8.1.2　棚室消毒

在定植前应进行棚室消毒，消毒时不得使用禁用物质和方法。

5.8.2 定植时间和方法

5.8.2.1 定植时间

10 cm 内土壤温度稳定达到 12 ℃以上。

5.8.2.2 定植方法

采用大小行栽培,覆盖地膜。根据品种特性、整枝方式、气候条件及栽培习惯,定植 4.5 万株/hm^2～6.0万株/hm^2。

5.9 定植后管理

5.9.1 冬前和冬季管理

5.9.1.1 温湿度管理

定植后缓苗前不放风,保持白天室温 25 ℃～30 ℃,夜间 18 ℃～22 ℃。若遇晴暖天气,中午适当遮阴。缓苗后至深冬前,以锻炼植株为主,控制浇水,暂不覆盖地膜,要多次中耕,以促根控秧。白天室温 25 ℃～28 ℃,夜间 15 ℃～20 ℃,中午前后不要超过 30 ℃。超过 30 ℃放风。此期间要加强放风散湿,夜间可在温室顶留放风口。进入结果期,室内气温控制在 25 ℃～30 ℃,夜间最低温度保持在12 ℃。深冬季节(即 12 月下旬至 2 月中旬)晴天时可控制较高温度,实行高温养果,室内气温达 30 ℃以上时可放风。深冬季节外界温度低,可在晴天揭保温被后或中午前后短时放风,以散湿、换气。

5.9.1.2 不透明覆盖物的管理

上午揭保温被的适宜时间,以揭开保温被后室内气温无明显下降为准。晴天时,阳光照到采光屋面时及时揭开保温被。下午室温降至 20 ℃左右时盖保温被。深冬季节,保温被可适当晚揭早盖。一般雨雪天,室内气温只要不下降,就应揭开保温被。大雪天,可在清扫积雪后于中午短时揭开或随揭随盖。连续阴天时,可于午前揭保温被,午后早盖。久阴乍晴时,要陆续间隔揭开保温被,不能猛然全部揭开,以免叶面灼伤。揭保温被后若植株叶片发生萎蔫,应再盖保温被。待植株恢复正常,再间隔揭保温被。

5.9.1.3 肥水管理

定植至坐果前,要控制浇水多次中耕以促根控秧,防止植株茎叶旺长单干整枝,及时打叉,绑秧。第一花序的果似核桃大时追肥。

5.9.1.3.1 应采用合理的灌溉方式如滴灌、渗灌等,不得大水漫灌。

5.9.1.3.2 不得使用人工合成的生长调节剂。

5.9.1.4 光照调节

采用无滴膜覆盖,注意合理密植和植株调整,经常清扫薄膜,保持清洁,提高透明度。

5.9.1.5 植株调整

5.9.1.5.1 插架或吊蔓:用尼龙绳吊蔓或用细竹竿插架。

5.9.1.5.2 整枝:一般不行植株调整,但生长过弱的植株让其少挂果,生长过旺徒长的植株要行打枝。

5.9.1.5.3 疏果、打底叶:四门斗椒座住后,隔行将上部保留 1 片～2 片叶剪去促进继续抽枝结果。进入炎热季节,植株生长茂密时,随时剪去多余枝条或已结过果的枝条,并疏去病叶病果。

5.9.1.6 CO_2 施肥

越冬期间室温偏低,放风量少,若有机肥施用不足,会发生 CO_2 亏缺。为此,晴天上午 9 时～10 时,

可实行 CO_2 施肥，适宜浓度为 1 500 mg/L～2 000 mg/L。

5.9.2 春季管理

2 月气温回升，进入结果盛期，应加强管理。要重视放风，调节室内温湿度，使室内温度白天不要超过 32 ℃，夜间 13 ℃～18 ℃，温度过高时可通腰风和前后窗放风。当夜间室外最低温度达 15 ℃以上时，不再盖保温被，可昼夜放风。2 月下旬后，需肥水量增加，要适当增加浇水次数和浇水量。结合浇水每 10 d～12 d 左右冲施一次经过有机认证的滴灌肥。

5.9.3 空气湿度

采用地膜覆盖、滴灌或暗灌、通风排湿、温度调控等措施调控温室的空气相对湿度。

5.9.4 肥料

5.9.4.1 优先选用有机养殖场的畜禽粪便和经过有机认证的商品肥；来源于动物和植物的废弃物和农家肥（包括农场外畜禽粪便）应经过彻底腐熟且达到有机肥腐熟标准；矿质肥料和微量元素肥料应选用长效肥料；应在施用前刘其重金属含量或其他污染因子进行检测。允许使用和限制使用的肥料种类见 GB/T 19630.1—2011 附录 A 中表 A.1 所列出的物质。如使用时，应按照 GB/T 19630.1—2011 附录 C 的准则对该物质进行评估。

5.9.4.2 根据保护地肥力水平、生育季节、生长状况和目标产量，确定施肥量。每生产 1 000 kg 辣椒，需从土壤中吸取氮 3.5 kg～5.5 kg，磷 0.7 kg～1.4 kg，钾 5.5 kg～7.2 kg。

5.9.4.3 施肥技术

5.9.4.3.1 肥料施用的方式包括基肥、追肥和叶面肥。应重施基肥。

5.9.4.3.2 追肥：根据生长期的长短和对营养需求程度变化确定施肥量和时间。施肥的种类包括腐熟的农家肥、氨基酸类或腐殖酸类的冲施肥等，施肥的数量应控制在施肥总量的 15%～20%。追肥的方式包括撒施、沟施和穴施。

5.9.4.3.3 叶面肥：叶而肥作为根外施肥的补充形式，主要种类包括氨基酸类或腐殖酸类叶面肥、微量元素肥料等，施肥的有效含量（以 N 计）不得超过总施肥量的 10%。

5.9.4.4 授粉疏果

5.9.4.4.1 授粉：采取人工授粉、蜜蜂或熊蜂授粉，不得使用植物激素处理花穗。

5.9.4.4.2 疏果：应适当疏果，大果型品种每株选留 3 果～4 果，中果型品种每株留 4 果～6 果。

5.10 病虫害防治

5.10.1 主要病虫害

5.10.1.1 主要病害：猝倒病、立枯病、疫病、灰霉病。

5.10.1.2 主要害虫：蚜虫、茶黄螨、烟青虫等。

5.10.2 防治原则

按照预防为主，综合防治的植保方针，坚持以农业防治、物理防治、生物防治为主，药剂防治为辅的原则。

5.10.2.1 农业防治

5.10.2.1.1 抗病虫品种：应针对当地主要病虫控制对象，选用抗病虫性品种。

5.10.2.1.2 培育壮苗:应通过培育适龄壮苗,提高抗逆性。
5.10.2.1.3 控温控湿:应控制好温度和空气湿度,适宜的肥水,充足的光照和二氧化碳;应通过防风和辅助加温,调节不同生育时期的适宜温室,避免低温和高温为害。
5.10.2.1.4 采用深沟高畦、清洁田园等措施避免霜霉病等病害侵染发生。
5.10.2.1.5 耕作改制:应实行严格轮作制度,与非瓜类作物轮作3季以上。
5.10.2.1.6 科学施肥:增施有机肥。
5.10.2.1.7 设施防护:应采用防虫网、遮阳网等措施。

5.10.2.2 物理防治

5.10.2.2.1 色板诱杀:悬挂(30～40)块/666.7 m^2 黄板诱杀蚜虫。宜采用银灰色膜驱避蚜虫。
5.10.2.2.2 高温闷棚:选晴天上午,浇足量水后封闭棚室,将棚温提高到46 ℃～48 ℃,持续2 h,然后从顶部慢慢加大放风口,使室温缓缓下降。可每隔15 d闷棚一次,闷棚后加强肥水管理。秸秆平铺,加足量水后黑膜覆盖防治土传病害。

5.10.2.3 生物防治

5.10.2.3.1 宜保护利用丽蚜小蜂等寄生性天敌,防治蚜虫等害虫。
5.10.2.3.2 宜采用病毒、线虫等防治害虫。
5.10.2.3.3 宜采用植物源农药如除虫菊素、苦参碱、印楝素等和生物源农药如齐墩螨素、农用链霉素、新植霉素等生物农药防治病虫害。

5.10.2.4 药剂防治

允许使用GB/T 19630.1—2011附录A中表A.2所列出的物质。使用时,应符合GB 4285和GB/T 8321的要求。使用前,应按照GB/T 19630.1—2011附录C或相应的标准对该物质进行评估。
5.10.2.4.1 猝倒病、立枯病:除苗床用高锰酸钾处理外,还可用木(竹)醋液、氨基酸铜等药剂防治。
5.10.2.4.2 疫病:优先采用氨基酸铜、氢氧化铜、波尔多液等制剂,必要时采用春雷霉素、氢氧化铜等药剂防治。
5.10.2.4.3 灰霉病:优先采用氨基酸铜、氢氧化铜、波尔多液等制剂,必要时可采用春雷霉素+氢氧化铜等药剂防治。
5.10.2.4.4 蚜虫:采用除虫菊素、苦参碱、印楝素等药剂防治。
5.10.2.4.5 烟青虫:采用苏云金杆菌制剂、核型多角体病毒防治。
5.10.2.4.6 茶黄螨:采用阿维菌素制剂防治。

5.11 污染控制

5.11.1 应在有机生产区域和常规生产区域之间设置缓冲带或物理障碍物。
5.11.2 应有有效隔离有机地块与常规地块的排灌系统。
5.11.3 喷药、施肥设备和器具在用于有机生产前,应得到充分清洗,去除污染物残留。
5.11.4 应选择聚乙烯、聚丙烯或聚碳酸酯类材料作为保护地的覆盖物、地膜或防虫网,不得使用聚氯类产品。
5.11.5 农药残留不得超过GB 2763相应产品限值,重金属和亚硝酸盐含量不能超过GB 2762相应产品的限值。

6 采收

辣椒商品性成熟时及时采收,带手套,采摘要轻。从枝杈上直接掰下,对果柄有损伤者,用剪刀剪平。

7 有机生产记录

7.1 认证记录的保存

产品的生产、收获和经营的操作记录必须保存好。且这些记录必须能详细记录被认证操作的各项活动和交易情况，以备检查和核实，记录要足以证实完全遵守有机生产标准的各项条例，且被保存至少5年。

7.2 提供文件清单

7.2.1 一般资料

包括技术负责人姓名、地址、电话或传真、种植面、有机耕作面积及作物种类。

7.2.2 农田描述

包括田块图和地点详图、田块清单和历史记录、设备表。

7.2.3 生产描述

包括要认证的产品清单、估计的年产量、栽培技术、测试分析、田间农事记录。

7.3 投入和销售

包括种子、肥料、病虫害防治材料、农业投入、标签、服务。销售包括产品、数量、保证书、顾客。

7.4 控制与认证

包括遵守有机生产技术规程、检查报告、认证证书等。

ICS 65.020.20
B 05

DB65

新疆维吾尔自治区地方标准

DB65/T 3584—2014

温室有机茄子生产技术规程

Technical code for organic eggplant production of greenhouse

2014-07-01 发布　　2014-08-01 实施

新疆维吾尔自治区质量技术监督局　发布

前　言

本标准按照 GB/T 1.1—2009 给出的规则起草。

本标准由自治区果蔬标准化研究中心提出。

本标准由新疆维吾尔自治区农业厅归口。

本标准由自治区果蔬标准化研究中心、吐鲁番地区质量技术监督局、乌鲁木齐绿保康农业服务有限公司负责起草。

本标准主要起草人:赵新亭、李瑜、艾海提·肉孜、卫建国、方海龙、牛惠玲、许山根、许克田。

温室有机茄子生产技术规程

1 范围

本标准规定了温室有机茄子生产的术语和定义、产地环境、生产技术、采收和有机生产记录的要求。

本标准适用于新疆维吾尔自治区区域内温室有机茄子的生产管理。

2 规范性引用文件

下列文件对于本文件的应用是必不可少的。凡是注日期的引用文件,仅所注日期的版本适用于本文件。凡是不注日期的引用文件,其最新版本(包括所有的修改单)适用于本文件。

GB 2762 食品中污染物限量

GB 2763 食品中农药最大残留限量

GB 3095—1996 环境空气质量标准

GB 4285 农药安全使用标准

GB 5749 生活饮用水卫生标准

GB 9137 保护农作物的大气污染最高允许浓度

GB 15618—1995 土壤环境质量标准

GB 16715.3 瓜菜作物种子 第3部分:茄果类

GB/T 8321 (所有部分)农药合理使用准则

GB/T 19630.1—2011 有机产品 第1部分:生产

JB/T 10292—2011 温室工程 术语

3 术语和定义

下列术语和定义适用于本文件。

3.1

有机产品 organic product

生产加工销售过程符合本标准的供人类消费、动物食用的产品。

[GB/T 19630.1—2011,定义3.2]

3.2

日光温室 sunlight greenhouse

以日光为主要能源的温室,一般由透光前坡、外保温帘(被)、后坡、后墙、山墙和操作间组成。基本朝向坐北朝南,东西延伸。围护结构具有保温和蓄热的双重功能,适用于冬季寒冷,但光照充足地区反季节种植蔬菜、花卉和瓜果。

[JB/T 10292—2001,定义2.3]

3.3

常规 conventional

生产体系及其产品未获得有机认证或未开始有机转换认证。

[GB/T 19630.1—2011,定义3.3]

3.4

缓冲带 buffer zone

在有机和常规地块之间有目的设置的、可明确界定的用来限制或阻挡邻近田块的禁用物质漂移的过渡区域。

[GB/T 19630.1—2011,定义3.6]

4 产地环境

4.1 生产基地应选择边界清晰;生态环境良好;地势高燥,排灌方便,地下水位较低,土层深厚、疏松、肥沃的地块。

4.2 生产基地应远离城区、工矿区、交通主干线、工业污染源、生活垃圾场等。

4.3 生产基地内的环境质量应符合以下要求:

——土壤环境质量符合GB 15618—1995中的二级标准;

——农田灌溉用水水质符合GB 5749的规定;

——环境空气质量符合GB 3095—1996中的二级标准;

——保护农作物的大气污染最高允许浓度符合GB 9137的规定。

5 生产技术

5.1 茬口安排

5.1.1 春提早栽培:终霜前30 d左右定植、初夏上市的茬口。

5.1.2 秋延后栽培:夏末初秋定植,国庆节前后上市的茬口。

5.1.3 深冬栽培:初冬定植,春节前后上市的茬口。

5.2 前期准备

5.2.1 清除前茬作物残枝烂叶及病虫残体。

5.2.2 温室消毒

5.2.2.1 硫磺熏蒸用硫磺粉2 kg/666.7 m^2～3 kg/666.7 m^2,点燃密闭熏蒸24 h后放风。

5.2.2.2 土壤消毒6月下旬至7月下旬用石灰氮50 kg/666.7 m^2～100 kg/666.7 m^2,耕翻25 cm～30 cm。

5.2.2.3 利用高温,密闭温室5 d～7 d杀灭温室内、土壤中病、虫草害。

5.3 种子和种苗选择

5.3.1 应选择有机种子或种苗。宜通过筛选和自然选育方法获得有机种子或种苗。当从市场上无法获得有机种子或种苗时,可选用未经禁用物质处理过的常规种子或种苗,种子质量应符合GB 16715.3规定。

5.3.2 不得使用化学包衣种子。

5.3.3 应选择适应新疆土壤和气候特点,抗病、优质、高产、耐贮运、商品性好、适合市场需求的品种。

5.3.4 春提早和深冬栽培应选择耐低温弱光、对病害多抗的品种;秋延后栽培应选择高抗病、耐热的品种。

5.4 育苗

5.4.1 播种前的准备

5.4.1.1 育苗设施:选用温室育苗设施。夏秋季育苗应配有防虫遮阳设施。宜采用穴盘育苗,并对育苗设施进行消毒处理，创造适合秧苗生长发育的环境条件。

5.4.1.2 营养土：因地制宜地选用无病虫源的田土、经无害化处理腐熟农家肥、矿质肥料、有机肥等，按3∶3∶1比例配好拌均，过筛后使用。要求疏松、保肥、保水、营养完全，孔隙度约60%。将过筛后的营养土均匀铺在育苗床上，厚度6 cm～8 cm，或直接装入育苗钵中。

5.4.2 穴盘育苗

优先使用穴盘育苗。铺设穴盘，填充基质，播种前用福尔马林(30～50)mL/m^2，加水3 L，喷洒穴盘，用塑料薄膜闷盖3 d后揭膜，待气体散尽后播种。

5.4.3 种子处理

5.4.3.1 温汤浸种：将种子浸入55 ℃的水中，边浸边搅拌15 min，捞出后用30 ℃水保温浸24 h，后可催芽。

5.4.3.2 干热灭菌：将种子置于70 ℃恒温干热条件下处理72 h，然后催芽播种。

5.4.3.3 磷酸三钠溶液浸种：用10%磷酸三钠水溶液浸种20 min，捞出种子，及时用清水漂洗数次后，再催芽播种。

5.4.4 变温催芽

浸种、消毒处理过的种子，没出芽前每天要淘洗一次，晾干爽，再用湿纱布包好，先保持25 ℃～30 ℃ 16 h～18 h，然后降至16 ℃～20 ℃ 6 h～8 h，每4 h～6 h翻动一次，5 d～6 d芽长至0.2 cm～0.3 cm时即可播种。

5.5 播种

5.5.1 播种期：根据栽培季节、育苗手段和壮苗指标确定适宜的播种期。

5.5.2 播种量：根据种子大小和定植密度，栽培面积用种量40 g/666.7 m^2～55 g/666.7 m^2，播种床播种量10 g/m^2～15 g/m^2。

5.5.3 播种方法

将穴盘内的营养土灌透水，水渗后将催好芽的种子均匀摆播在穴盘里，在种子上覆盖1 cm厚的细营养土，然后立即覆盖地膜，进行保温保湿。

5.5.4 嫁接栽培

采用嫁接栽培可提高茄子抗土传病害的能力，提高产量。其嫁接砧木多为托鲁巴姆。除接穗种子进行催芽外，砧木种子也要进行催芽。一般采用变温催芽法，先用清水浸泡砧木种子48 h，捞出后用纱布包好，先保持20 ℃处理16 h，再调到30 ℃处理8 h，每天如此反复调温两次，用清水洗涤一次，8 d～10 d后芽长出1 mm～2 mm即可播种。先播砧木，后播接穗，一般砧木和接穗播种育苗时间相差15 d～20 d。

5.6 苗期管理

5.6.1 温度

夏秋育苗主要靠遮阳降温。冬春育苗温度管理见表1。

表 1 苗期温度管理指标

时　　期	日温/℃	夜温/℃	短时间最低夜温不低于/℃
播种至出苗	28～30	20 以上	13
出苗至 2 叶 1 心	25	18～15	8
分苗后缓苗	28～30	18	10
真叶 1.5 片～3 片时	25	15	8
定植前一周	20	10	5

5.6.2 光照

冬春育苗，有增光条件的可补光，上午 8 h～9 h 气温回升应揭开覆盖物以利透光，下午 3 h～4 h 进行盖帘保温。在保温前提下，尽量增加光照。夏秋育苗则要适当遮光降温。

5.6.3 水分

春茬茄子，整个育苗期间的水分管理要掌握每次灌水要灌足，尽量减少灌水次数，避免降低地温；秋茬茄子为避免高温，要少浇勤浇水，保持苗期土壤经常湿润。

5.6.4 壮苗指标

苗高 15 cm～20 cm，茎粗壮（0.6 cm 以上），有 6 片～8 片真叶，叶片肥厚，叶色浓绿，无病虫害。

5.7 定植

5.7.1 定植前准备

5.7.1.1 整地

5.7.1.2 土壤应疏松，土壤颗粒小而均匀，透气和排灌水良好、富含有机质的砂壤土，pH6.8～pH7.3 为宜。起垄，垄宽 80 cm～100 cm，高 15 cm～20 cm，南北向小高畦。结合整地增施有机肥，施经无害化处理高温腐熟农家肥 5 500 kg/666.7 m^2～7 500 kg/666.7 m^2。

5.7.1.3 起垄、垄间距早春茬 40 cm～50 cm，秋延晚 60 cm，成垄后覆盖地膜，如采用滴灌铺膜前将滴灌带铺设好。

5.7.1.4 温室消毒

在定植前应进行温室消毒，消毒时不得使用禁用物质和方法。

5.7.2 定植时间和方法

5.7.2.1 定植时间

10 cm 内土壤温度稳定达到 10 ℃以上。

5.7.2.2 定植方法

采用大小行栽培，覆盖地膜。根据品种特性、整枝方式、气候条件及栽培习惯，定植 3 000 株/666.7 m^2～3 500 株/666.7 m^2。

5.8 定植后管理

5.8.1 冬前和冬季管理

5.8.1.1 温湿度管理

定植后缓苗前不放风,保持白天室温 25 ℃～35 ℃,夜间 18 ℃～23 ℃。若遇晴暖天气,中午适当遮阴。缓苗后至结瓜前,以锻炼植株为主,控制浇水,暂不覆盖地膜,要多次中耕,以促根控秧。白天室温 25 ℃～30 ℃,夜间 20 ℃,中午前后不要超过 32 ℃。此期间要加强放风散湿,夜间可在温室顶留放风口。深冬季节(即 12 月下旬至 2 月中旬)晴天时可控制较高温度,实行高温养果,室内气温达 30 ℃以上时可放风。深冬季节外界温度低,可在晴天揭保温被后或中午前后短时放风,以散湿、换气。

5.8.1.2 不透明覆盖物的管理

上午揭保温被的适宜时间,以揭开保温被后室内气温无明显下降为准。晴天时,阳光照到采光屋面时及时揭开保温被。下午室温降至 20 ℃左右时盖保温被。深冬季节,保温被可适当晚揭早盖。一般雨雪天,室内气温只要不下降,就应揭开保温被。大雪天,可在清扫积雪后于中午短时揭开或随揭随盖。连续阴天时,可于午前揭保温被,午后早盖。久阴乍晴时,要陆续间隔揭开保温被,不能猛然全部揭开,以免页面灼伤。揭保温被后若植株叶片发生萎蔫,应再盖保温被。待植株恢复正常,再间隔接保温被。

5.8.1.3 肥水管理

茄子进入盛果期后,植株茎叶迅速扩大,需水较多,需供给充足的水肥,保持土壤湿润,结合浇水追经无害化处理腐熟有机肥 1 000 kg/666.7 m^2。秋冬茬茄子栽培,植株生育后期,重点是防止空气湿度过大和保温。应尽量减少灌水。

5.8.1.4 植株调整

5.8.1.5 插架或吊蔓:用尼龙绳吊蔓或用细竹竿插架。

5.8.1.6 双干整枝法:即对茄形成后,剪去两个向外的侧枝,只留两个向上的双干,打掉所有的侧枝,待结到 7 个果后摘心,以促进果实早熟。

5.8.1.7 改良双干整枝法:即四门斗茄形成后,将外侧两个侧枝果实上部留 1 片叶后打掉生长点,只留 2 个向上的枝,此后将所有外侧枝打掉,只留 2 个枝。

5.8.2 CO_2 施肥

越冬期间室温偏低,放风量少,若有机肥施用不足,会发生 CO_2 亏缺。为此,晴天上午 9 时～10 时,可实行 CO_2 施肥,适宜浓度为 1 500 mg/L～2 000 mg/L,需进行一个月,并配合肥水管理。

5.8.3 春季管理

2 月气温回升,进入结果盛期,应加强管理。要重视放风,调节室内温湿度,使室内温度白天达到上午 20 ℃～30 ℃,下午 25 ℃～20 ℃,夜 18 ℃～13 ℃,温度过高时可通腰风和前后窗放风。当夜间室外最低温度达 15 ℃以上时,不再盖保温被,可昼夜放风。2 月下旬后,需肥水量增加,要适当增加浇水次数和浇水量。结合浇水每 10 d～15 d 左右冲施一次经过有机认证的滴灌肥。

5.8.3.1 空气湿度

采用地膜覆盖、滴灌或暗灌、通风排湿、温度调控等措施调控温室的空气相对湿度。

5.8.3.2 灌水

采用膜下滴灌或暗灌。定植后及时浇水，3 d～5 d后浇缓苗水。冬春季节不浇明水，土壤相对湿度冬春季节保持在60%～70%，夏秋季节保持在75%～85%。

5.8.3.3 肥料

5.8.3.3.1 优先选用有机养殖场的畜禽粪便和经过有机认证的商品肥；来源于动物和植物的废弃物和农家肥(包括农场外畜禽粪便)应经过彻底腐熟且达到有机肥腐熟标准；矿质肥料和微量元素肥料应选用长效肥料；应在施用前刘其重金属含量或其他污染因子进行检测。允许使用和限制使用的肥料种类见GB/T 19630.1—2011附录A中表A.1所列出的物质。如使用时，应按照GB/T 19630.1—2011附录C的准则对该物质进行评估。

5.8.3.3.2 根据保护地肥力水平、生育季节、生长状况和目标产量，确定施肥量。每生产1 000 kg茄子，需从土壤中吸取氮3.0 kg～4.0 kg，磷0.7 kg～1.0 kg，钾4.0 kg～6.6 kg。

5.8.3.3.3 施肥技术

5.8.3.3.3.1 肥料施用的方式包括基肥、追肥和叶面肥。应重施基肥。

5.8.3.3.3.2 追肥：根据生长期的长短和对营养需求程度变化确定施肥量和时间。施肥的种类包括腐熟的农家肥、氨基酸类或腐殖酸类的冲施肥等，施肥的数量应控制在施肥总量的15%～20%。追肥的方式包括撒施、沟施和穴施。

5.8.3.3.3.3 叶面肥：叶而肥作为根外施肥的补充形式，主要种类包括氨基酸类或腐殖酸类叶面肥、微量元素肥料等，施肥的有效含量(以N计)不得超过总施肥量的10%。

5.8.3.4 授粉疏果

5.8.3.4.1 授粉：采取人工授粉、蜜蜂或熊蜂授粉，不得使用植物激素处理花穗。

5.8.3.4.2 疏果：应适当疏果，大果型品种每株选留3果～4果，中果型品种每株留4果～6果。

5.9 病虫害防治

5.9.1 主要病虫害

5.9.1.1 主要病害：褐纹病、早疫病、灰霉病。

5.9.1.2 主要虫害：白粉虱、蚜虫。

5.9.2 防治原则

按照预防为主，综合防治的植保方针，坚持以农业防治、物理防治、生物防治为主，药剂防治为辅的原则。

5.9.2.1 农业防治

5.9.2.1.1 抗病虫品种：应针对栽培季节及当地主要病虫控制对象，选用高抗、多抗性品种。

5.9.2.1.2 培育壮苗：应通过培育适龄壮苗，提高抗逆性。

5.9.2.1.3 控温控湿：应控制好温度和空气湿度，适宜的肥水，充足的光照和二氧化碳；应通过防风和辅助加温，调节不同生育时期的适宜温室，避免低温和高温为害。

5.9.2.1.4 采用深沟高畦、清洁田园等措施避免侵染性病害发生。

5.9.2.1.5 耕作改制：实行严格轮作制度，与非茄科作物轮作3年以上。有条件的地区应实行水旱轮作或夏季灌水闷棚。

5.9.2.1.6　科学施肥:应减少氮肥的使用量,降低病虫害的发生;叶面喷施钙肥、硅肥等营养元素增强番茄的抗病虫能力。

5.9.2.1.7　设施防护:应采用防虫网、遮阳网等措施。

5.9.2.2　物理防治

5.9.2.2.1　色板诱杀:悬挂(30～40)块/666.7 m^2 黄板诱杀蚜虫、粉虱等害虫。覆盖银灰色膜驱避蚜虫。

5.9.2.2.2　高温闷棚:选晴天上午,浇足量水后封闭棚室,将棚温提高到46 ℃～48 ℃,持续2 h,然后从顶部慢慢加大放风口,使室温缓缓下降。可每隔15 d闷棚一次,闷棚后加强肥水管理。秸秆平铺,加足量水后黑膜覆盖防治土传病害。

5.9.2.3　生物防治

5.9.2.3.1　宜保护利用食蚜瘿蚊等捕食性天敌和丽蚜小蜂等寄生性天敌,防治粉虱、蚜虫等害虫。

5.9.2.3.2　宜采用病毒、线虫等防治害虫。

5.9.2.3.3　宜采用植物源农药如除虫菊素、苦参碱、印楝素等和生物源农药如齐墩螨素、农用链霉素、新植霉素等生物农药防治病虫害。

5.9.2.4　药剂防治

允许使用GB/T 19630.1—2011附录A中表A.2所列出的物质。使用时,应符合GB 4285和GB/T 8321的要求。使用前,应按照GB/T 19630.1—2011附录C或相应的标准对该物质进行评估。

5.9.2.4.1　褐纹病:结果初期,用琥胶酸铜或其他有效药剂轮换交替喷雾防治。

5.9.2.4.2　早疫病:优先采用氨基酸铜、氢氧化铜、波尔多液等制剂,必要时采用春雷霉素、氢氧化铜等药剂防治。

5.9.2.4.3　灰霉病:优先采用氨基酸铜、无机铜制剂、波尔多液等制剂,必要时采用武夷菌素等药剂防治。

5.9.2.4.4　蚜虫、粉虱:采用除虫菊素、苦参碱、印楝素等药剂防治。

5.10　污染控制

5.10.1　应在有机生产区域和常规生产区域之间设置缓冲带或物理障碍物。

5.10.2　应有有效隔离有机地块与常规地块的排灌系统。

5.10.3　常规农业系统中的设备在用于有机生产前,应得到充分清洗,去除污染物残留。

5.10.4　应选择聚乙烯、聚丙烯或聚碳酸酯类材料作为保护地的覆盖物、地膜或防虫网,不得使用聚氯类产品。

5.10.5　农药残留不得超过GB 2763相应产品限值,重金属和亚硝酸盐含量不能超过GB 2762相应产品的限值。

6　采收

茄子为嫩果采收,要及时采收门茄,一般定植后20 d～25 d即可采收。茄子采收时间最好是在清晨,采收的瓜含水分多,品质鲜嫩。

7 有机生产记录

7.1 认证记录的保存

产品的生产、收获和经营的操作记录必须保存好。且这些记录必须能详细记录被认证操作的各项活动和交易情况,以备检查和核实,记录要足以证实完全遵守有机生产标准的各项条例,且被保存至少5年。

7.2 提供文件清单

7.2.1 一般资料

包括生产者姓名、技术负责人姓名、地址、电话或传真、种植面积、有机耕作面积及作物种类。

7.2.2 农田描述

包括田块图和地点详图、田块清单和历史记录、设备表。

7.2.3 生产描述

包括要认证的产品清单、估计的年产量、栽培技术、测试分析、田间农事记录。

7.3 投入和销售

投入包括种子、肥料、病虫害防治材料、农业投入、标签、服务。销售包括产品、数量、保证书、顾客。

7.4 控制与认证

包括遵守有机生产技术规程、检查报告、认证证书等。

ICS 65.020.20
B 05

DB65

新疆维吾尔自治区地方标准

DB65/T 3585—2014

温室有机黄瓜生产技术规程

Technical code for organic cucumber production of greenhouse

2014-07-01 发布　　2014-08-01 实施

新疆维吾尔自治区质量技术监督局　发布

前　　言

本标准按照 GB/T 1.1—2009 给出的规则起草。

本标准由自治区果蔬标准化研究中心提出。

本标准由新疆维吾尔自治区农业厅归口。

本标准由自治区果蔬标准化研究中心、吐鲁番地区质量技术监督局、乌鲁木齐绿保康农业服务有限公司负责起草。

本标准主要起草人：赵新亭、李瑜、艾海提·肉孜、卫建国、方海龙、牛惠玲、许山根、许克田。

温室有机黄瓜生产技术规程

1 范围

本标准规定了温室有机黄瓜生产的术语和定义、产地环境、生产技术、采收和有机生产记录的要求。

本标准适用于新疆维吾尔自治区区域内温室有机黄瓜的生产管理。

2 规范性引用文件

下列文件对于本文件的应用是必不可少的。凡是注日期的引用文件,仅所注日期的版本适用于本文件。凡是不注日期的引用文件,其最新版本(包括所有的修改单)适用于本文件。

GB 2762 食品中污染物限量

GB 2763 食品中农药最大残留限量

GB 3095 环境空气质量标准

GB 4285 农药安全使用标准

GB 5749 生活饮用水卫生标准

GB 9137 保护农作物的大气污染最高允许浓度

GB 15618—1995 土壤环境质量标准

GB 16715.1 瓜菜作物种子 第1部分:瓜类

GB/T 8321 (所有部分)农药合理使用准则

GB/T 19630.1—2011 有机产品 第1部分:生产

JB/T 10292 温室工程 术语

3 术语和定义

下列术语和定义适用于本文件。

3.1

有机产品 organic products

生产加工销售过程符合本标准的供人类消费、动物食用的产品。

[GB/T 19630.1—2011,定义3.2]

3.2

日光温室 sunlight greenhouse

以日光为主要能源的温室,一般由透光前坡、外保温帘(被)、后坡、后墙、山墙和操作间组成。基本朝向坐北朝南,东西延伸。围护结构具有保温和蓄热的双重功能,适用于冬季寒冷,但光照充足地区反季节种植蔬菜、花卉和瓜果。

[JB/T 10292—2001,定义2.3]

3.3

常规 conventional

生产体系及其产品未获得有机认证或未开始有机转换认证。

[GB/T 19630.1—2011,定义3.3]

3.4

缓冲带　buffer zone

在有机和常规地块之间有目的设置的、可明确界定的用来限制或阻挡邻近田块的禁用物质漂移的过渡区域。

[GB/T 19630.1—2011,定义 3.6]

4　产地环境

4.1　生产基地应选择边界清晰;生态环境良好:地势高燥,排灌方便,地下水位较低,土层深厚、疏松、肥沃的地块。

4.2　生产基地应远离城区、工矿区、交通主干线、工业污染源、生活垃圾场等。

4.3　生产基地内的环境质量应符合以下要求:

——土壤环境质量符合 GB 15618—1995 中的二级标准;

——农田灌溉用水水质符合 GB 5749 的规定;

——环境空气质量符合 GB 3095 中的二级标准;

——保护农作物的大气污染最高允许浓度符合 GB 9137 的规定。

5　生产技术

5.1　茬口安排

5.1.1　春提早栽培:终霜前 30 d 左右定植、初夏上市的茬口。

5.1.2　秋延后栽培:夏末初秋定植,国庆节前后上市的茬口。

5.1.3　深冬栽培:初冬定植,春节前后上市的茬口。

5.2　前期准备

5.2.1　清除前茬作物残枝烂叶及病虫残体。

5.2.2　温室消毒

5.2.2.1　硫磺熏蒸用硫磺粉 2 kg/666.7 m^2～3 kg/666.7 m^2,点燃密闭熏蒸 24 h 后放风。

5.2.2.2　土壤消毒 6 月下旬至 7 月下旬用氮 50 kg/666.7 m^2～100 kg/666.7 m^2,耕翻 25 cm～30 cm。

5.2.2.3　利用高温,密闭温室 5 d～7 d 杀灭温室内、土壤中病、虫草害。

5.2.2.4　增施有机肥,施经无害化处理高温腐熟农家肥 7 000 kg/666.7 m^2/10 000 kg/666.7 m^2。

5.2.2.5　起垄、行距早春茬 60 cm,秋延晚 70 cm,开沟深 30 cm,沟宽 40 cm,成垄后覆盖地膜,如采用膜下滴灌,铺膜前将滴灌带铺设好。

5.3　种子和种苗选择

5.3.1　应选择有机种子和种苗。宜通过筛选和自然选育方法获得有机种子或种苗。当从市场上无法获得有机种子或种苗时,可选用未经禁用物质处理过的常规种子或种苗,种子质量应符合 GB 16715.1 规定。

5.3.2　不得使用化学包衣种子。

5.3.3　应选择适应新疆土壤和气候特点,抗病、优质、高产、耐贮运、商品性好、适合市场需求的品种。

5.3.4　春提早和深冬栽培应选择耐低温弱光、对病害多抗的品种;秋延后栽培应选择高抗病、耐热的品种。

5.4 育苗

5.4.1 播种前的准备

5.4.1.1 育苗设施:选用温室育苗设施;夏秋季育苗应配有防虫遮阳设施。宜采用穴盘育苗,并对育苗设施进行消毒处理,创造适合秧苗生长发育的环境条件。

5.4.1.2 营养土:因地制宜地选用无病虫源的田土、经无害化处理腐熟农家肥、矿质肥料、有机肥等,按一定比例配制营养土,要求疏松、保肥、保水,营养全面,孔隙度约60%,pH5.5~pH7.5,有机质含量30 g/kg~50 g/kg,全氮含量29 g/kg,速效磷150 mg/kg~200 mg/kg,速效钾≥300 mg/kg,速效氮含量≥200 mg/kg。

5.4.2 育苗

黄瓜多采用嫁接育苗,其嫁接砧木多为黑籽南瓜,因此除黄瓜种子进行浸种催芽外,砧木种子也要进行浸种催芽。用25 ℃~30 ℃的水浸种6 h~10 h,淘洗干净,搓去种皮上的黏液,用湿纱布包好,置于28 ℃~30 ℃条件下催芽,芽长至3 mm~5 mm即可播种。黄瓜优先使用穴盘育苗。铺设穴盘,填充基质,播种前用福尔马林(30~50)mL/m^2,加水3 L,喷洒穴盘,用塑料薄膜闷盖3 d后揭膜,待气体散尽后播种。采用靠接法嫁接育苗,黄瓜应比黑籽南瓜早播4 d~5 d;采用插接法嫁接,黑籽南瓜应比黄瓜早播3 d~4 d。接穗黄瓜第1片真叶展平、砧木南瓜刚见真叶时为嫁接适期。

5.4.3 种子处理

5.4.3.1 温汤浸种:将种子放入50 ℃~55 ℃水中,边浸边搅拌15 min,待水温降到30 ℃时,浸种4 h~6 h可催芽。

5.4.3.2 干热灭菌:种子以2 cm~3 cm厚度摊放在恒温干燥器内,60 ℃通风干燥2 h~3 h,然后在75 ℃处理3 d。

5.4.3.3 硫酸铜溶液浸种:先用0.1%硫酸铜溶液浸种5 min,捞出种子,用清水冲洗3次后,再催芽播种。

5.4.3.4 高锰酸钾溶液浸种:先用40 ℃的温水浸种3 h~4 h后捞出,再放入0.5%~1%高锰酸钾溶液中浸泡10 min~15 min,捞出并用清水冲洗3次后,催芽播种。

5.4.4 浸种催芽

消毒后的种子浸泡6 h后捞出洗净,用湿纱布包好,保持在28 ℃~30 ℃处保温保湿催芽,每4 h~6 h翻动一次,经24 h~36 h种子芽长2 mm~3 mm即可播种。

5.5 播种

5.5.1 播种期:根据栽培季节、育苗手段和壮苗指标确定适宜的播种期。

5.5.2 播种量:根据种子大小及定植密度,栽培面积用种量150 g/666.7 m^2~200 g/666.7 m^2。播种床播种量25 g/m^2~30 g/m^2。

5.5.3 播种方法:当催芽种子70%以上露白即可点播或穴盘播种。

5.6 苗期管理

5.6.1 温度

夏秋育苗主要靠遮阳降温。冬春育苗温度管理见表1。

表 1　冬春育苗温度管理指标

时期	日温/℃	夜温/℃	短时间最低夜温不低于/℃
播种至齐苗	25～30	16～18	15
齐苗至分苗前	20～25	14～16	12
分苗至缓苗	28～30	16～18	13
缓苗后至定植前	25～28	14～16	13
定值前 5 d～7 d	20～23	10～12	10

5.6.2　光照

冬春育苗采用反光膜增光；夏秋育苗应采用遮光降温。

5.6.3　肥水管理

苗期以控水控肥为主。在秧苗 3 片～4 片叶时，可结合苗情追提苗肥。

5.6.4　炼苗

冬春育苗，定植前一周，白天 20 ℃～23 ℃，夜间 10 ℃～12 ℃。夏秋育苗逐渐撤去遮阳物，适当控制水分。

5.6.5　壮苗指标

子叶完好、茎基粗、叶色浓绿，无病虫害。冬春育苗，4 片～5 片叶，株高 15 cm 左右。夏秋育苗，2 片～3 片叶，株高 15 cm 左右。

5.7　定植

5.7.1　定植前准备

5.7.1.1　整地

土壤应疏松，土壤颗粒小而均匀。起垄，垄宽 80 cm～100 cm，高 15 cm～20 cm，南北向小高畦。结合整地施入基肥。

5.7.1.2　棚室消毒

在定植前应进行棚室消毒，消毒时不得使用禁用物质和方法。

5.7.2　定植时间和方法

5.7.2.1　定植时间

10 cm 内土壤温度稳定达到 12 ℃以上。

5.7.2.2　定植方法

采用大小行栽培，覆盖地膜。根据品种特性、整枝方式、气候条件及栽培习惯，定植 3.75 万株/hm^2～4.5 万株/hm^2。

5.8 定植后管理

5.8.1 冬前和冬季管理

5.8.1.1 温湿度管理

定植后缓苗前不放风，保持白天室温28 ℃～30 ℃，夜间15 ℃～20 ℃。若遇晴暖天气，中午适当遮阴。缓苗后至结瓜前，以锻炼植株为主，控制浇水，暂不覆盖地膜，要多次中耕，以促根控秧。白天室温25 ℃～28 ℃，夜间12 ℃～15 ℃，中午前后不要超过30 ℃。此期间要加强放风散湿，夜间可在温室顶留放风口。进入结瓜期，室温须按变温管理，8时～13时，室内气温控制在25 ℃～30 ℃，超过28 ℃放风；下午13时～17时，25 ℃～20 ℃；17时至24时，20 ℃～15 ℃；0时～8时，15 ℃～12 ℃。深冬季节（即12月下旬至2月中旬）晴天时可控制较高温度，实行高温养瓜，室内气温达30 ℃以上时可放风。深冬季节外界温度低，可在晴天揭保温被后或中午前后短时放风，以散湿、换气。

5.8.1.2 不透明覆盖物的管理

上午揭保温被的适宜时间，以揭开保温被后室内气温无明显下降为准。晴天时，阳光照到采光屋面时及时揭开保温被。下午室温降至20 ℃左右时盖保温被。深冬季节，保温被可适当晚揭早盖。一般雨雪天，室内气温只要不下降，就应揭开保温被。大雪天，可在清扫积雪后于中午短时揭开或随揭随盖。连续阴天时，可于午前揭保温被，午后早盖。久阴乍晴时，要陆续间隔揭开保温被，不能猛然全部揭开，以免页面灼伤。揭保温被后若植株叶片发生萎蔫，应再盖保温被。待植株恢复正常，再间隔接保温被。

5.8.1.3 肥水管理

5.8.1.4 定植至坐瓜前，不追肥。
5.8.1.5 应采用合理的灌溉方式如滴灌、渗灌等，不得大水漫灌。
5.8.1.6 不得使用人工合成的生长调节剂。

5.8.1.7 光照调节

采用无滴膜覆盖，注意合理密植和植株调整，经常清扫薄膜，保持清洁，提高透明度。

5.8.1.8 植株调整

5.8.1.8.1 插架或吊蔓：用尼龙绳吊蔓或用细竹竿插架。
5.8.1.8.2 整枝：根据品种特性、栽培方式、栽培密度选择适宜的整枝方式。7节～8节以下不留瓜，促植株生长健壮。“S”形绑蔓，使龙头离地面始终保持在1.5 m～1.7 m。随绑蔓将卷须、雄花及下部的侧枝去掉。深冬季节，对瓜码密、易坐瓜的品种，适当疏掉部分幼瓜或雌花。
5.8.1.9 摘心、打底叶：主蔓结瓜，侧枝留一瓜一叶摘心。25片～30片叶时摘心。病叶、老叶、畸形瓜及时打掉。

5.8.1.10 CO_2 施肥

越冬期间室温偏低，放风量少，若有机肥施用不足，会发生CO_2亏缺。为此，晴天上午9时～10时，可实行CO_2施肥，适宜浓度为1 500 mg/L～2 000 mg/L。

5.8.2 春季管理

2月气温回升，进入结瓜盛期，应加强管理。要重视放风，调节室内温湿度，使室内温度白天达到28 ℃～30 ℃，夜间13 ℃～18 ℃，温度过高时可通腰风和前后窗放风。当夜间室外最低温度达15 ℃以上时，不再盖保温被，可昼夜放风。2月下旬后，需肥水量增加，要适当增加浇水次数和浇水量。结合浇水每10 d～15 d左右冲施一次经过有机认证的滴灌肥。生长期内，应保持适宜的功能叶片数，每株留叶12片～15片，底部的老黄叶和病叶要及时去掉，并适时落蔓。

5.8.2.1 空气湿度

采用地膜覆盖、滴灌或暗灌、通风排湿、温度调控等措施调控温室的空气相对湿度。

5.8.2.2 灌水

采用膜下滴灌或暗灌。定植后及时浇水，3 d～5 d后浇缓苗水。冬春季节不浇明水，土壤相对湿度，冬春季节保持在60%～70%，夏秋季节保持在75%～85%。

5.8.2.3 肥料

5.8.2.3.1 优先选用有机养殖场的畜禽粪便和经过有机认证的商品肥；来源于动物和植物的废弃物和农家肥(包括农场外畜禽粪便)应经过彻底腐熟且达到有机肥腐熟标准；矿质肥料和微量元素肥料应选用长效肥料；应在施用前对其重金属含量或其他污染因子进行检测。允许使用和限制使用的肥料种类见GB/T 19630.1—2011附录A中表A.1所列出的物质。如使用时，应按照GB/T 19630.1—2011附录C的准则对该物质进行评估。施肥量：根据保护地肥力水平、生育季节、生长状况和目标产量，确定施肥量。每生产1 000 kg黄瓜，需从土壤中吸取氮1.9 kg～2.7 kg，磷1.2 kg～1.5 kg，钾3.5 kg～4.0 kg。

5.8.2.3.2 施肥技术

5.8.2.3.2.1 肥料施用的方式包括基肥、追肥和叶面肥。应重施基肥。

5.8.2.3.2.2 追肥：根据生长期的长短和对营养需求程度变化确定施肥量和时间。施肥的种类包括腐熟的农家肥、氨基酸类或腐殖酸类的冲施肥等，施肥的数量应控制在施肥总量的15%～20%。追肥的方式包括撒施、沟施和穴施。

5.8.2.3.2.3 叶面肥：叶而肥作为根外施肥的补充形式，主要种类包括氨基酸类或腐殖酸类叶面肥、微量元素肥料等，施肥的有效含量(以N计)不得超过总施肥量的10%。

5.8.2.4 授粉疏果

5.8.2.4.1 授粉：采取人工授粉、蜜蜂或熊蜂授粉，不得使用植物激素处理花穗。

5.8.2.4.2 疏果：应适当疏果，大果型品种每穗选留3果～4果，中果型品种每穗留4果～6果。

5.9 病虫害防治

5.9.1 主要病虫害

5.9.1.1 主要病害：猝倒病、立枯病、霜霉病、白粉病、细菌性角斑病、枯萎病、蔓枯病、灰霉病、病毒病等。

5.9.1.2 主要害虫：蚜虫、叶螨、白粉虱、烟粉虱、潜叶蝇、蓟马等。

5.9.2 防治原则

按照预防为主，综合防治的植保方针，坚持以农业防治、物理防治、生物防治为主，药剂防治为辅的原则。

5.9.2.1 农业防治

5.9.2.1.1 抗病虫品种:应针对当地主要病虫控制对象,选用抗虫性品种。
5.9.2.1.2 培育壮苗:应通过培育适龄壮苗,提高抗逆性。
5.9.2.1.3 控温控湿:应控制好温度和空气湿度,适宜的肥水,充足的光照和二氧化碳;应通过防风和辅助加温,调节不同生育时期的适宜温室,避免低温和高温为害。
5.9.2.1.4 采用深沟高畦、清洁田园等措施避免霜霉病等病害侵染发生。
5.9.2.1.5 耕作改制:应实行严格轮作制度,与非瓜类作物轮作3季以上,
5.9.2.1.6 科学施肥:增施有机肥,叶面喷施钙肥、硅肥等营养元素增强黄瓜的抗病虫能力。
5.9.2.1.7 设施防护:应采用防虫网、遮阳网等措施。

5.9.2.2 物理防治

5.9.2.2.1 色板诱杀:悬挂(30~40)块/666.7 m^2 黄板或蓝板诱杀蚜虫、潜叶蝇和蓟马;宜采用银灰色膜驱避蚜虫。
5.9.2.2.2 杀虫灯诱杀害虫:利用频振杀虫灯、黑光灯等诱杀害虫。
5.9.2.2.3 高温闷棚:选晴天上午,浇足量水后封闭棚室,将棚温提高到46 ℃~48 ℃,持续2 h,然后从顶部慢慢加大放风口,使室温缓缓下降。可每隔15 d闷棚一次,闷棚后加强肥水管理。秸秆平铺,加足量水后黑膜覆盖防治土传病害。

5.9.2.3 生物防治

5.9.2.3.1 宜保护利用瓢虫、草蛉等捕食性天敌和丽蚜小蜂等寄生性天敌,防治蚜虫、粉虱等害虫。
5.9.2.3.2 宜采用病毒、线虫等防治害虫。
5.9.2.3.3 可采用植物源农药如除虫菊素、苦参碱、印楝素等和生物源农药防治害虫。

5.9.2.4 药剂防治

允许使用GB/T 19630.1—2011附录A中表A.2所列出的物质。使用时,应符合GB 4285和GB/T 8321的要求。使用前,应按照GB/T 19630.1—2011附录C的准则或相应的标准对该物质进行评估。
5.9.2.4.1 猝倒病、立枯病:除苗床用高锰酸钾处理外,还可用木(竹)醋液、氨基酸铜等药剂防治。
5.9.2.4.2 灰霉病:优先采用氨基酸铜、氢氧化铜、波尔多液等制剂,必要时可采用春雷霉素+氢氧化铜等药剂防治。
5.9.2.4.3 白粉病:优先采用氨基酸硅、氨基酸铜、碳酸氢钠等制剂,必要时采用春雷霉索+氢氧化铜粉尘剂,或武夷菌索、春雷霉素+氢氧化铜等药剂防治。
5.9.2.4.4 细菌性角斑病:优先采用氨基酸硅、氨基酸铜、碳酸氢钠等药剂防治,必要时可采用硫酸链霉素防治。
5.9.2.4.5 蚜虫、粉虱:采用除虫菊素、苦参碱、印楝素等药剂防治。
5.9.2.4.6 潜叶蝇:采用除虫菊素、软钾皂等药剂防治。

5.10 污染控制

5.10.1 应在有机生产区域和常规生产区域之间设置缓冲带或物理障碍物。
5.10.2 应有有效隔离有机地块与常规地块的排灌系统。
5.10.3 喷药、施肥设备和器具在用于有机生产前,应得到充分清洗,去除污染物残留。
5.10.4 应选择聚乙烯、聚丙烯或聚碳酸酯类材料作为保护地的覆盖物、地膜或防虫网,不得使用聚氯

类产品。

5.10.5 重金属和亚硝酸盐含量不能超过GB 2762相应产品的限值。

6 采收

6.1 适时采收:黄瓜一般在定植后30 d左右开始采收。采收时掌握根瓜适当早收,盛果期隔日收,以利植株生长,提高产量。

6.2 采摘方法:采收时戴手套、保留瓜柄、瓜刺、轻拿轻放。

7 有机生产记录

7.1 认证记录的保存

产品的生产、收获和经营的操作记录必须保存好。且这些记录必须能详细记录被认证操作的各项活动和交易情况,以备检查和核实,记录要足以证实完全遵守有机生产标准的各项条例,且被保存至少5年。

7.2 提供文件清单

7.2.1 一般资料

包括技术负责人姓名、地址、电话或传真、种植面、有机耕作面积及作物种类。

7.2.2 农田描述

包括田块图和地点详图、田块清单和历史记录、设备表。

7.2.3 生产描述

包括要认证的产品清单、估计的年产量、栽培技术、测试分析、田间农事记录。

7.3 投入和销售

包括种子、肥料、病虫害防治材料、农业投入、标签、服务。销售包括产品、数量、保证书、顾客。

7.4 控制与认证

包括遵守有机生产技术规程、检查报告、认证证书等。

ICS 65.020.20
B 05

DB65

新疆维吾尔自治区地方标准

DB65/T 3586—2014

温室有机蔬菜生产技术规程

Technical code for organic vegetable production of greenhouse

2014-07-01 发布　　2014-08-01 实施

新疆维吾尔自治区质量技术监督局　发布

前　言

本标准按照 GB/T 1.1—2009 给出的规则起草。

本标准由自治区果蔬标准化研究中心提出。

本标准由新疆维吾尔自治区农业厅归口。

本标准由自治区果蔬标准化研究中心、吐鲁番地区质量技术监督局、乌鲁木齐绿保康农业服务有限公司负责起草。

本标准主要起草人：赵新亭、李瑜、艾海提·肉孜、卫建国、方海龙、牛惠玲、许山根、许克田。

温室有机蔬菜生产技术规程

1 范围

本标准规定了温室有机蔬菜生产的术语和定义、产地环境要求、生产技术、采收、包装、运输和短期贮藏、有机生产记录的要求。

本标准适用于新疆维吾尔自治区区域内温室有机蔬菜的生产管理，温室蔬菜生产没有有机生产标准时参照此标准执行。

2 规范性引用文件

下列文件对于本文件的应用是必不可少的。凡是注日期的引用文件，仅所注日期的版本适用于本文件。凡是不注日期的引用文件，其最新版本(包括所有的修改单)适用于本文件。

GB 2762 食品中污染物限量

GB 2763 食品中农药最大残留限量

GB 3095—1996 环境空气质量标准

GB 4285 农药安全使用标准

GB 5749 生活饮用水卫生标准

GB/T 8321 (所有部分)农药合理使用准则

GB 9137 保护农作物的大气污染物最高允许浓度

GB 15618—1995 土壤环境质量标准

GB 16715 瓜菜作物种子

GB/T 19630.1—2011 有机产品 第1部分:生产

3 术语和定义

GB/T 19630.1—2011 中所有术语和定义适用于本文件。

4 产地环境要求

4.1 应边界明确，生态环境良好，排灌方便，地下水位较低，土层深厚、疏松、土壤肥沃的地块。

4.2 应距离城区、工矿区、交通主干线、工业污染源、生活垃圾场等污染源较远的地块。

4.3 产地的环境质量应符合以下要求：

——土壤环境质量符合 GB 15618—1995 中的二级标准。

——农田灌溉用水水质符合 GB 5749 的规定。

——环境空气质量符合 GB 3095—1996 中二级标准。

——温室蔬菜生产大气污染物最高允许浓度应满足 GB 9137 的规定。

5 生产技术

5.1 种子和种苗选择

5.1.1 应选择按照有机生产方式生产的有机的种子或种苗。当从市场上无法获得有机的种子或种苗时，可选用未经禁用物质处理过的常规的种子或种苗，种子质量选择符合 GB 16715 的要求。
5.1.2 不得使用化学包衣种子。
5.1.3 应选择适应新疆土壤和气候特点、对病虫害具有抗性和耐性的蔬菜种类及品种。
5.1.4 春提早栽培选择耐低温弱光、对病害多抗的品种；秋延后、深冬栽培选择高抗病毒病、耐热的品种；长季节栽培选择高抗、多抗病害，抗逆性好，连续结果能力强的品种。
5.1.5 允许使用温汤浸种、干热处理和符合蔬菜植保要求的办法进行种子处理。

5.2 播种和育苗

5.2.1 根据栽培季节、育苗手段和壮苗指标，确定适宜的播种期。
5.2.2 应采用有机方式育苗，根据季节、气候条件的不同选用温室育苗；夏秋季育苗宜配有防虫、遮阳设施；宜采用穴盘育苗和工厂化育苗，应对育苗设施进行消毒处理。
5.2.3 育苗基质应符合土壤培肥的肥料要求，因地制宜地选用由无病虫源的田土、腐熟农家肥、矿物质肥、有机肥等，按一定比例配制的疏松、保肥、保水、营养完全的营养土。培育健苗、壮苗和无病虫苗。
5.2.4 允许使用嫁接等物理方法提高蔬菜的抗病和抗虫能力。

5.3 温室消毒

可选用符合 GB/T 19630.1—2011 的药剂进行温室消毒。

5.4 栽培管理

5.4.1 应制定蔬菜周年生产和轮作计划，采用蔬菜轮作和间套作等种植形式，合理安排茬口和种植密度。
5.4.2 应根据作物需求、气候条件选择合理的灌溉方式(如滴灌、渗灌等)，不得大水漫灌。
5.4.3 不得使用人工合成的生长调节剂。

5.5 土壤管理

5.5.1 土壤培肥的种类和来源

5.5.1.1 有机肥原料应经无害化处理，主要源于本农场或有机农场(或畜场)，保护地集约种植或处于有机转换期或证实有特殊的养分需求时，经认证机构许可，可购入一部分农场外的肥料原料，所有肥料原料按照堆肥的要求进行堆制，彻底腐熟后才可用于有机蔬菜生产。
5.5.1.2 蔬菜残体可用作动物饲料或堆肥的原料。
5.5.1.3 允许使用天然来源并保持其天然组分的矿物源肥料作为矿质营养元素的补充。
5.5.1.4 外购的商品有机肥应通过独立的认证机构的有机认证。
5.5.1.5 在土壤培肥过程中允许使用和限制使用的肥料种类见 GB/T 19630.1—2011 附录 A 中表 A.1所列出的物质。如使用时，应按照 GB/T 19630.1—2011 附录 C 的准则对该物质进行评估。
5.5.1.6 不得使用化学合成肥料和城市污水污泥。
5.5.1.7 不得使用人粪尿。

5.5.2 肥料处理

5.5.2.1 有机肥堆制过程中允许添加来自自然界的微生物和腐熟剂。在施用前应对施用肥料的成分和污染因子进行检测并提供检测报告。

5.5.2.2 天然矿物肥料不得作为系统中营养循环的替代物,矿物肥料只能作为长效肥料。应严格控制矿物肥料的使用,在施用前应对其重金属含量进行检测并提供检测报告。不得采用化学处理方式提高其溶解度。

5.5.3 肥料使用

5.5.3.1 基肥

以有机肥为基肥,有机肥应经过无害化处理腐熟后施入,根据不同种类蔬菜的不同生育期具体量化施入有机肥量。基肥以撒施为主,深翻 25 cm～30 cm。

a) 纯氮素的施入量不得超过 13 kg/667 m^2。
b) 以有机肥为基肥,施入基肥时,氮为总施入量的 60%～80%,磷为总施入量的 80%以上,钾为总施入量的 60%～80%。
c) 基肥以撒施为主,深翻 25 cm～30 cm。
d) 按照当地的种植模式做畦。

5.5.3.2 追肥

根据蔬菜生长期的长短和营养需求的不同,在蔬菜营养需求的关键时期进行追肥。追肥的方式包括撒施、沟施和随水冲施,施肥的数量应控制在总施入量的 20%～30%。

5.5.3.3 叶面肥

叶面肥作为根外施肥的补充形式,施肥的数量应控制在总施入量的 10%以内。

5.6 病虫草害防治

5.6.1 方法

应采用农业措施、物理措施和生物措施防治病虫草害。

5.6.1.1 农业措施

应通过选用抗病抗虫品种、种子处理、培育壮苗、栽培管理、温湿度控制、中耕除草、深翻晒铧清洁田园、轮作倒茬、间作套种、休耕等措施防治病虫草害。

5.6.1.2 物理措施

应利用灯光、黄板和性信息素诱杀害虫,利用防虫网等阻隔害虫,利用机械和人工除草等措施。

5.6.1.3 生物措施

应通过生态环境调控、人工繁殖(增殖)天敌昆虫或病原微生物等方法预防或控制病虫草害。

5.6.2 允许使用的物质

以上方法不能有效控制病虫草害时,允许使用 GB/T 19630.1—2011 附录 A 中表 A.2 所列出的物质。使用时,应符合 GB 4285 和 GB/T 8321 的要求。使用前,应按照 GB/T 19630.1—2011 附录 C 或相应的标准对该物质进行评估。

5.7 污染控制

5.7.1 应在有机和常规生产区域之间设置缓冲带或物理障碍物。

5.7.2 应有有效隔离有机地块与常规地块的排灌系统。

5.7.3 常规农业系统中的设备在用于有机生产前，应得到充分清洗，去除污染物残留。

5.7.4 应选择聚乙烯、聚丙烯或聚碳酸酯类的覆盖物或防虫网，不得使用聚氯类产品。使用后应从土壤中彻底清除，不得焚烧。

5.7.5 有机蔬菜的农药残留不得超过 GB 2763 相应产品限值，重金属和亚硝酸盐含量不得超过 GB 2762相应产品的限值。

6 采收、包装、运输和短期贮藏

6.1 采收

6.1.1 蔬菜产品器官达到商品成熟度时及时采收。

6.1.2 多次采收的蔬菜，如茄果类、瓜类的第一果(或第一穗果)宜适当早采，常在幼果尚未达到采收标准时就提前采收，以利于植株发棵和后续果实的生长。

6.1.3 高温时采收不利于采后贮藏；降雨后采收，成熟的果实易开裂，滋生病原菌，引起腐烂。一般以在晴天清早气温和菜温较低时采收为宜，有利于保持蔬菜的鲜度。

6.2 包装

6.2.1 包装应简单、实用。材料应符合国家卫生要求和相关规定；宜使用可重复、可回收和可生物降解的包装材料。

6.2.2 不得使用接触过禁用物质的包装物或容器。

6.3 运输

6.3.1 运输工具在装载有机产品前应清洗干净。

6.3.2 在运输工具及容器上，应设立专门的标志和标识，避免与常规产品混杂。

6.3.3 在运输和装卸过程中，外包装上应贴有清晰的有机认证标志或标识及有关说明。

6.3.4 运输和装卸过程应有完整的档案记录，并保留相应的票据，保持有机生产的完整性。

6.4 短期贮藏

6.4.1 仓库应清洁卫生、无有害生物，无有害物质残留，不得使用任何禁用物质处理。

6.4.2 允许使用常温贮藏、气调、温度控制、干燥和湿度调节等贮藏方法。

6.4.3 有机产品宜单独贮藏，与常规产品共同贮藏应采取在仓库内划出特定区域和标识等措施，确保有机产品和常规产品的识别。

6.4.4 应保留完整的出入库记录和票据。

7 有机生产记录

7.1 认证记录的保存

有机蔬菜的生产、收获和经营的操作记录必须保存好。且这些记录必须能详细记录被认证操作的各项活动和交易情况,以备检查和核实,记录要足以证实完全遵守有机生产标准的各项条例,且被保存至少5年以上。

7.2 提供文件清单

7.2.1 一般资料

包括技术负责人姓名、地址、电话或传真、种植面、有机耕作面积及作物种类。

7.2.2 农田描述

包括田块图和地点详图、田块清单和历史记录、设备表。

7.2.3 生产描述

包括要认证的产品清单、估计的年产量、栽培技术、测试分析、田间农事记录。

7.3 投入和销售

包括种子、肥料、病虫害防治材料、农业投入、标签、服务。销售包括产品、数量、保证书、顾客。

7.4 控制与认证

包括遵守有机生产技术规程、检查报告、认证证书等。

ICS 65.020.20
B 05

DB65

新疆维吾尔自治区地方标准

DB65/T 3587—2014

有机果品生产技术规程

Technical code for organic fruit production

2014-07-01 发布　　　　2014-08-01 实施

新疆维吾尔自治区质量技术监督局　发布

前　言

本标准按照 GB/T 1.1—2009 给出的规则起草。

本标准由自治区果蔬标准化研究中心提出。

本标准由新疆维吾尔自治区农业厅归口。

本标准由自治区果蔬标准化研究中心、吐鲁番地区质量技术监督局、乌鲁木齐绿保康农业服务有限公司负责起草。

本标准主要起草人：赵新亭、李瑜、艾海提·肉孜、卫建国、方海龙、牛惠玲、许山根、许克田。

有机果品生产技术规程

1 范围

本标准规定了有机果品生产的术语和定义、产地环境要求、生产技术、采收、包装、运输和短期贮藏、有机生产记录的要求。

本标准适用于新疆维吾尔自治区区域内有机果品的生产管理，果品生产没有有机生产标准时参照此标准执行。

2 规范性引用文件

下列文件对于本文件的应用是必不可少的。凡是注日期的引用文件，仅所注日期的版本适用于本文件。凡是不注日期的引用文件，其最新版本(包括所有的修改单)适用于本文件。

GB 2762 食品中污染物限量

GB 2763 食品中农药最大残留限量

GB 3095—1996 环境空气质量标准

GB 4285 农药安全使用标准

GB 5749 生活饮用水卫生标准

GB 7908—1999 林木种子质量分级

GB 9137 保护农作物的大气污染物最高允许浓度

GB 15618—1995 土壤环境质量标准

GB/T 8321 (所有标准)农药合理使用准则

GB/T 19630.1—2011 有机产品 第1部分:生产

3 术语和定义

GB/T 19630.1—2011中所有术语和定义适用于本文件。

4 产地环境要求

4.1 应边界明确，生态环境良好，排灌方便，地下水位较低，土层深厚、疏松、土壤肥沃的地块。

4.2 应选择距城区、工矿区、交通主干线、工业污染源、生活垃圾场等污染源较远的地块。

4.3 产地环境质量应符合以下要求：

——土壤环境质量符合GB 15618—1995中的二级标准。

——农田灌溉用水水质符合GB 5749的规定。

——环境空气质量符合GB 3095—1996中二级标准。

——温室果品生产大气污染物最高允许浓度应满足GB 9137的规定。

5 生产技术

5.1 种苗选择

应选择以有机生产方式培育或繁殖的苗木或种苗。当无法获得有机苗木或种苗时，可选用未经禁用物质处理过的常规苗木或种苗，种子质量要达到GB 7908—1999中Ⅲ级的要求。

5.1.1 应选择适应新疆的土壤和气候特点、对病虫害具有抗性的果树种类及品种。

5.2 种苗繁育

5.2.1 应采用有机方式育苗，根据季节、气候条件的不同选用育苗设施。

5.2.2 允许使用砧木嫁接等物理方法提高果树的抗病和抗虫能力。

5.2.3 不得使用经禁用物质和方法处理种苗。

5.3 栽培

5.3.1 应在果树行间自然生草或人工生草，并定期刈割回园。人工生草的种类包括豆科植物、一年或多年生绿肥、驱避植物、诱集植物等植物。

5.3.2 宜合理修剪，保持树体通风透光。

5.3.3 选择合理的灌溉方式。

5.4 土壤管理

5.4.1 土壤培肥的原则

用于补充土壤有机质和养分的废弃物应进行堆制并达到有机肥腐熟的指标；合理施用有机肥培肥土壤。

5.4.2 土壤培肥的种类和来源

5.4.2.1 有机肥应通过无害化处理，主要源于本农场或有机农场（或畜场），有特殊的养分需求时，经认证机构许可可购入农场外的原料，有机肥料的原料应经过堆制且符合堆肥的要求。允许使用通过有机认证的外购的商品肥料。

5.4.2.2 允许使用天然来源并保持其天然组分的矿物源肥料，不得采用化学处理提高其溶解性。应在施用前对其重金属含量或其他污染因子进行检测。

5.4.2.3 在土壤培肥过程中允许使用和限制使用的物质见附录A。使用附录A未列入的物质时，应由认证机构按照GB/T 19630.1—2011附录C的准则对该物质进行评估。

5.4.2.4 不得使用化学合成肥料和城市污水污泥（物）。

5.4.2.5 不得使用人粪尿。

5.4.3 土壤改良和施肥

5.4.3.1 土壤改良

酸碱调节，当土壤pH大于7.5时，可采用，拉沙压盐、深挖排碱沟、土壤改良、施用50 kg/667 m^2～80 kg/667 m^2 硫磺粉等方法调节土壤pH值。

5.4.3.2 施肥技术

5.4.3.2.1 基肥

基肥每年施入2 000 kg/667 m^2 以上的充分腐熟有机肥。纯氮素的施入量不得超过13 kg/667 m^2。要求深耕施肥。开条沟深60 cm、宽40 cm，将沟土与有机肥充分混合后施入。

5.4.3.2.2 追肥

在果品生长的落花期、胚胎发育期、幼果膨大期和成熟前期，追施腐熟的有机肥或经过有机认证的有机肥等,施用量根据果树品种和该阶段的营养需求确定。

5.4.3.2.3 叶面肥

叶面肥作为根外施肥的补充形式,施肥的数量应控制在总施入量的15%以内。

5.5 病虫草害防治

5.5.1 方法

应采用农业措施、物理措施和生物措施防治病虫草害。

5.5.1.1 农业防治

通过春季休眠期药剂保护;夏季整形修剪,使树体通风透光,降低树体(冠)间的温湿度;合理水肥管理,行间生草、树冠内除草;秋季剪除病虫枝、诱集害虫、树干涂白;冬季修剪、清洁田园、刮除树干的粗皮等措施预防和控制病虫草害。

5.5.1.2 物理防治

可利用灯光、色彩诱杀、性激素监测和迷向诱杀、机械捕捉害虫,机械、动物和人工除草等措施,防治病虫草害。

5.5.1.3 生物防治

可通过生态环境调控,人工繁育天敌昆虫或繁殖病原微生物等预防或控制病虫草害。

5.5.2 允许使用物质

以上方法不能有效控制病虫草害时,允许使用GB/T 19630.1—2011附录A中表A.2所列出的物质。使用时,应符合GB 4285和GB/T 8321的要求。使用前,应按照GB/T 19630.1—2011附录C或相应的标准对该物质进行评估。

5.6 污染控制

5.6.1 应在有机生产和常规生产区域间设置缓冲带或物理障碍物。
5.6.2 应有效隔离有机地块与常规地块间的排灌系统。
5.6.3 常规农业系统中的设备在用于有机生产前,应得到充分清洗,去除污染物残留。
5.6.4 有机果品的农药残留不得超过GB 2763相应产品限值,重金属和亚硝酸盐含量不能超过GB 2762相应产品的限值。

6 采收、包装、运输和短期贮藏

6.1 采收

6.1.1 果品产品器官达到商品成熟度时及时采收。
6.1.2 产品的采收时间应选择晴天的早晚,要避免雨天和正午采收。
6.1.3 同一田地或同一株树的产品不可能同时成熟,分期进行人工采收既可提高产品品质,又可提高产量。

6.2 包装

6.2.1 包装应简单、实用。材料应符合国家卫生要求和相关规定;宜使用可重复、可回收和可生物降解的包装材料。

6.2.2 不得使用接触过禁用物质的包装物或容器。

6.3 运输

6.3.1 运输工具在装载有机产品前应清洗干净。

6.3.2 在运输工具及容器上,应设置专门的标志和标识,避免与常规产品混杂。

6.3.3 在运输和装卸过程中,外包装上应贴有清晰的有机认证标志或标识及有关说明。

6.3.4 运输和装卸过程应有完整的档案记录,并保留相应的票据,保持有机生产的完整性。

6.4 短期贮藏

6.4.1 仓库应清洁卫生、无有害生物,无有害物质残留,不得使用任何禁用物质处理。

6.4.2 允许使用常温贮藏、气调、温度控制、干燥和湿度调节等贮藏方法。

6.4.3 机产品宜单独贮藏,与常规产品共同贮藏应采取在仓库内划出特定区域和标识等措施,确保有机产品和常规产品的识别。

6.4.4 应保留完整的出入库记录和票据。

7 有机生产记录

7.1 认证记录的保存

有机果品的生产、收获和经营的操作记录必须保存好。且这些记录必须能详细记录被认证操作的各项活动和交易情况,以备检查和核实,记录要足以证实完全遵守有机生产标准的各项条例,且被保存至少5年。

7.2 提供文件清单

7.2.1.1 一般资料

包括技术负责人姓名、地址、电话或传真、种植面、有机耕作面积及作物种类。

7.2.1.2 农田描述

包括田块图和地点详图、田块清单和历史记录、设备表。

7.2.1.3 生产描述

包括要认证的产品清单、估计的年产量、栽培技术、测试分析、田间农事记录。

7.3 投入和销售

包括种子、肥料、病虫害防治材料、农业投入、标签、服务。销售包括产品、数量、保证书、顾客。

7.4 控制与认证

包括遵守有机生产技术规程、检查报告、认证证书等。

二、自 制 标 准

新疆维吾尔自治区果蔬标准化研究中心企业标准

Q/XJGS 301.1—2015

果蔬营销管理奖惩机制

2015-05-01 发布　　2015-05-31 实施

新疆维吾尔自治区果蔬标准化研究中心　发 布

前　言

本标准按照 GB/T 1.1—2009 给出的规则起草。

本标准由新疆维吾尔自治区果蔬标准化研究中心提出并归口。

本标准主要起草单位:新疆维吾尔自治区果蔬标准化研究中心、吐鲁番市质量技术监督局、乌鲁木齐绿宝康服务有限公司。

本标准主要起草人:文光哲、杨猛、唐亦兵、李瑜、牛惠玲、许山根。

果蔬营销管理奖惩机制

1 范围

本标准规定了果蔬营销管理奖惩的考核原则、考核对象、考核目标的要求。

本标准适用于为最大程度的调动销售人员的工作积极性，更好的完成销售任务，完成果蔬销售目标。

2 考核原则

激励员工努力完成营业目标，以奖励为主，以罚为辅。实现定期考核、定期结算、定期兑现。

3 考核对象

销售人员。

4 考核目标

以当年营业计划为标准，以财务部每月实际报表为依据。

Q/XJGS

新疆维吾尔自治区果蔬标准化研究中心企业标准

Q/XJGS 301.2—2015

温室大棚散养鸡工作规范

2015-05-01 发布　　2015-05-31 实施

新疆维吾尔自治区果蔬标准化研究中心　发 布

前　言

本标准按照GB/T 1.1—2009给出的规则起草。

本标准由新疆维吾尔自治区果蔬标准化研究中心提出并归口。

本标准主要起草单位:新疆维吾尔自治区果蔬标准化研究中心、吐鲁番市质量技术监督局、乌鲁木齐绿宝康服务有限公司。

本标准主要起草人:文光哲、杨猛、唐亦兵、李瑜、牛惠玲、许山根。

温室大棚散养鸡工作规范

1 范围

本标准规定了温室大棚散养鸡的温室大棚(以下简称温室大棚)安全管理、温室大棚消毒、污水处理的要求。

本标准适用于温室大棚散养鸡的管理。

2 温室大棚安全管理

温室大棚安全管理工作是生产经营,维护工作秩序的保证,同时也是提高经济效益的保证,全员务必重视安全管理工作。

2.1 安全教育

2.1.1 定期或不定期进行安全生产教育

2.1.2 领导直接参与安全的管理体系,抓安全生产,保障企业和个人财产安全。

2.2 安全操作

2.2.1 电工、汽车司机和高风险工种必须持国家认可的有效证件上岗。

2.2.2 电工平时要对易出现故障的电器进行安全检查和维护。

3 温室大棚消毒

圈舍应定期彻底消毒,消毒前先关闭电源,防止漏电事故发生。

4 污水处理

污水处理池要有防护装置,以免造成安全事故。

新疆维吾尔自治区果蔬标准化研究中心企业标准

Q/XJGS 301.3—2015

产品采购管理办法

2015-05-01 发布　　2015-05-31 实施

新疆维吾尔自治区果蔬标准化研究中心　发布

前　言

本标准按照 GB/T 1.1—2009 给出的规则起草。

本标准由新疆维吾尔自治区果蔬标准化研究中心提出并归口。

本标准主要起草单位：新疆维吾尔自治区果蔬标准化研究中心、吐鲁番市质量技术监督局、乌鲁木齐绿宝康服务有限公司。

本标准主要起草人：文光哲、杨猛、唐亦兵、李瑜、牛惠玲、许山根。

产品采购管理办法

1 范围

本标准规定了产品采购的目的、产品采购与配送流程、退换货作业、附则的要求。

本办法适用于产品采购的管理。

2 目的

为使采购进货做到规范有序地进行，合理控制进货成本，特拟定本办法。

3 产品采购与配送流程

3.1 《产品采购申请表》审批后交财务部门。

3.2 所有往来的产品供应商，产品部必须进行资料登记，在采购选择供应商时须将供应商资料上报财务审核；必要时，共同协商有关采购进货的事宜。

3.3 采购时必须事先询价、议价，选择供应商前必须至少对比三家。

3.4 在确保产品质量的同时，经过询价、议价、比价后，采购负责人应确认合适供应商列入《合格供应商名录表》经财务审批后生效。

3.5 所有采购必须签订采购合同，采购合同原则上使用公司的规范合同。

3.6 产品部应依据供应商资信状况，包括货源、所供产品质量、合格证、卫生资质、供货能力、运输能力、结算方式、服务态度、合约履约能力等方面进行审核确认，每半年评估一次，优胜劣汰。具体说明详见《产品供应商评审考核办法》。

3.7 产品采购应凭全国统一含税发票报销，特殊情况应事先报告主管，同时知会财务部门。

3.8 无有效申购单据，而擅自对外采购者，须追查采购人员的责任或不予付款报销。

3.9 采购负责人应按时完成采购工作，确保产品质量和合理的价格。

3.10 参与采购和付款相关人员应做到洁身自好，不得贪污受贿或向供货商索要回扣，否则将按严重违反纪律处理。

3.11 产品存储管理，应注意确保产品质量及保持账、物一致。

4 退换货作业

4.1 退货主要是因为产品品质不良、订错货、送错货，产品为过期品、滞销品等。

4.2 退换货时，首先要查明退换商品的来源；其次要填清退换单，如注明品名、数量、退换原因、要求等；最后，要事先告知供应商，以便供应商及时处理。

5 附则

5.1 本办法由财务部负责解释和修订。

5.2 本办法如有未尽事宜，得以随时修改补充。

Q/XJGS

新疆维吾尔自治区果蔬标准化研究中心企业标准

Q/XJGS 301.4—2015

温室大棚草莓日常工作规范

2015-05-01 发布　　　　　　　　2015-05-31 实施

新疆维吾尔自治区果蔬标准化研究中心　发 布

前　　言

本标准按照 GB/T 1.1—2009 给出的规则起草。

本标准由新疆维吾尔自治区果蔬标准化研究中心提出并归口。

本标准主要起草单位:新疆维吾尔自治区果蔬标准化研究中心、吐鲁番市质量技术监督局、乌鲁木齐绿宝康服务有限公司。

本标准主要起草人:文光哲、杨猛、唐亦兵、李瑜、牛惠玲、许山根。

温室大棚草莓日常工作规范

1 范围

本标准规定了温室大棚(以下简称温室大棚)草莓的温湿度控制、光照、肥水管理、病虫害防治的要求。

本标准适用于温室大棚草莓的日常管理。

2 温湿度控制

需要高温高湿,温度白天在24 ℃～28 ℃,夜间在17 ℃～18 ℃,湿度白天在70%以下,夜间85%,缓苗结束后要降低湿度。

3 光照

不需要太强的光照,如果靠近窗户的地方光照强的则需要遮阴,光照强度一般在,缓苗结束后则需要增加光强。

4 肥水情况

4.1 根据秧苗大小来定,七片真叶以下时尽量少浇水,见干再浇而且要少浇;七片真叶以上的秧苗可以正常浇水,见干见湿,可以浇透。每隔半个月浇肥水一次。

4.2 在肥水的同时,每隔7 d～10 d喷叶面肥一次,到结果期在以上叶面肥的基础上再追加。

5 病虫害防治

5.1 每天检查草莓盆土干湿度,见干浇水,检查是否有病虫害发生,做到及时防治。

5.2 在草莓生长发育期间每隔7 d～10 d喷一次杀菌、杀虫药剂。

新疆维吾尔自治区果蔬标准化研究中心企业标准

Q/XJGS 301.5—2015

仓 库 管 理 规 范

2015-05-01 发布 2015-05-31 实施

新疆维吾尔自治区果蔬标准化研究中心 发 布

前　　言

本标准按照 GB/T 1.1—2009 给出的规则起草。

本标准由新疆维吾尔自治区果蔬标准化研究中心提出并归口。

本标准主要起草单位:新疆维吾尔自治区果蔬标准化研究中心、吐鲁番市质量技术监督局、乌鲁木齐绿宝康服务有限公司。

本标准主要起草人:文光哲、杨猛、唐亦兵、李瑜、牛惠玲、许山根。

仓 库 管 理 规 范

1 范围

本标准规定了仓库管理的目的、物资的验收入库、物资保管、物资的领发和物资退库的要求。

本标准适用于仓库的管理。

2 目的

仓库管理规范是指对仓库各方面的流程操作、作业要求、注意细节、7S管理、奖惩规定、其他管理要求等进行明确的规定，给出工作的方向和目标。工作的方法和措施；且在广义范畴内是由一系列其他流程文件和管理规定形成的，例如“仓库安全作业指导书”“仓库日常作业管理流程”“仓库单据及账务处理流程”“仓库盘点管理流程”等。

3 物资的验收入库

3.1 物资到公司后库管员依据清单上所列的名称、数量进行核对、清点，经使用部门或请购人员及检验人员对质量检验合格后，方可入库。

3.2 对入库物资核对、清点后，库管员及时填写入库单，经使用人、货管科主管签字后，库管员、财务科各持一联做账，采购人员持一联做请款报销凭证。

3.3 库管要严格把关，有以下情况时可拒绝验收或入库。

a） 未经主管批准的采购；

b） 与合同计划或请购单不相符的采购物资；

c） 与要求不符合的采购物资；

d） 因生产急需或其他原因不能形成入库的物资，库管员要到现场核对验收，并及时补填“入库单”。

4 物资保管

4.1 库管员在物资入库后，需将物资按不同类别、性能、特点和用途分类分区码放，做到“二齐、三清、四号定位”：

——二齐：物资摆放整齐、库容干净整齐。

——三清：材料清、数量清、规格标识清。

——四号定位：按区、按排、按架、按位定位。

4.2 库管员对常用或每日有变动的物资要随时盘点，若发现误差需及时找出原因并更正。

4.3 库存信息及时呈报。须对数量、文字、表格仔细核对，确保报表数据的准确性和可靠性。

5 物资的领发

5.1 库管员凭领料人的领料单如实领发，若领料单上主管或总经理未签字、字据不清或被涂改的，库管员有权拒绝发放物资。

5.2　库管员根据进货时间必须遵守“先进先出”的仓库管理规范原则。

5.3　领料人员所需物资无库存，库管员应及时通知使用者，使用者按要求填写请购单，经总经理批准后交采购人员及时采购。

5.4　任何人不办理领料手续不得以任何名义从库内拿走物资，不得在货架或货位中乱翻乱动，库管员有权制止和纠正其行为。

5.5　以旧换新的物资一律交旧领新。

5.6　领用的各种工具均要有工具卡，并由领用人和总经理签字。

6　物资退库

6.1　由于生产计划更改引起领用的物资剩余时，应及时退库并办理退库手续。

6.2　废品物资退库，库管员根据“废品损失报告单”进行查验后，入库并做好记录和标识。

新疆维吾尔自治区果蔬标准化研究中心企业标准

Q/XJGS 301.6—2015

种子(苗)管理办法

2015-05-01 发布　　2015-05-31 实施

新疆维吾尔自治区果蔬标准化研究中心　发布

前　言

本标准按照 GB/T 1.1—2009 给出的规则起草。

本标准由新疆维吾尔自治区果蔬标准化研究中心提出并归口。

本标准主要起草单位:新疆维吾尔自治区果蔬标准化研究中心、吐鲁番市质量技术监督局、乌鲁木齐绿宝康服务有限公司。

本标准主要起草人:文光哲、杨猛、唐亦兵、李瑜、牛惠玲、许山根。

种子(苗)管理办法

1 范围

本标准规定了种子(苗)管理的购买注意事项、发现问题的处理、常见种子的储藏方法的要求。

本标准适用于种子(苗)的管理。

2 购买注意事项

2.1 广告宣传的真实性

注意宣传的品种特征特性与审(认)定公告是否一致,部分广告往往夸大宣传,广大农民不要轻信。

2.2 审视售种单位的资质

购种前看售种单位是否办有种子经营许可证或种子备案登记证,或者是否属种子经营许可证单位的分支机构或委托代销,或者是否有工商管理部门办理的专门经营包装种子的营业执照,否则不能从其单位购买种子。

2.3 查看品种是否合法

2.3.1 购买主要农作物品种时要看是否通过品种审定,是否有品种审定编号,是否适合本区域种植。

2.3.2 购买非主要农作物品种,要看是否在本地搞过试验,是否适宜本地种植,是否通过省级非主要农作物认定,是否有品种认定编号。

2.4 查看种子包装和标签

2.4.1 购买种子时首先要看种子包装是否规范,有种子经营资质的单位其种子包装都比较讲究,制作精细,有的还有防伪标志或免费咨询电话,一定要仔细查看。

2.4.2 其次还要查对种子标签,看制作、标注是否规范,尤其是查对品种名称、产地、质量指标、生产商、生产时间及生产经营许可证号、检疫证号、品种审定编号等。

2.5 查验种子质量

2.5.1 购买种子时,首先要查验标注的质量指标是否属实并达到国家标准。

2.5.2 其次,查看种子的形态特征,看种子形状是否大小一致,籽粒是否饱满、圆润、光亮,采取牙咬或手掐等办法查验种子湿度。

2.5.3 第三,购买种子后尤其是购买种子数量较大的要注意及时做发芽率试验,查验种子发芽情况,发现问题及时解决。

2.6 了解品种的特征特性和栽培技术

购买种子时,要注意向售种者索要品种介绍及栽培技术说明,尤其是了解清楚该品种的弱点和不足之处,以便按照品种本身的需要去种植和管理。

2.7 索要并妥善保存好购种证据

2.7.1 购买种子时要让售种者开据发票,要详细注明品种名称、数量、价格及售出时间等内容,并妥善保管。

2.7.2　要保存好种子包装及种子标签等证明种子来源的物证。购种数量较大时最好封存少量种子样品，作为处理种子纠纷的证据。

2.8　妥善保管所购种子

2.8.1　种子购买后要注意妥善保管，千万不能让种子受潮，或受到虫害、鼠害，也不能和化肥、农药混放在一起，不要放在烟、汽较大的地方。

2.8.2　要做到经常检查，防止坏种。

3　发现问题的处理

3.1　一旦发现因种子质量问题造成出苗率低、杂株率高及假种子造成减产等损失时，应及时到当地种子管理部门投诉。

3.2　种子质量出现问题时要保护好现场，尽早投诉，不要错过最佳投诉时期。

3.3　依法维权，抓紧索赔，索赔有一定时效，超过诉讼时效得不到赔偿。

3.4　解决种子纠纷可通过协商和解、请求调解、行政申诉、仲裁解决、提起诉讼五种途径解决。

4　常见种子的储藏方法

4.1　低温干燥密封储藏法

家庭可将种子晾干后用塑料袋或铝箔包装后，放到0 ℃～5 ℃的冰箱里保存。

4.2　自然能干燥储存法

阴干或晾干后放到纸袋里，通风干燥的室内(耐干燥的一二年省草本花卉种子)。

4.3　干燥密封储存法

充分烦躁的种子到瓶罐中道密封储藏。

新疆维吾尔自治区果蔬标准化研究中心企业标准

Q/XJGS 301.7—2015

果蔬基地安全管理办法

2015-05-01 发布　　　　2015-05-31 实施

新疆维吾尔自治区果蔬标准化研究中心　发布

前　言

本标准按照 GB/T 1.1—2009 给出的规则起草。

本标准由新疆维吾尔自治区果蔬标准化研究中心提出并归口。

本标准主要起草单位:新疆维吾尔自治区果蔬标准化研究中心、吐鲁番市质量技术监督局、乌鲁木齐绿宝康服务有限公司。

本标准主要起草人:文光哲、杨猛、唐亦兵、李瑜、牛惠玲、许山根。

果蔬基地安全管理办法

1 范围

本标准规定了果蔬基地安全的安全管理职责、安全控制目标、安全责任的要求。

本标准适用于果蔬基地的安全管理。

2 安全管理职责

2.1 严格遵守各种安全规章制度。健全自治区标准化果蔬基地各种安全管理制度(生产安全责任制度、生活区安全责任制度以及各生产、生活岗位相应规程等)。

2.2 生产安全

2.2.1 组织好日常安全生产,做好基地内的职工人身、机械设备、物资的安全管理。

2.2.2 每年进行两次安全综合检查,彻底整改安全隐患,各类生产、生活设施须保持完好状态。

2.2.3 加强所属人员的思想及安全教育,可适当组织制定本事故应急救援预案及演练。

2.2.4 加强日常安全管理。采取有效措施,切实加强日常综合安全检查、教育、整改,把事故隐患消灭在萌芽状态。

2.2.5 加强重大危险源及重点区域的安全管理。

2.2.6 严防少数恐怖分子的袭击,做好相应的防范准备。

2.3 生活区安全

2.3.1 预防水源投毒、破坏。

2.3.2 正确使用电源,做好经常检查及时更换,防止大棚以及生活区(尤其是果蔬基地彩板房、大棚)电线发生短路、伤人等火灾事故。

2.3.3 彩板房主要用于库房及日常办公使用,严禁用于日常居住及生活使用。

2.3.4 禁止在房间内或彩板房周围10米以内使用明火取暖及生火做饭。

2.3.5 加强生活区(安居房)管理,爱护公共财产,防止用水、电、煤等安全事故发生。

2.3.6 加强来去果蔬基地业务人员人身和财产的安全管理。

3 安全控制目标

3.1 无任何安全及责任事故发生。

3.2 无重大治安、刑事案件。

3.3 无财产丢失损坏。

4　安全责任

务必加强安全管理,防止事故发生。如因人员管理、生产生活及生产设施等方面发生任何责任事故,由生产管理单位承担相应责任。

新疆维吾尔自治区果蔬标准化研究中心企业标准

Q/XJGS 301.8—2015

果蔬基地环境卫生管理办法

2015-05-01 发布 2015-05-31 实施

新疆维吾尔自治区果蔬标准化研究中心 发布

前　言

本标准按照 GB/T 1.1—2009 给出的规则起草。

本标准由新疆维吾尔自治区果蔬标准化研究中心提出并归口。

本标准主要起草单位:新疆维吾尔自治区果蔬标准化研究中心、吐鲁番市质量技术监督局、乌鲁木齐绿宝康服务有限公司。

本标准主要起草人:文光哲、杨猛、唐亦兵、李瑜、牛惠玲、许山根。

果蔬基地环境卫生管理办法

1 范围

本标准规定了果蔬基地环境卫生管理的目的、职责、环境卫生要求、附则的要求。
本标准适用于果蔬基地环境卫生的管理。

2 目的

为保持洁净、良好的生产、生活环境，避免药品、生产果蔬品种及生产人员受到污染、感染。

3 职责

由乌鲁木齐市绿保康农业有限公司进行管理。

4 环境卫生要求

4.1 生产区环境卫生要求

4.1.1 周围无杂草，无砖头瓦块，无果皮纸屑，无烟头。
4.1.2 排水通畅无积水。
4.1.3 无蚊蝇滋生场所，垃圾入箱并及时清理。
4.1.4 铺砖地面夏季保持每两天洒水一次，混凝土地面平整，整洁、通畅，不起尘。
4.1.5 建筑物、公用设施不乱画、乱贴。

4.2 生活区卫生要求

4.2.1 门窗、护栏、走廊每天打扫，保持干洁、无损。
4.2.2 地面、窗台、暖气片无尘土杂物。
4.2.3 内墙面墙角无蛛网，电灯、电扇无尘土、污物。
4.2.4 制度、牌匾等悬挂、摆放整齐，美观大方，物品放置有序。
4.2.5 厕所卫生要求地面保持清洁，无积水、积尿，每天清理大小便池，池壁无污渍，定时消毒，禁止乱扔废纸烟头。

4.3 生产区环境的管理

4.3.1 生产区室外除规定存储区域外不得存放生产用物料。
4.3.2 土建施工结束后，要及时将渣土、废砖、杂物外运。
4.3.3 环境每天有人清扫、除杂草，管理卫生设施。
4.3.4 生产区禁止乱扔杂物，对此要有醒目的公益标准。

5 附则

本制度归口总经办，由中心办公室负责解释。

Q/XJGS

新疆维吾尔自治区果蔬标准化研究中心企业标准

Q/XJGS 301.9—2015

科研项目管理办法

2015-05-01 发布　　　　2015-05-31 实施

新疆维吾尔自治区果蔬标准化研究中心　发 布

前　言

本标准按照 GB/T 1.1—2009 给出的规则起草。

本标准由新疆维吾尔自治区果蔬标准化研究中心提出并归口。

本标准主要起草单位:新疆维吾尔自治区果蔬标准化研究中心、吐鲁番市质量技术监督局、乌鲁木齐绿宝康服务有限公司。

本标准主要起草人:文光哲、杨猛、唐亦兵、李瑜、牛惠玲、许山根。

科研项目管理办法

1 范围

本标准规定了科研项目管理的目的、职责、申请与立项、执行和管理、项目的延期与终止、经费管理、科研项目的结题验收、项目奖励、成果鉴定、档案管理的要求。

本制度适用于科研项目的管理。

2 目的

为了贯彻实施“科技兴检”战略、进一步加强科研工作的制度化、规范化，激发广大职工参与科研的积极性、创造性，不断提高我中心科研创新能力和提升科研水平，参照《新疆维吾尔自治区质量技术监督局科技计划项目管理办法》及《新疆维吾尔自治区质量技术监督局科技成果奖励办法》，特制定本细则。

3 职责

3.1 中心技术委员会(同自治区标准化研究院技术委员会)职责

3.1.1 中心技术文员会

中心技术委员会统一负责科研工作的总体规划和组织管理。

3.1.2 中心技术委员会办公室

3.1.2.1 中心技术委员会办公室承担科研项目的日常管理。

3.1.2.2 负责各类科研项目申报信息的收集并及时向各部门提供。

3.1.2.3 负责科研项目申报材料的形式审核和组织开展科研项目的拟申报立项和相关评审工作。

3.1.2.4 负责科研项目的定期检查及验收，做好过程督促和协调。

3.1.2.5 负责科研项目经费使用的监督管理。

3.1.2.6 负责科研成果申报中的组织管理工作。

3.1.2.7 负责科研项目完成后归档资料的审核与存档。

3.2 项目负责人职责

科研项目实行项目负责人制。

3.3 权利

3.3.1 拟定项目组成员及其分工，实施后可根据情况申请个别人员调整。

3.3.2 根据项目需要提出项目经费的使用方案。

3.3.3 提出项目组仪器设备的选型方案。

3.3.4 项目负责人有权决定该项目研究成果的署名和排列顺序，提出项目奖励的人员名单及分配方案，报中心技术委员会确定。

3.4 义务

3.4.1 对项目的完成负有完全责任。

3.4.2 对项目开展全过程负有具体指导、协调、监督责任。

3.4.3 提交项目计划任务书，按要求报送，严格执行项目计划任务。

3.4.4 负责项目实施中各类文件、资料的管理和保存。

4 申请与立项

4.1 按要求填写项目申请书，阐明立题依据、研究内容（含创新点）、拟采取的研究方法、技术路线、预期成果以及详细的经费预算。

4.2 经部门审核后，将项目申请书报中心技术委员会办公室进行形式和内容的审查。

4.3 中心技术委员会办公室对初审合格的项目申请书提交中心技术委员会，对项目的创新性、科学性、可行性以及研究内容和拟解决的关键技术问题、研究方法、预期目标、项目经费、项目负责人的确定等进行讨论、评审，形成意见。

4.4 经中心技术委员会审核批准的项目，由中心技术委员会办公室按要求进行择级报送，申请立项，项目负责人应积极争取立项。

4.5 接到立项通知后，项目负责人应在规定时间内填好《科研项目任务书》（一式三份）报中心技术委员会办公室，经项目主管部门签章批准后分别由项目主管部门、中心技术委员会办公室和项目组各保管一份。

5 执行和管理

5.1 项目负责人应于接到立项通知后三十天内制定项目实施方案。

5.2 中心技术委员办公室定期开展对项目实施情况的检查。

5.3 项目的研究内容、研究计划的重大修改必须由项目负责人提出申请经中心技术委员会审议报请立项主管部门批准。未经同意，不得擅自修改。获批准修改的项目内容须及时报中心技术委员会办公室备案。

5.4 项目的延期与终止

5.4.1 对正式立项的科研项目，应按期完成，无充分理由，原则上不予延长。确需延长的，须由项目负责人提出书面报告，连同延期计划送中心技术委员会办公室并报立项主管部门审定；一般延期不得超过一年。

5.4.2 由于客观原因或执行中遇有不可抗拒的原因致使已立项项目无法开展或无法进行者，项目负责人须向中心技术委员会书面申述终止理由，并经中心技术委员会批准后，向立项主管部门提出正式申请，经批准后可以终止。其经费冻结并审查已开支的经费，余款上交。

6 经费管理

6.1 科研经费采用“科研经费专项科目”的形式，由中心内统一管理。

6.2 各项目单设科目，全成本核算，专项建帐，专款专用。

6.3 接到科研项目批准立项和拨款通知后，由财务管理部门在专项科目上建账。科研进程的每项支出由财务管理部门记录在其相应的“科研经费专项科目”上，课题结束通过正式验收后，经费支配记录一并打印归档。

6.4 “科研经费专项科目”由中心技术委员会办公室每年审查、结算后报中心技术委员会审核。

6.5　项目经费的开支：

6.5.1　科研业务费：测试、分析、评审、差旅交通、劳务费；国内调研和学术会议费；业务资料费；科技成果查新、验收（鉴定）费、申报专利费等。

6.5.2　试验、材料费：原材料、标准品等消耗品购置费；样本、样品的采集加工费和包装运输费等。

6.5.3　仪器设备费：项目计划内专用小型仪器设备购置、运输、安装费等。

6.5.4　协作费：支付给协作单位的经费，原则上不超过总经费的50％。

6.5.5　其它费用：其他需要支付的合理费用。

6.6　项目经费的使用

项目经费的各项开支原则上按项目书的预算执行。由项目负责人提出申请，报中心长批准。报销凭证需由报账经办人、项目负责人签字后再由中心长核批。

7　科研项目的结题验收

7.1　完成研究任务后，项目负责人应向中心技术委员会办公室提出项目结题申请，并提交以下材料：

——项目任务书；

——项目实施方案；

——项目研发工作总结报告；

——项目研发技术报告；

——项目研发程序材料：

- 设计说明书、用户需求手册；
- 相关的过程文件、论文、论著、自检报告或用户使用报告；

——购置的仪器设备等固定资产清单；

——项目经费决算表。

7.2　中心技术委员会办公室负责组织项目结题预验收。

7.3　预验收以项目任务书为基本依据，对研究工作完成的情况、实施技术路线、攻克的关键技术及效果、科研成果应用和对经济社会的影响、科研项目实施的组织管理经验与教训、经费使用的合理性等做出客观的、实事求是的评价。

7.4　预验收意见需明确提出“通过”“基本通过，尚需整改”“不通过”的结论。

7.5　需整改的，由项目组按预验收结论要求整改后将有关材料提交中心技术委员会办公室进行形式审查。

7.6　未通过预验收的，项目组完善有关文件资料后，可再次提出验收申请。

8　项目奖励

8.1　对我中心承担或为主承担的科研项目通过正式验收后，项目组可向中心技术委员会申请项目奖励。

8.2　全成本核算后，结余部分的3％～5％作为项目组的奖励，奖励方案由课题组提出，由技术委员会研究确定。

9　成果鉴定

9.1　申请成果鉴定须具备的条件

9.1.1　完成科研项目计划任务书或合同书的各项任务、指标，各种数据资料完整、准确，技术成熟、完善，符合有关法规要求。

9.1.2 技术内容成熟，有明显的创新性和一定程度的先进性，并在一定范围内应用。

9.1.3 总体技术性能和指标达到相关领域的先进水平。

9.1.4 具有良好的应用效果。如在科技成果转化、推广、应用、产业化中，对我区经济和社会发展以及科技进步具有较大或重大的促进作用，产生了一定的经济效益或者社会效益。

9.1.5 应用性技术成果必须经过实际验证并具备推广应用的条件或已开始推广应用。

9.1.6 软科学研究成果，必须出具采纳本成果的部门、单位的证明材料，能说明该成果的创造性和实际应用中所取得的效果。

9.1.7 项目的主要完成单位及主要完成者在名次排列上已达成一致意见。

9.1.8 科技成果权属明确，无权属争议。

9.2 科技成果鉴定申请程序

9.2.1 项目负责人将科技成果鉴定所需材料提交中心技术委员会办公室。

9.2.2 中心技术委员会办公室初审通过后，提请中心技术委员会进行评定。

9.2.3 通过评定的课题，经中心领导审批，根据任务来源和所达到的水平，由中心技术委员会办公室向项目主管部门组织推荐申报科技成果鉴定。

10 档案管理

科研项目一经批准立项，项目负责人即需组织建立项目档案。从立项至成果鉴定等各环节必须注意保存的文件和技术资料档案。

10.1 项目计划部分

包括项目申请书、任务书、合同书、协议书、工作方案、科研课题经费决算清单等。

10.2 原始记录部分

包括实验、调查、分析、测试形成的原始记录本、工作手册及有关会议记录、图纸、照片以及经过归纳整理的数据。

10.3 总结报告部分

包括可行性报告、工作总结报告、阶段工作报告、论文、专著、专题报告等。

10.4 鉴定及推广应用部分

包括验收、鉴定会的申请报告、上级批文、鉴定书、成果评价意见、获奖情况、推广中的反馈信息及对本项目的评价、建议性质的来往文书等。

10.5 科研项目研究资料归档与保存

项目正式通过验收或完成成果鉴定后，项目负责人应于三十天内将项目全套技术资料交中心技术委员会办公室审核，并由中心技术委员会办公室移交档案室存档。

11 其他

11.1 中心技术人员经中心技术委员会批准参加的中心外科研协作项目，须在中心技术委员会办公室备案。

11.2 本细则由中心技术委员会负责解释。

11.3 本细则自发布之日起执行。

新疆维吾尔自治区果蔬标准化研究中心企业标准

Q/XJGS 301.10—2015

温室大棚操作技术规范

2015-05-01 发布　　2015-05-31 实施

新疆维吾尔自治区果蔬标准化研究中心　发布

前　言

本标准按照 GB/T 1.1—2009 给出的规则起草。

本标准由新疆维吾尔自治区果蔬标准化研究中心提出并归口。

本标准主要起草单位:新疆维吾尔自治区果蔬标准化研究中心、吐鲁番市质量技术监督局、乌鲁木齐绿宝康服务有限公司。

本标准主要起草人:文光哲、杨猛、唐亦兵、李瑜、牛惠玲、许山根。

温室大棚操作技术规范

1 范围

本标准规定了温室大棚(以下简称温室大棚)温度的控制、起放草帘、大棚电器、卷帘滚杠机保养的要求。

本标准适用于温室大棚操作的管理。

2 温室大棚温度的控制

2.1 温度、湿度

白天 前半天 25 ℃～30 ℃,后半天 20 ℃～24 ℃,前半夜 17 ℃～18 ℃左右,后半夜 10 ℃～14 ℃之间为最佳,湿度白天保持在 70%以下,夜间 85%以下,尽量在条件适可时延长放风时间。

2.2 水肥管理

应保持每一棵苗子都要温度:白天 20 ℃～25 ℃为最佳生长温度,夜间不低 6 ℃为好。

2.3 病虫害管理

采用防虫网、诱虫板、烟雾剂进行防治病虫害。

3 起、放草帘

3.1 起草帘一定要先检查两侧封草帘的绳子是否解开,绳子应放置于草帘之上,避免绳子刮到别的物品;再仔细检查两边的桥板和沙袋是否移动等影响起草帘的细节,确认没有问题后,再开电机起草帘。

3.2 起、放帘时应边起(放)边观察,多注意滚杠上的绳子、电机角带。

3.3 起、放帘时,人离绳子和角带应保持一定的距离,防止被绳子缠绕和角带铰曲。在两侧山墙和大棚前沿工作时,应站在离山墙和棚前沿有一定的距离,防止人员坠落。

3.4 起、放帘如发现问题,应先关停电机,问题解决完后在开电机起、放帘。

3.5 起、放完毕后,关闭电源箱电源,压置好温室大棚两侧桥板沙袋,绑上封帘绳。整理前窗帘,查看棚内外,水、电、灯、温控开关是否安全完好。

4 大棚电器

4.1 室外电机、开关、灯应防止被雨淋湿。

4.2 减速机应经常检查齿轮油。

4.3 室内电器应防止水与电器交接。

4.4 打农药时应把所有电器设备用塑料包好,防止药水喷入。

4.5 应防止露水滴到电气设备上。

4.6 电器发生故障时,应找专业人员维修。

5 卷帘滚杠机保养

5.1 经常打甘油,防止磨损损坏。

5.2 棚架上钢管、木方应经常检查,查看有是否有断裂和松动现象并及时修复。

Q/XJGS

新疆维吾尔自治区果蔬标准化研究中心企业标准

Q/XJGS 301.11—2015

设 备 管 理 办 法

2015-05-01 发布 2015-05-31 实施

新疆维吾尔自治区果蔬标准化研究中心 发 布

前　言

本标准按照GB/T 1.1—2009给出的规则起草。

本标准由新疆维吾尔自治区果蔬标准化研究中心提出并归口。

本标准主要起草单位：新疆维吾尔自治区果蔬标准化研究中心、吐鲁番市质量技术监督局、乌鲁木齐绿宝康服务有限公司。

本标准主要起草人：文光哲、杨猛、唐亦兵、李瑜、牛惠玲、许山根。

设 备 管 理 办 法

1 范围

本标准规定了设备管理的目的、范围、管理的要求。

本标准适用于中心所有设备的管理。

2 目的

为进一步加强全院仪器设备的管理，提高仪器设备的使用效益，推进全院仪器设备科学化、精细化、标准化管理，制定本标准。

3 范围

3.1 本标准适用中心各部门。

3.2 本标准所指仪器设备包括：

——办公自动化设备类，如计算机、打印机、复印机、碎纸机等；

——网络设备类，如网络用服务器、交换机等；

——电器设备类，如电视、空调、相机、摄录机、投影仪等；

——以及专用检测仪器类和通讯设备类。

3.3 院接收的划拨或其他部门捐赠的仪器设备，纳入设备管理范围。

4 职责

4.1 业务科对全院仪器设备进行统一监督管理。

4.2 财务部门对全院仪器设备进行固定资产管理。

4.3 各部门负责人总体负责本部门设备的使用和管理，部门指派专管人员（需在业务科备案）负责仪器设备管理，使用人对设备负直接责任。

5 管理

5.1 购置

5.1.1 仪器设备采购纳入全院年度预算管理。各部门按预算要求填写《仪器设备购置申请表》，报业务科，由业务科统一负责全院年度配置采购计划，报院长办公会议审批。

5.1.2 仪器设备实行政府采购，具体采购流程按现行政府采购有关规定执行。对超配置的设备原则上不予购买，内部调剂可以解决的一律不予购买。

5.1.3 业务科按相关采购程序落实院仪器设备采购计划。

5.2 验收

由业务科组织，使用部门设备专管人员参加，填写《仪器设备领用、验收申请表》。

5.3 使用

5.3.1 仪器设备的使用者必须严格按照规定的程序操作。

5.3.2 使用者应自觉爱护仪器设备,经常保持其整洁,定期进行维护保养,使仪器设备处于正常状态。

5.3.3 仪器设备发生故障不能正常使用,应及时填写《仪器设备维修申请表》,由业务科负责组织维修。

5.3.4 检验检测专用仪器设备的使用、维护需严格执行实验室仪器设备操作规程。

5.4 停用及报废

5.4.1 仪器设备的停用,原则上需结合使用强度和工作实际,使用强度大且已不能满足工作实际需要的仪器设备,可申请停用:电器设备类使用8年以上,网络设备类使用6年以上,办公自动化设备类使用6年以上。

5.4.2 仪器设备因故损坏已无法修复或维修费用超过折旧价值的,可填写《仪器设备停用、报废申请表》申请报废。

5.4.3 未经审批不得擅自处置仪器设备。

5.5 档案管理

5.5.1 财务科建立每台设备的财务记录,并进行年度盘查。

5.5.2 业务科建立每台设备的使用及维修记录,并在财务科年度盘查期内开展院仪器设备的年度核查。

5.5.3 在上述核查期内,各部门应梳理所使用的仪器设备,并与业务科、财务科核对一致。

5.6 其他

5.6.1 由其他途径如受援等配发至我院的仪器设备,由财务科和业务科建立相应帐目和记录,纳入全院仪器设备管理。

5.6.2 部门间设备调剂,需报主管院长批准,业务科办理登记手续。

5.6.3 对违反规定擅自处置仪器设备或人为导致院固定资产流失的,追究当事人的责任。

6 附则

6.1 本标准由业务科负责解释。

6.2 本标准自发布之日起执行。

新疆维吾尔自治区果蔬标准化研究中心企业标准

Q/XJGS 301.12—2015

固定资产管理办法

2015-05-01 发布　　2015-05-31 实施

新疆维吾尔自治区果蔬标准化研究中心　发布

前　言

本标准按照 GB/T 1.1—2009 给出的规则起草。

本标准由新疆维吾尔自治区果蔬标准化研究中心提出并归口。

本标准主要起草单位:新疆维吾尔自治区果蔬标准化研究中心、吐鲁番市质量技术监督局、乌鲁木齐绿宝康服务有限公司。

本标准主要起草人:文光哲、杨猛、唐亦兵、李瑜、牛惠玲、许山根。

固定资产管理办法

1 范围

本标准规定了固定资产管理的目的、职责、内容和方法、监督检查、附则的要求。

本标准适用于固定资产的管理。

2 目的

为建立健全院资产管理制度，加强对固定资产的科学管理，保障院财产安全，提高固定资产使用效益，根据《事业单位国有资产管理暂行办法》的规定，结合我院实际，制定本标准。

3 职责

3.1 院务会责任制

3.1.1 固定资产管理实行院务会负责制。

3.1.2 院长负责固定资产宏观管理，纪检监察的院领导（设立：纪检监察小组）负责组织对固定资产管理的监督，财务部门、办公室、业务科负责固定资产管理的实施。

3.1.3 各职能部门和业务部门按本办法规定的职责分工履行管理职责。

3.2 各职能部门和业务科部门

3.2.1 财务科

3.2.1.1 财务部门是固定资产的职能管理部门。

3.2.1.2 负责固定资产购置的预算汇总平衡、采购款项支付、登记变更汇总、盘点清理汇总、收益管理、统计分析环节的实施。

3.2.1.3 配合纪检监察人员对固定资产管理过程实施监督。

3.2.2 业务科

3.2.2.1 业务科是各类设备（信息化设备和检测设备等）、图书资料的归口管理部门。

3.2.2.2 负责归口部门固定资产购置年初预算审核、技术审批、采购验收、台帐登记、维护维修、技术资料管理环节的实施。

3.2.3 办公室

3.2.3.1 办公室是办公家具、车辆、电器及其他的归口管理部门。

3.2.3.2 负责归口部门固定资产购置的年初预算审核、技术审批、采购验收、台帐登记、维护维修、技术资料管理环节的实施。

3.2.4 业务科

3.2.4.1 业务部门负责本部门所需固定资产、办公设备购置的预算编制、验收、基本维护环节的实施。

3.2.4.2 各部门的部门负责人对本部门固定资产管理工作负责。

3.2.4.3 负责人指定一名固定资产管理员(兼职)负责本部门固定资产的管理工作,其主要职责为:

——编制部门固定资产购置年初预算;

——办理固定资产的购买申请、验收领用、维修保养、调入调出、清理报废手续;

——及时向归口管理部门提交固定资产相关表单,并对固定资产的使用落实到具体责任人。

4 内容和方法

4.1 管理内容

4.1.1 固定资产指一般设备单位价值在1 000元以上,专用设备(信息化设备、检测设备等)单位价值在1500元以上,使用期限在一年以上,并在使用过程中基本保持原有实物形态。

4.1.2 单位价值虽未达到规定标准,但耐用时间在一年以上的批量同类物资,也作为固定资产管理。

4.1.3 固定资产分为各类业务用设备、图书资料、办公家具、车辆、电器及其他。

4.2 固定资产分类

4.2.1 业务类资产包括各类业务用设备及图书资料。

4.2.2 办公类资产包括办公家具、车辆、电器及其他。

4.3 管理方法

4.3.1 资产的采购验收、使用保管、调配、清查、处置办法(具体见固定资产管理实施细则)。

4.3.2 固定资产卡片账、台账登记采用资产动态管理系统软件进行数据库管理。财务科录入固定资产卡片,生成明细台账,发送至归口管理部门时时掌控资产的动态管理。

4.3.3 固定资产经批准后产生的处置收入,包含出售收入、出让收入、置换差价收入、报废报损残值变价收入等,属于国家所有,应当按照政府非税收入管理的规定,实行"收支两条线"管理。

4.3.4 归口管理部门应对经办采购的固定资产技术资料归档,作为固定资产更新审批的重要参考依据。

4.3.5 本着实物与价值并重的原则,财务部门和归口管理部门对实物资产进行定期清查,每三年开展一次固定资产盘点清理工作。做到账账、账卡、账实相符,并对资产丢失、毁损等情况实行责任追究制度。

4.3.6 财务部门按上报的更新数据调整固定资产动态管理软件。并按照财政部门规定的事业单位决算会计报告的格式、内容及要求,对占有、使用的国有资产状况定期做出分析报告,为院固定资产整体规划提供必要依据。

4.3.7 财务科按要求对资产产权登记证进行年审。

5 监督检查

5.1 监督检查

5.1.1 国有资产监督应当坚持单位内部监督与财政监督、审计监督、相结合,事前监督与事中监督、事后监督相结合,日常监督与专项检查相结合。

5.1.2 院纪检监察小组和归口管理部门对固定资产管理活动进行监督检查,检查结果报院长办公会并在全院公示。检查内容如下:

——固定资产采购预算执行情况;

——采购的固定资产技术参数符合性检查；
——采购方式、程序执行情况；
——采购合同的履行情况；
——固定资产盘点清理、收益管理情况。

5.2 违反监督职责的行为

对有下列行为，责令其改正，并追究法人代表、主管领导和直接责任人的责任；情节严重，构成犯罪的，移交司法机关追究其刑事责任：

——未履行职责，放松国有资产管理，或者利用职权、营私舞弊、玩忽职守，造成严重后果的；
——对所管辖的国有资产的流失不反映、不报告、不采取相应措施的；
——不如实填报资产报表，隐瞒真实情况的；
——对非经营性资产未经评估或者压低评估价值而擅自转让、处置的，或者人为造成固定资产损毁、浪费、遗失的；
——不履行报批手续，擅自将非经营性资产转为经营性资产、或者对外捐赠的；
——对于经营投资的资产，不认真进行监督管理，不履行投资者权益或国有股权益的；
——未经批准擅自进行投资、融资、合资、担保的。

6 附则

6.1 本标准由财务部门负责解释。

6.2 本标准自发布之日起执行。

Q/XJGS

新疆维吾尔自治区果蔬标准化研究中心企业标准

Q/XJGS 302.1—2015

考勤管理办法

2015-05-01 发布　　2015-05-31 实施

新疆维吾尔自治区果蔬标准化研究中心　发布

前　　言

本标准按照 GB/T 1.1—2009 给出的规则起草。

本标准由新疆维吾尔自治区果蔬标准化研究中心提出并归口。

本标准主要起草单位:新疆维吾尔自治区果蔬标准化研究中心、吐鲁番市质量技术监督局、乌鲁木齐绿宝康服务有限公司。

本标准主要起草人:文光哲、杨猛、唐亦兵、李瑜、牛惠玲、许山根。

考 勤 管 理 办 法

1 范围

本标准规定了考勤管理的目的、职责、假期审批程序、考勤规定、旷工处理、监督检查的要求。

本标准适用于全中心在职职工、聘用人员的考勤管理。

2 目的

为加强院职工组织纪律，提高工作效率，转变工作作风，规范考勤管理，现参照《人事政策文件汇编》以及区局有关考勤管理规定，结合实际，制定本标准。

3 职责

3.1 办公室为院考勤管理的职能部门，负责考勤工作的监督、检查、审核和备案。

3.2 各部门负责对所属职工进行考勤，认真记载出勤情况，每月汇总上报。

4 假期审批程序

4.1 院领导请假按照《自治区质量技术监督系统考勤工作管理办法》执行。

4.2 一般职工(含中层副职)：假期1天以内，由部门审批；2天及以上，由分管领导审批。

4.3 部门负责人请假1天及以上经分管领导同意，由院长审批。

4.4 请假2天及以上的职工均应到办公室备案。

4.5 职工节假日离开乌鲁木齐地区应主动告假，部门负责人向分管领导和院长告假，职工向部门负责人告假。

5 考勤规定

5.1 作息请假

5.1.1 职工应严格遵守自治区统一规定的作息时间上下班，具体时间规定按照“五一国际劳动节”“十一国庆节”放假值班和作息调整工作的通知，做到不迟到、不早退，不擅离工作岗位。

5.1.2 职工处理公、私事必须事先请假。按批准权限，逐级审批，假期满后，向部门核假、办公室销假。到假不销假视为自行延续假期，无故超假视为旷工。

5.1.3 经院领导批准离开单位参加学历教育、培训、业务学习、考察、因公出差等工作的，均应到办公室备案外出手续。

5.1.4 参加各类会议、公益活动、集会和集体劳动按照正常工作日进行考勤。

5.2 病假

5.2.1 因病请假应持医疗正规机构出具的住院、全休、半休等手续经部门核实、领导认可、办公室备案的程序住院或休息，确因急发性病症不便提前履行请假手续的，可电话或其他方式告假，返回后补办相应手续。

5.2.2　职工因病长期请假，工资核发参照《自治区国家机关工作人员病事假管理的暂行规定》执行。

5.3　事假

5.3.1　职工处理私事应利用公休日、节假日，必须占用工作时间应事先请假。

5.3.2　禁止长期事假(1个月以内)。

5.4　休假

5.4.1　年度休假应当拟定休假计划，并严格落实。当年休假一般不得跨次年1月1日。休假具体规定按照《自治区党委组织部、自治区人社厅、财政厅关于自治区机关事业单位工作人员带薪年休假实施办法的通知》执行。

5.4.2　工作年限满1年以上的职工，可享受带薪年休假。满1年不满10年的工龄的职工，年休假5天，已满10年不满20年的，年休假10天，工作年限满20年以上，每年休假15天。天数计算不含节假日。

5.4.3　因病长期治疗(含住院、疗养和病假休息)全年累计超过两个月，事假累计超过20天，当年已享受过晚婚假，在外学习、培训时间满一年或以上的，不再享受当年年休假。

5.4.4　国家和自治区规定的探亲假、婚假、产假假期、因公(工)负伤住院治疗期间的，不计入当年年休假的假期。

5.5　工作调休

确因突击或紧急工作，需要利用节假日、休息日加班，经院领导认可的方可安排调休。

5.6　探亲假

5.6.1　凡工作满一年的在职职工，与配偶、父母户籍和工资关系不在一地的，又不能利用公休，节、假日团聚的，可享受探望配偶和父母假。职工与父亲或母亲一方可利用节、假日团聚的，不享受探亲假，(自治区境内可利用节假日团聚的不再享受探望配偶和父母假，按照《自治区人事厅劳动和社会保障厅 财政厅关于重新修订自治区城镇职工探亲待遇有关问题的通知》执行)。

5.6.2　探亲天数计算含节假日，不含路程。路程计算：以火车票时间为准，中转车次的可增加1天路程假。

5.6.3　原不具备探亲条件的职工，可在退休前享受一次探亲待遇。探亲对象仅限于兄弟、姐妹、子女。假期60天(含路程假)。路费按去探望对象中一名成员的直线合理路线报销车船费，探亲期间工资照发。

5.7　产假、计划生育假

5.7.1　产假、计划生育假按照《新疆维吾尔自治区人口与计划生育条例》相关规定执行。

5.7.2　职工婴儿不满周岁的，每天可给两次哺乳时间，每次30分钟，两次哺乳时间也可合并使用。

5.8　婚、丧假

5.8.1　职工婚假3天，晚婚增加假期20天，假期计算含双休日，不含法定节日。再婚职工假期为3天。

5.8.2　职工的直系亲属(父母、配偶、子女)去世，给予3天丧假，不居住在一起的可给路程假。

5.9　特殊公假

5.9.1　职工参加子女学校家长会，应持学校证明向部门领导请假。

5.9.2　职工搬家可给假2天。

5.9.3　献血后可从献血次日起休息20天(含节假日),发放一定补充营养补助费。

6　旷工处理

未经领导批准不上班或擅自离岗者1天以上的,一律按旷工处理。

7　监督检查

7.1　办公室抽查,迟到、早退1次扣发4天出勤费。

7.2　迟到、早退1次扣发2天出勤费,由部门视情节核算效益津贴。

7.3　短期病、事假及探亲假期间,不享受其未参加工作时间的出勤费,由部门视情核算效益津贴。

7.4　事假超过2个月;连续矿工3天以上的或2次以上;长期病假超过6个月,当年考核为不合格,并劝其自动离职。

7.5　在外学习一年及以上的职工,由办公室负责管理,按照自治区财政部门发放的人均津贴补贴标准统一发放,不享受其他福利待遇。

7.6　产假、计划生育假不享受正常出勤费,特殊公假及婚、丧假期间不享受出勤费,效益津贴由部门调配。

7.7　参加各类会议、公益活动、集会和集体劳动月累计2次(含)以上,1次不享受2天出勤费,2次不享受当月出勤费。

7.8　旷工1天不享受当月出勤费;矿工2天不享受当月出勤费及一个季度效益津贴,旷工超过3天及以上按有关规定严肃处理。

7.9　凡弄虚作假取得医院证明的,一经查明,除按旷工处理外,并给予严肃的批评教育;情节严重的,给予行政处分。

8　其他

8.1　本标准由办公室负责解释。

8.2　本标准自发布之日起执行。

新疆维吾尔自治区果蔬标准化研究中心企业标准

Q/XJGS 302.2—2015

档案管理办法

2015-05-01 发布　　　　2015-05-31 实施

新疆维吾尔自治区果蔬标准化研究中心　发布

前　言

本标准按照 GB/T 1.1—2009 给出的规则起草。

本标准由新疆维吾尔自治区果蔬标准化研究中心提出并归口。

本标准主要起草单位:新疆维吾尔自治区果蔬标准化研究中心、吐鲁番市质量技术监督局、乌鲁木齐绿宝康服务有限公司。

本标准主要起草人:文光哲、杨猛、唐亦兵、李瑜、牛惠玲、许山根。

档案管理办法

1 范围

本标准规定了档案管理的目的、职责、档案类型、立卷和建档、归档、利用和查阅、档案工作综合管理、销毁和其他的要求。

本标准适用于在工作、业务活动形成的具有查考利用价值的文件、资料和电子载体等档案的管理。

2 目的

档案管理是我院综合管理工作的重要组成部分，记载单位发展历史，是政治性很强的机要管理工作。为进一步规范管理，有效利用档案资源，更好的促进事业发展，制定本实施细则。

3 职责

3.1 院办公室负责档案工作的管理工作。

3.2 档案管理人员负责档案的日常管理，以及档案室工作环境、设备、设施的日常维护。

3.3 各部门业务工作中形成的文献资料由各部门按档案管理的要求建立档案，并负责在执行期内的保管。

3.4 院档案工作接受区局办公室的业务领导。

4 档案类型

4.1 反映本院管理工作、业务活动形成的、具有查考利用价值的文件、资料。

4.2 收发登记的公文。

4.3 内部文件、资料等。

4.4 中心年度工作总结、各类规章制度、本院财务档案、各类综合报表、房产图纸、各种活动的图片、声像资料、其他应建档的文件和资料等。

5 立卷和建档

工作和活动中形成的具有保存价值的文献资料，由院综合档案室按照《档案法》规定的要求：收集、分类整理、立卷、确定保存期，并进行归档和保管。任何部门或个人都不得将应归档的文件资料据为已有。

6 归档

凡属归档范围内的文件材资料，归档时应符合下列要求：

——必须遵循文件、资料的自然形成规律和内在联系、文件、资料的种类、份数以及文件的页数均应齐全完整，不得随意取舍。

——应将文件、资料的正件与附件(包括打印件与定稿、请示与批复、转发文件与原件)以及各种文字形成的文件,分别立在不同保存期限的卷内。
——文件、资料应依照顺序排列在一起。即批复在前、请示在后;正件在前、附件在后;印件在前、定稿在后。
——会议记录应写清会议名称、召开时间、参加人、主要议题、内容及记录人姓名。
——归档的声像资料,主办部门或有关人员应用文字注明每张(盒)照片、录音、录像的对象、时间、地点、中心内容等。照片连同照片电子版光盘一起归档。
——各部门应在本年12月底前,将本年度产生的应归档的文件资料(包括传媒中心新质量杂志;核算中心财务档案;法制科执法案卷;代码、条码年度目标管理责任书自测报告;业务科合同书、协议书;各部门业务工作中形成的文献资料等)移交院综合档案室。

7 利用和查阅

7.1 本院综合档案室保存的各种载体的档案均属利用范围,主要为院各项工作服务。
7.2 本院人员调阅档案,仅限于本人或本部门工作涉及范围内的档案材料,调阅超出本人工作范围内的档案须经办公室主任同意,分管院长批准。
7.3 查阅党的会议记录须经支部书记批准,查阅政务会议记录须经院长批准。
7.4 查阅档案时,严禁涂改、勾划、抽页、拆毁、剪裁、增删等,不经同意不准翻印和公布档案内容。
7.5 查阅档案必须履行登记、注销和检查手续,当面清点。如发现差错,及时追查责任,并采取补救措施。
7.6 档案管理人员要注意做好保密工作,积极为科室工作提供服务。对查阅档案人员要做到耐心细致,既要坚持原则,又要服务热情。

8 档案工作综合管理

院综合档案室按照档案有关制度规定,科学合理地对院档案资料进行编目、上架和保管。

9 销毁

销毁档案时,必须严守保密制度,指定两人负责监销。监销人在完成任务后,要在销毁清册上签字。

10 其他

本标准自发布之日起执行。

新疆维吾尔自治区果蔬标准化研究中心企业标准

Q/XJGS 302.3—2015

专业人员管理办法

2015-05-01 发布　　2015-05-31 实施

新疆维吾尔自治区果蔬标准化研究中心　发布

前　言

本标准按照GB/T 1.1—2009给出的规则起草。

本标准由新疆维吾尔自治区果蔬标准化研究中心提出并归口。

本标准主要起草单位:新疆维吾尔自治区果蔬标准化研究中心、吐鲁番市质量技术监督局、乌鲁木齐绿宝康服务有限公司。

本标准主要起草人:文光哲、杨猛、唐亦兵、李瑜、牛惠玲、许山根。

专业人员管理办法

1 范围

本标准规定了专业人员管理的目的、职责、专业技术职务任职资格、专业技术职务聘任程序、专业技术人员的管理的要求。

本标准适用于专业技术人员的管理。

2 目的

为充分调动专业技术人员的积极性，进一步规范专业技术职务任职资格评聘程序，确保专业技术职务评聘工作的客观、公正、准确，根据自治区人事政策有关规定，结合实际，制定本办法。

3 职责

3.1 所在部门组织初评，对本部门拟参加职称评聘的专业技术人员的相关职称材料进行确认，并对日常工作等情况综合评价，出具书面鉴定。

3.2 院技术委员会组织职称评聘审核组，实施专业技术人员评聘工作。

3.3 院长办公会议对院技术委员会评价进行研究确定。

4 专业技术职务任职资格

4.1 专业技术人员参加职称评审必须符合《关于印发〈新疆维吾尔自治区提高待遇高级工程师专业技术职务任职资格评审条件（试行）〉的通知》（新人发[2012]121 号）或《新疆维吾尔自治区工程系列质量技术监督专业技术职务任职资格评审条件（试行）》（新人社发【2012】175 号）的相关规定。

4.2 参加评审会取得工程系列专业技术资格以外，还可根据从事工作的专业，通过全国经济类、会计类、新闻出版等国家级考试获得相应的职称资格。

4.3 晋升专业技术职务，严格执行国家、自治区的相关规定，实行评、聘“两条线”原则。

4.4 专业技术职称评审后，必须在单位定编、定岗、定责的基础上进行聘用。

5 专业技术职务聘任程序

5.1 具备专业技术职务资格的人员本人提出申请。

5.2 所在部门组织初评，对本部门拟参加职称聘任的专业技术人员的相关职称材料进行确认，并对日常工作等情况综合评价，出具书面鉴定意见。

5.3 院技术委员会职称评聘审核组根据相关文件要求的聘任条件及拟聘专业技术人员所在部门的书面鉴定材料综合进行初审。

5.4 院技术委员会办公室组织院专家组根据《标准化院业务及专业技术评审量化赋分表（高级）》、《标准化院业务及专业技术评审量化赋分表（中级）》、《标准化院业务及专业技术评审量化赋分表（初级）》对应聘人员按不同级别、层次分别进行打分。

5.5 将打分结果报院长办公会研究，确定聘任人选。

5.6 下发聘任文件、签订《聘约协议书》，聘期 3 年。

6 专业技术人员的管理

6.1 专业技术职务聘任由单位与聘任人员签订聘约协议书。聘约协议书采取书面形式，一式三份，单位与受聘专业技术人员各执一份，存档一份。

6.2 聘约签订后，签约双方必须全面履行聘约规定的义务，任何一方不得擅自变更聘约的内容。如确需变更，双方应协商一致，否则，原聘约继续有效。

6.3 专业技术职务聘任后，在任期内可享受相应的专业技术职务的岗位工资及福利。

6.4 专业技术人员被聘任后依据聘约条款提出解除聘约的，须提前 1 个月以书面形式通知院技术委员会，经双方协商同意后方可解除聘约。如无特殊情况在接到通知后 1 个月内不予答复，则聘约自行解除。

6.5 建立评聘工作技术档案，并按档案管理的相关要求进行管理。

7 其他规定

7.1 由外系统调入或本系统内跨专业调动工作的专业技术人员，一般在新岗位试用一年，试用期满经考核胜任工作的，再按新岗位专业技术职务系列重新评聘相应的专业技术职务，从事专业技术职务年限可前后相加。

7.2 为促进人才合理流动，因工作需要由行政管理部门调入专业技术部门工作且原具备相应专业技术资格，如条件具备，可评聘相应的专业技术职务。

8 其他

8.1 本标准由院技术委员会负责解释，在执行过程中如有问题先由院技术委员会提出意见，提交院长办公会研究确定。

8.2 本标准自发布之日起执行。

新疆维吾尔自治区果蔬标准化研究中心企业标准

Q/XJGS 302.4—2015

人力资源管理办法

2015-05-01 发布 2015-05-31 实施

新疆维吾尔自治区果蔬标准化研究中心 发布

前　言

本标准按照 GB/T 1.1—2009 给出的规则起草。

本标准由新疆维吾尔自治区果蔬标准化研究中心提出并归口。

本标准主要起草单位:新疆维吾尔自治区果蔬标准化研究中心、吐鲁番市质量技术监督局、乌鲁木齐绿宝康服务有限公司。

本标准主要起草人:文光哲、杨猛、唐亦兵、李瑜、牛惠玲、许山根。

人力资源管理办法

1 范围

本标准规定了人力资源管理的目的、职责、管理内容、招聘与录用、培训、考核和评价、人力资源档案、工资薪酬管理的要求。

本标准适用于我中心所有在编人员及聘用人员。

2 目的

为规范人力资源管理,按照《新疆维吾尔自治区标准化研究院十二五业务工作发展规划》及《新疆维吾尔自治区标准化研究院十二五能力建设实施方案》,建立适应于我院发展的人才储备机制和能力提升机制,根据人事管理相关法律法规和有关规定,特制定本制度。

3 职责

3.1 分管办公室领导对人力资源的计划执行情况进行监督。

3.2 院办公室负责资源配置及人力资源建设方案的设计,人力资源规划、计划的实施。

3.3 人事专干负责人力资源的日常管理工作。

4 管理内容

专业技术干部的推荐选拔按照院《专业技术人员评聘管理办法》执行。

5 招聘与录用

5.1 招聘纳编人员,按照自治区编委确定的编制数量,结合自治区质量技术监督系统事业编制工作人员招聘工作要求进行招聘。具体按照《自治区质量技术监督系统招聘事业单位工作人员实施方案》执行。

5.2 招录聘用人员按照院《聘用人员管理办法》执行。

6 培训

按照院《职工教育培训管理办法》执行。

7 考核和评价

7.1 绩效管理参照院《目标责任考核管理办法》执行。

7.2 能力评价按照院《专业技术人员评聘实施细则》执行。

8 人力资源档案

人力和资源档案按照院《档案管理实施细则》执行。

9 工资、薪酬管理

工资薪酬管理参照《关于印发自治区机关事业单位工资收入分配制度改革等四个实施意见的通知》中有关事业单位部分工资收入分配标准和“内部机构改革实施方案”执行。

10 其他

10.1 本标准由办公室负责解释。

10.2 本标准自发布之日起执行。

新疆维吾尔自治区果蔬标准化研究中心企业标准

Q/XJGS 302.5—2015

职工培训管理办法

2015-05-31 发布　　2015-05-31 实施

新疆维吾尔自治区果蔬标准化研究中心　发布

前　言

本标准按照 GB/T 1.1—2009 给出的规则起草。

本标准由新疆维吾尔自治区果蔬标准化研究中心提出并归口。

本标准主要起草单位:新疆维吾尔自治区果蔬标准化研究中心、吐鲁番市质量技术监督局、乌鲁木齐绿宝康服务有限公司。

本标准主要起草人:文光哲、杨猛、唐亦兵、李瑜、牛惠玲、许山根。

职工培训管理办法

1 范围

本标准规定了职工培训管理的目的、职责、培训原则、培训类型、培训申报条件和程序、培训的管理、培训费管理、证书管理的要求。

本标准适用于职工培训的管理。

2 目的

为适应中心总体发展和能力提升的要求，确保业务工作能力水平稳步提高，不断强化职工政治思想素质和专业技术水平，使职工培训工作进一步规范化、制度化，结合实际，特制定本标准。

3 职责

3.1 院办公室负责学历教育、素质教育、继续教育、出国学习(考察)培训的管理、规划和实施。

3.2 院业务科负责业务培训、工作交流的管理、规划和实施。

3.3 各部门根据实际工作和人才培养需要，提出培训计划，配合院办公室、业务科完成培训工作。

3.4 外出参加各类学习培训的人员均须到办公室备案。

4 培训原则

4.1 职工培训围绕我院事业发展，坚持"按需施教、学用结合、力求实效"的原则，推行"培训、考核、使用"一体化的理念。

4.2 培训工作始终坚持思想政治素质、业务素质和文化素质并重的原则，以业务对口、学用一致、在岗为主多种形式相结合。

4.3 认真贯彻落实上级和我院的培训计划，通过培训不断加大我院对外的交流合作，促进职工整体素质的不断提高。

5 培训类型

5.1 培训具体分为：学历教育、素质教育、继续教育、业务培训、工作交流、出国学习(考察)。

5.2 学历/学位教育培训

5.2.1 全日制脱产培训

脱产参加高等院校、科研院所的学历教育培训，学习期间脱离工作岗位，受单位、所在高等院校、科研院所的共同管理。

5.2.2 在职培训

利用业余时间参加高等院校、科研院所的学历教育培训。学期期间不脱离工作岗位。

5.3 素质教育

党校进修学习、政策理论提高学习、后备干部选拔培训等提高人员素质的教育培训。

5.4 继续教育

按照上级部门下发的通知，提高人员知识技能水平的岗位培训。

5.5 业务培训

根据工作需要组织的业务学习、研究交流的培训。

5.6 工作交流

按照上级部门下发的通知派出人员到其他单位挂职，或指派人员到先进省市对口单位进行交流、学习，提高工作能力水平。

5.7 出国学习（考察）

单位的学术带头人和学术骨干到国外学习、考察、交流。

6 培训申报条件和程序

6.1 申报条件

6.1.1 申请攻读学历/学位教育者，应在我院工作2年以上，年度考核均为合格。
6.1.2 申请攻读学历/学位教育者申请报考的院校和专业必须是教育行政主管部门承认并于质量技术监督工作所需专业相适应的。
6.1.3 申报其他培训的人员须符合相应的培训专业要求等条件。

6.2 申报程序

6.2.1 学历教育培训

6.2.1.1 申请报考学历/学位教育人员，需本人申请、部门提出意见，单位批准，纳入培训计划，方可报考。
6.2.1.2 参加脱产学历/学位教育人员，每次参加授课时须填写《新疆标准化研究院职工外出培训申请表》，经单位批准后，填写《新疆标准化研究院职工请销假表》，报办公室备案。

6.2.2 素质教育、继续教育、业务培训与工作交流

根据工作需要，结合实际，本人申请、部门提出意见，单位批准，纳入培训计划，组织实施。

6.2.3 出国学习（考察）

经单位推荐，由上级主管部门批准，或者职工本人与国外高等院校或科研机构联系，获得对方邀请，向单位提交申请及对方邀请函，经单位及上级主管部门批准。

7 培训的管理

职工培训工作实行统一领导，统一规划、分级管理、分级负责。每年11月底前各部门上报次年度培

训计划，填写《新疆标准化院____年度培训计划申请表》，按照管理权限分别交办公室、业务科审核，由院长办公会批准。未完成年度培训计划的部门负责人，须在次年度研究审议培训计划的院长办公会上做出详细的解释说明。

7.1 考勤管理

7.1.1 参加在职学历/学位教育的人员，参加论文答辩时，填写《新疆标准化研究院职工请销假表》，报办公室备案。原则上不得超过20天(不含路途)。

7.1.2 参加脱产学历/学位教育的人员必须提供培训学校集中授课的通知，原则上集中授课时间一年内不得超过180天(不含路途)。培训期间要严格遵守学校的各项规章制度。

7.1.3 凡是外出参加培训1个月以上人员，每月需向办公室汇报一次在校期间的学习、生活及社会活动情况，如遇特殊情况发生，须及时向单位汇报。

7.1.4 参加其他培训的人员按照不同委派工作的要求，由各部门做好派出人员的管理。

7.1.5 非组织或工作原因超过培训时间未及时返回单位工作的人员，须以书面形式说明情况。同时扣发除工资及财政拨付津贴福利以外的所有岗位和效能津贴，并按院考勤管理办法以旷工处理。

7.2 福利待遇管理

7.2.1 参加脱产学历/学位教育者，除享受财政发放的工资外，可享受财政拨付的津贴，及当年在单位工作期间的效益津贴、年终精神文明奖、综合治理等奖项。

7.2.2 经上级和本单位指派参加素质教育、继续教育、业务培训、工作交流、出国学习(考察)人员，全额享受单位补贴的效能津贴。

8 培训费管理

8.1 培训费包括学习期间的住宿费、交通费、学杂费等。其中学杂费包括报名费、学费、实验费、书费、资料费及人事部门认可的其他费用。

8.2 经单位批准参加培训的职工，在取得高一级学历/学位证书或培训考核成绩合格证后，可报销培训费。

8.3 申请报销者，须持培训文件、培训期间考勤、鉴定和成绩单、《新疆标准化研究院职工外出培训申请表》《新疆标准化研究院职工请销假表》《新疆标准化院职工报销培训费审批表》等有关材料，交办公室审核，报院长办公会议审批，由院财务科从职工培训专项经费中核销。

8.4 参加学历教育取得国家教育部门或新疆干部教育领导小组认可的学历，按下列标准报销学费。

8.5 取得博士、硕士、学士学位的，其培训费全额报销。

8.6 取得研究生、本科、大专学历的，报销90%的培训费。

8.7 参加学历/学位教育的人员毕业后须与院签订5年服务协议，不到最低服务协议要求调动或者辞职的，必须退回参加学习期间单位支付的培训费，否则不予办理调动或辞职手续(每服务1年，可抵扣相应的培训费)。

8.8 单位派出参加素质教育、继续教育、业务培训、工作交流、出国学习(考察)，在取得合格证或完成工作任务后，培训费全额报销。

8.9 超过规定时限取得毕(结)业证、合格证的人员，自行承担50%培训费(补考费用不予报销)。

8.10 在学习培训期间因违法违纪受到处分者，终止培训，培训费不予报销，已报销部分的须全额退回。

9 证书管理

9.1 参加培训后，职工需要在1个月内向单位递交学习交流汇报、毕(结)业证书复印件及学校出具的相关鉴定等材料。材料由院办公室负责存档管理。

9.2 经鉴定，取得的证书等材料属造假的，必将追究责任人的责任。

10 其他

10.1 本标准下发之前参加学历/学位教育，并取得国家教育部门或新疆干部教育领导小组认可的学位学历的，其学习费用按之前规定办理。

10.2 本标准由院办公室、业务科负责解释。

10.3 本标准自发布之日起执行。

新疆维吾尔自治区果蔬标准化研究中心企业标准

Q/XJGS 302.6—2015

聘用人员管理办法

2015-05-01 发布　　2015-05-31 实施

新疆维吾尔自治区果蔬标准化研究中心　发布

前　言

本标准按照 GB/T 1.1—2009 给出的规则起草。

本标准由新疆维吾尔自治区果蔬标准化研究中心提出并归口。

本标准主要起草单位：新疆维吾尔自治区果蔬标准化研究中心、吐鲁番市质量技术监督局、乌鲁木齐绿宝康服务有限公司。

本标准主要起草人：文光哲、杨猛、唐亦兵、李瑜、牛惠玲、许山根。

聘用人员管理办法

1 范围

本标准规定了聘用人员管理的目的、职责、岗位分类及岗位基本条件、聘用人员计划及招聘工作程序、聘用人员考核、奖励、处罚和辞退、工资福利的要求。

本标准适用于劳务聘用制工作人员(简称聘用人员)的管理。

2 目的

为适应中心事业发展,充分利用社会人力资源,弥补中心人才资源不足的现状,依据《劳动合同法》有关规定,特制定本办法。

3 职责

3.1 聘用人员的招聘、录用、人事、劳资和管理工作统一由办公室归口管理。

3.2 用人部门按照岗位需求和用人条件提出申请,并对本部门聘用人员进行日常管理。

3.3 聘用人员委托管理。

3.4 所有聘用人员全部纳入人才服务公司统一管理,与人才服务公司签订劳务派遣合同(特需人员除外)。

3.5 聘用原则

3.6 根据每一轮内部机构改革的要求,对部门人员情况综合考虑,对各类聘用人员必须实行定责、定编、定岗。

3.7 按需设岗、按岗招聘和按岗聘用原则。

3.8 按公开、公平、公正原则。

3.9 按优先高级、兼顾中级、精简一般原则。

4 岗位分类及岗位基本条件

所有聘用人员必须严格遵守国家法律、法规和单位的各项规章制度,热爱祖国,自觉维护民族团结,维护祖国统一,爱岗敬业,清正廉洁,具有较强的事业心和责任感,有较强集体荣誉感和团队精神。

4.1 高级专业技术人才

4.1.1 大学本科及以上学历,经考察具有较高的专业素质和技能水平。

4.1.2 能独立承担项目研发、项目管理。

4.1.3 能有效解决业务工作中的难题,具有一定的综合协调能力。

4.1.4 能协助部门负责人指导部门其他人员工作,具有一定的管理能力。

4.2 中级专业技术人才

4.2.1 大学本科及以上学历或具有所需专业五年以上实际工作经历的大专学历。

4.2.2　具有一定的专业技术能力，能独立完成本专业的各项工作任务。

4.3　一般服务性岗位工作人员

4.3.1　高中(中专)及以上学历。
4.3.2　能够独立完成所需岗位的各项工作。
4.3.3　品德修养较好，爱岗敬业，服务意识较强。包括窗口服务人员及工勤(驾驶、值班、保洁)岗位工作人员。

4.4　特需人员

4.4.1　因科研项目或业务工作需要，进行临时性科研项目开发或业务合作所需的人才。
4.4.2　可不按作息规定上下班，主要以完成特定工作任务为目标。
4.4.3　采用业务合同或协议形式约定，不纳入人才服务公司劳务派遣范围。

4.5　试用期时限

4.5.1　高级、中级类专业技术人员试用期为2个月。
4.5.2　一般类聘用人员的试用期均为1个月。
4.5.3　特需人才无试用期。

5　聘用人员计划及招聘工作程序

5.1　聘用人员计划

5.1.1　各部门必须在每年初拟定招聘计划，年度计划必须明确岗位职责、岗位数量、岗位条件等要求。
5.1.2　计划经办公室审核，报院长办公会议研究确定后备案。
5.1.3　原则上不在计划外临时招聘人员，聘用人员主要采取推荐和公开招聘方式进行。
5.1.4　由办公室及用人部门对拟聘人员进行招聘。

5.2　高、中级聘用人员招聘程序

5.2.1　按计划要求推荐拟定人员或采取公告形式在社会报名招考。
5.2.2　办公室对应聘人员进行资格审查。
5.2.3　资格审查合格人员参加笔试。笔试由用人部门出题，技术委员会办公室审核并建档，院办公室组织考试。
5.2.4　按照笔试成绩1∶3比例进入面试。面试由分管领导、办公室、业务科和用人部门共同考核。
5.2.5　按照笔试和面试各占50%综合成绩，成绩排名第一的人员进入体格检查(参照招录公务人员体检检查标准执行)，体检不合格依次递补。
5.2.6　试用期的考察和能力评价由用人部门负责，试用期结束。以满足业务需要为原则签订劳动合同，不能满足者予以退回。
5.2.7　聘用人员填写《自治区标准化院聘用人员岗位承诺书》。
5.2.8　按照相关法律法规要求签订劳动合同。

5.3　特需人员招聘程序

5.3.1　特需人员按照科研项目或业务工作急需的事项双方合作协议，并按协议约定的时间、内容和要求进行聘用的管理。

5.3.2 聘用人员在工作期间如遇岗位调整须填写《自治区标准化院聘用人员岗位调整申请表》，经审批后方可调整。

5.4 其他岗位工作人员招聘程序

其他岗位工作人员由办公室、用人部门，按照报名、资格审查、遴选、考察，经分管领导同意、院长批准的程序进行。

6 聘用人员考核

6.1 聘用人员的考勤参照《自治区标准化研究院考勤管理办法》执行。
6.2 聘用人员考核可与部门在职职工一并考核。
6.3 考核结合岗位说明书应履行的职责和任务严格考核，办公室存档。

7 奖励、处罚和辞退

7.1 奖励

7.1.1 在工作业绩、社会影响、单位形象等方面表现突出，在各项管理活动和业务竞赛中取得优异成绩的，可参照《新疆标准化研究院公益类竞赛活动奖励办法》给予奖励。
7.1.2 对在管理和业务工作中勤于思考、勇于创新，并为本院的事业发展出谋献策，起到积极的推进作用者，可参照《新疆标准化研究院先进集体、个人评选工作管理办法》进行奖励。

7.2 处罚

7.2.1 不遵守纪律，损害单位形象，违反公共秩序的，将视情节进行相应教育和处罚。
7.2.2 工作中不负责任，造成损失的，赔偿相应损失。
7.2.3 违反绩效管理，被上级单位和部门抽查、检查一次者扣发当月除工资外的所有补助。

7.3 辞退

聘用人员有下列情形之一者，予以辞退。
——经培训后仍不能胜任本职工作要求的；
——违反本院规章制度，不遵守劳动纪律，年度累计迟到(早退)10次以上，病假累计30天的；
——有违法行为的；
——工作失职，对单位造成较大损失的，造成不良好影响的；
——在本单位工作期间，有损单位利益的；
——年度考核不合格者；
——违反绩效管理两次者；
——与初聘时填写的自行承诺书不符，影响工作或给单位造成一定损失的。

8 工资及福利

聘用人员工资及福利待遇见附件《聘用人员工资及福利标准》。

9 附则

9.1 本标准由办公室负责解释。

9.2 本标准自发布之日起执行。

新疆维吾尔自治区果蔬标准化研究中心企业标准

Q/XJGS 302.7—2015

财务工作制度

2015-05-01 发布 2015-05-31 实施

新疆维吾尔自治区果蔬标准化研究中心 发布

前 言

本标准按照 GB/T 1.1—2009 给出的规则起草。

本标准由新疆维吾尔自治区果蔬标准化研究中心提出并归口。

本标准主要起草单位:新疆维吾尔自治区果蔬标准化研究中心、吐鲁番市质量技术监督局、乌鲁木齐绿宝康服务有限公司。

本标准主要起草人:文光哲、杨猛、唐亦兵、李瑜、牛惠玲、许山根。

财务工作制度

1 范围

本标准规定了财务工作的工作程序、签订工作合同、财务费用执行报账制度、建设项目支出流程、验收流程、票据结算流程和结余款流程的要求。

本标准适用于自治区果蔬标准化研究中心财务工作的管理。

2 工作程序

2.1 自治区果蔬标准化研究中心的财务工作由自治区标准化研究院财务统一负责管理，纳入实行预算管理，并采用报账制管理模式。

2.2 自治区果蔬标准化研究中心的业务工作由自治区标准化研究院及吐鲁番市质量技术监督局共同协商完成，并与乌鲁木齐绿保康农业服务有限公司合作。

2.3 吐鲁番市质量技术监督局明确一名副主任及工作人员，指导和负责中心基地日常工作的开展。

2.4 自治区果蔬标准化研究中心的标准化生产由乌鲁木齐绿保康农业服务有限公司负责，达到提高工作效率，利于操作，并符合财务规章制度的要求。

3 签订工作合同

自治区标准化研究院针对有关工作项目与吐鲁番市质量技术监督局、乌鲁木齐绿保康农业服务有限公司签订工作合同。

4 财务费用执行报账制度

4.1 自治区标准化研究院支付项目款时，收款单位需要提供项目支出预算表、合同、合法有效的票据。

4.2 吐鲁番地区质量技术监督局申请工作经费时，需向自治区标准化研究院提供支出预算表、合同、合法有效的票据。

4.3 乌鲁木齐绿保康农业有限公司申请生产资料及基础设施建设款项时，需向自治区标准化研究院提供支出预算表、合同、合法有效的票据；申请大棚翻修及围栏建设款时，需向自治区标准化研究院提供支出预算表、合同、合法有效的票据；提供合法票据产生的税金，由标准化研究院承担。

4.4 提供的原始单据

支出预算表、发票等要有经办人、单位负责人、财务人员、果蔬标准化研究中心副主任、果蔬标准化研究中心主任、法人的签字后方可作为付款凭证依据。

5 建设项目支出流程

5.1 固定资产支出

由乌鲁木齐绿保康农业有限公司负责采购拖拉机、耕作机、热风机、微耕机等用于生产的设备，产生的费用从自治区标准化研究院支付给乌鲁木齐绿保康农业有限公司的生产资料款中列支，发票的付款方需开具自治区标准化研究院名称，由自治区标准化研究院做账务处理并列入固定资产。

5.2 日常工作经费的支出

自治区标准化研究院根据审核无误的支出预算支付吐鲁番市质量技术监督局日常工作经费。

6 验收流程

乌鲁木齐绿保康农业有限公司将固定资产购回后由自治区标准化研究院、吐鲁番市质量技术监督局、乌鲁木齐绿保康农业有限公司三方验货后在验收清单、原始发票、固定资产入库单上签字认可。

7 票据结算流程

吐鲁番质量技术监督局、乌鲁木齐绿保康农业有限公司需将支出的原始发票复印件、合同复印件一并交回我院财务进行存档。实际支出的原始票据要有经办人、验收人、财务人员、单位负责人签字方可作为结算、存档的依据。

8 结余款流程

自治区标准化研究院根据根实际支出的原始票据复印件核对拨付款项，项目款不足的，由自治区标准化研究院向自治区质量技术监督局申请经费后拨付，项目款有结余的在项目结束后十五日内退回自治区标准化研究院。

新疆维吾尔自治区果蔬标准化研究中心企业标准

Q/XJGS 302.8—2015

工　作　制　度

2015-05-01 发布　　2015-05-31 实施

新疆维吾尔自治区果蔬标准化研究中心　发 布

前　言

本标准按照 GB/T 1.1—2009 给出的规则起草。

本标准由新疆维吾尔自治区果蔬标准化研究中心提出并归口。

本标准主要起草单位:新疆维吾尔自治区果蔬标准化研究中心、吐鲁番市质量技术监督局、乌鲁木齐绿宝康服务有限公司。

本标准主要起草人:文光哲、杨猛、唐亦兵、李瑜、牛惠玲、许山根。

工 作 制 度

1 范围

本标准规定了果蔬标准化研究中心工作的目的、职责、例会制度、工作总结会议、工作汇报制度、检查考核机制、经费管理、附则的要求。

本标准适用于自治区果蔬标准化研究中心工作的管理。

2 目的

为加强管理，规范程序、提高工作效率，依据《关于落实自治区果蔬标准化研究中心建设有关工作的通知》及《关于自治区果蔬标准化研究中心筹建工作的会议纪要》的相关精神。

3 职责

3.1 主任负责制

3.1.1 果蔬标准化研究中心实行主任负责制。

3.1.2 主任领导中心全面工作，副主任协助主任工作。

3.1.3 日常工作由主任、副主任根据各自的岗位职责进行，重大事项请示自治区标准化研究院领导并报区局研究决定后执行。

3.2 部门主任负责制

3.2.1 各部门实行部门主任负责制。

3.2.2 工作人员协助主任工作，并对主任负责。

3.2.3 工作人员按照职责范围开展工作，并完成好中心安排的各项工作。

4 例会制度

4.1 办公会

4.1.1 每月召开中心办公会。

4.1.2 会议由中心领导及各部门负责人参加。

4.1.3 各部门主任汇报上月工作及本月工作打算。

4.1.4 中心领导通报情况，讲评工作，安排事项。

4.2 工作总结会议

4.2.1 半年和年度各召开一次中心工作总结会议。

4.2.2 会议邀请自治区标准化院、吐鲁番市质量技术监督局、乌鲁木齐绿保康服务有限公司领导列席，中心领导及各部门负责人参加。

4.2.3 各部门汇报半年和年度书面工作情况。

5 工作汇报制度

5.1 各部门对上级或领导交办的工作应按要求及时落实(或回复),不能在短期内完成的工作要及时汇报工作进度。

5.2 各部门应严格按规定的工作制度和管理要求开展工作。

5.3 中心各部门和人员在生产和科研工作中,应及时提出建设性意见和建议。

5.4 凡涉及两个以上部门的工作,主办部门要主动协调沟通,并及时、主动向中心领导汇报。

6 检查考核机制

6.1 每周不少于一次对基地生产情况进行日常检查,提出相关要求。逢基地基础建设时期,必须每日或驻点进行监督管理。

6.2 每月至少一次定期或不定期检查,重点检查基地工作开展情况,包括工作进度、质量、记录等。

6.3 结合检查情况,中心每月召开一次例会,汇总工作情况,讨论解决问题,并进行工作点评。

6.4 每季度对各岗位工作情况向区局及各单位进行反馈,促进中心全体人员工作积极性。

6.5 每半年和年度结合工作总结对中心各部门进行考核,查找问题,安排工作,将考核情况向区局汇报并向各单位通报。

7 经费管理

7.1 基础建设经费

建设项目按照年度建设要求通过招标、议标等正规程序开展,经费严格按合同的要求支出,在建设过程中,按建设方案指定人员跟踪监督。

7.2 工作经费和科研经费

由院财务监管,严格按照院里相关财务规定使用经费,并按照院里相关财务审批要求履行相关手续。

8 附则

8.1 本标准自2012年12月1日起执行。

8.2 本标准由中心办公室负责解释。

主要参考文献

[1] 李春田.标准化概论.北京:中国人民大学出版社,2004.
[2] 何乐琴.农业标准化管理:探索与实践.北京:中国农业出版社,2003.
[3] 沈伟民.标准化效益评价及案例.北京:中国标准出版社,2007.
[4] 赵卫东.农业标准化.北京:中国标准出版社,1987.
[5] 席兴军.农业企业标准化理论与实践.北京:中国标准出版社,2014.
[6] 郁樊敏.有机农业与有机蔬菜栽培.上海:上海财经大学出版社,2001.
[7] 马新立.有机蔬菜标准化高产栽培.北京:科技文献出版社,2013.